中国本土化催眠技术与应用

魏 心 ◎著

线装书局

图书在版编目（CIP）数据

中国本土化催眠技术与应用 / 魏心著. -- 北京：线装书局, 2024.2
ISBN 978-7-5120-5987-0

I. ①中… II. ①魏… III. ①催眠术 IV. ①B841.4

中国国家版本馆CIP数据核字(2024)第054845号

中国本土化催眠技术与应用
ZHONGGUO BENTUHUA CUIMIAN JISHU YU YINGYONG

作　　者：	魏　心
责任编辑：	白　晨
出版发行：	线装书局
地　　址：	北京市丰台区方庄日月天地大厦 B 座 17 层（100078）
电　　话：	010-58077126（发行部）010-58076938（总编室）
网　　址：	www.zgxzsj.com
经　　销：	新华书店
印　　制：	三河市腾飞印务有限公司
开　　本：	787mm×1092mm　　　1/16
印　　张：	20
字　　数：	440 千字
印　　次：	2025 年 1 月第 1 版第 1 次印刷
定　　价：	68.00 元

线装书局官方微信

前　　言

　　著名催眠专家魏心教授结合我国南、北两派催眠理论和技术的优势，独创了中国本土化催眠技术，该技术理论体系严谨，操作步骤清晰，导入和唤醒语言富有感染力、方式温和，临床应用广泛，为我国催眠学的发展指引了新的方向。

　　《中国本土化催眠技术与应用》首先阐述了催眠的发展史，为读者揭开催眠神秘的面纱；随之探讨了催眠现象、催眠易感性、催眠理论、催眠深度等催眠基础知识，为学习中国本土化催眠操作技术奠定了基础；最后详细介绍了中国本土化催眠导入、深化、唤醒的程序，消除催眠偏差的方法，以及在临床、教育、生活中的广泛应用，并配合真实的案例进行辅助讲解，使读者易于理解、易于掌握。

　　对催眠和心理学感兴趣的普通读者，能够通过阅读本书对催眠有更加全面和深入的了解；专业的心理咨询师、医务人员借助学习中国本土化催眠技术，能够在工作和诊疗过程中开创新的思路，而通过应用本书提出的新方法也能达到更好的治疗效果；催眠领域中的业内人士，无论您是哪个学派，都能从本书寻到新"宝贝"，因为本书所介绍的内容，无论在理论、技术，还是思维视角都有独到之处。

　　本书由魏心北京易普斯咨询魏心独立撰写完成。

内 容 提 要

著名催眠专家魏心教授结合我国南、北两派催眠理论和技术的优势，独创了中国本土化催眠技术。该技术理论体系严谨，操作步骤清晰，导入和唤醒语言富有感染力、方式温和，临床应用广泛，为我国催眠学的发展指引了新的方向。

《中国本土化催眠技术与应用》首先阐述了催眠的发展史，为读者揭开催眠神秘的面纱；随之探讨了催眠现象、催眠易感性、催眠理论、催眠深度等催眠基础知识，为学习中国本土化催眠操作技术奠定了基础；最后详细介绍了中国本土化催眠导入、深化、唤醒的程序，消除催眠偏差的方法，以及在临床、教育、生活中的广泛应用，并配合真实的案例进行辅助讲解，使读者易于理解、易于掌握。

对催眠和心理学感兴趣的普通读者，能够通过阅读本书对催眠有更加全面和深入的了解；专业的心理咨询师、医务人员借助学习中国本土化催眠技术，能够在工作和诊疗过程中开创新的思路，而通过应用本书提出的新方法，也能达到更好的治疗效果；催眠领域中的业内人士，无论您是哪个学派，都能从本书寻到新"宝贝"，因为本书所介绍的内容，从理论、技术，到思维视角都有独到之处。

中国本土化催眠简介

中国本土化催眠是在张伯源教授的理论指导下，由魏心结合我国传统文化，集部分中医、针灸、点穴按摩、气功、武术和心理治疗技术为一体，融合我国南、北两大派催眠技术与理论开创的催眠理论与技术体系。

具有下列特点：
- 适合中国人的需要
- 应用范围广泛
- 解决问题较彻底

作者简介

魏心 早年在北京师范大学心理系读研，后被张厚粲教授、张吉连教授推荐到北京师范大学（ZHU）创办心理咨询中心，并任专职咨询师；之后又受聘于应用心理系副教授，兼任咨询师；曾任中国心理干预协会常务委员，心理咨询专业委员会常务副会长，催眠专业委员会副会长；中国北派催眠继承人；现任中国本土化催眠研究院研究员。

自从第一版问世以来，得到许多专家学者的肯定，有多名大咖为再版题词。

写在再版之前

张吉连 北京师范大学心理系教授、研究生导师、北师大珠海分校教育学院教授、心理咨询中心副主任、高级咨询师、国内著名的心理咨询专家。自1981开始对在校大学生开展心理咨询，1982年以来从未间断过心理咨询和心理治疗的临床实践，接待过众多来访者，是位非常受来访者信任的心理咨询专家。

祝贺魏心博士《中国本土化催眠技术与应用》一书的再版发行。这样一本专业性极强的著作能再版发行，足见其适用性，并深受广大读者的喜爱欢迎。

系统的心理咨询和心理治疗技术开始于西方，后引进我国，包括催眠暗示。经过几十年来的发展，使我国的临床心理咨询事业有了长足的进步，走过了初期的拿来引进阶段，必然地走向了本土化。

本土化有两条路径：一条是把原产于国外的技术搬进国内，使其本土化，落地生根，为我所用；另一条则是土生土长，整理和挖掘我国传统文化中蕴含的瑰宝，发扬光大，为我国现代生活服务。我更赞同第二条路，因为它接地气，为我国人民喜闻乐见，接受起来顺理成章。心理咨询最要求的是来访者的相信，相信和接受才能引起改变。而产生于不同文化背景下的咨询理论和技术，对于国人虽觉新鲜但不入心，咨询中使用的结果常常是隔靴搔痒。

我已看到国内不少临床第一线的咨询工作者，做出了许多有益的探索和优异的成绩，魏心博士是其中的佼佼者之一，也是本土化的典型代表。希望我国的心理咨询和心理治疗事业在本土化的大道上，能建构我们东方的理论和技术体系。

张吉连
2021年12月8日

王极盛教授为本书再版题词：

王极盛 教授、中国著名心理学家、中国科学院博士生导师、国务院特殊津贴获得者，出版心理学专著96部，参编著作40余部；发表学术论文300余篇。在研究高考方面，是一位被媒体广泛关注的高考问题研究权威，公认为中国高考心理指导第一人。

> 承前人之智慧
> 合中外之技术
> 尽磨杵之努力
> 创本土之特色

程正方教授为本书再版题词：

程正方 北京师范大学教授、研究生导师、北京师范大学珠海分校教育学院教授。曾任北师大心理系教研室主任、心理系党总支书记，享受国务院特殊津贴。

魏心老师的"本土化催眠技术与应用"是在吸收我国南北两派催眠理论和技术的基础上，兼容并蓄，有创新特色而形成的技术和应用。魏老师刻苦钻研，从事心理咨询、催眠理论和技术的研究、应用和推广，有坚实的理论和实践基础。该专著出版六年来，培训了一大批心理咨询和催眠技术人才，深受社会、读者和专业人员的好评；其对心理咨询，教育培训，企业管理，疾病防疫治疗，优秀传统文化等有积极而重要的影响。该书再次修订出版，适应了社会和专业发展的需要，也适应当前抗疫新冠的需要。预祝出版成功，对社会和专业发展产生更大的影响作用。

程正方
2021年11月9日

姜长青医生为本书再版题词：

> **姜长青** 北京安定医院主任心理师、中国心理卫生协会心理咨询师专业委员会主任委员、北京市心理卫生协会理事长。
>
> 主要从事心理测验、心理咨询与治疗的临床、科研和教学工作，共计发表科研论文30余篇，主编或参与撰写专业书籍10余部。

作者长期从事催眠治疗的研究与实践，结合我国南北两派催眠理论和技术优势，独创了中国本土化催眠技术，有非常独到的见解。本治疗技术可广泛应用于临床、考试焦虑、学生成绩提升及日常生活各个领域，其催眠程序清晰，操作步骤简洁明了，使读者易于理解、易于掌握。该书不失为一部适宜于心理治疗师、心理咨询师、社会工作者及对催眠和心理学感兴趣的普通读者阅读的心理治疗技术应用参考书。

姜长青
2021年11月7日

刘建新教授为本书再版题词：

> **刘建新** 澳门城市大学人文社科院教授、博士生导师、华人心理分析联合会副会长、婚姻家庭治疗师、沙盘游戏治疗师、培训师、督导师。

魏心教授数十年坚持研究本土催眠技术，中国本土技术，造福国民大众。

刘建新
2021年11月11日

自从第一版问世以来，得到许多工作在一线的精神科医生、心理咨询师、心理治疗师、心理教师、学校心理辅导员的肯定。

读者心得

兰瑞清 青岛市即墨区第二十八中学心理教研组长，国家二级心理咨询师，青岛市家庭教育精品课程的主编，山东省心理健康教育先进个人，青岛市心理健康学科带头人。承担青岛市级家庭教育课题"社会生态系统理论视角下，初中生家庭教育的内容与策略的研究"

2020—2021年，我带领小组系统读完了《催眠术——中国本土化技术与应用》一书，受益匪浅，把魏老师讲课的内容进一步深化，深入了解了催眠的理论支撑，催眠的历史演进，揭开了催眠的神秘面纱，更觉得催眠是科学的。从书中见识到魏老师自己的独特见解和对催眠的开创性做法，不但对我的临床工作也对教育教学有很大启发。读书时，对于实操部分，我们轮流带领，其他老师可以当被试体验，每次结束后，再进行反馈，对于小组每个人的成长起到非常好的作用，也因为读书，让我们彼此成为共同成长的伙伴。特别期待此书再版，一定会和伙伴重读，相信会有更多的收获。

孙芸芸 青岛市即墨区龙泉大屯小学心理教师，曾先后在多所小学担任教师、教导主任、校长

跟随魏心教授系统学习了魏心本土化催眠初、中、高阶工作坊，并和好友们一起认真拜读了《催眠术——中国本土化技术与应用》一书。

通过读书和实际操作，对魏教授的本土化催眠融入我国传统文化元素，特别欣赏并在不断实践应用。如，结合中医催眠和点穴相结合这种方法，在读书中这部分读特别仔细并在家人和朋友中进行实践，帮妈妈疗愈了便秘，帮自己疗愈了偏头痛和失眠，现在正在尝试着用催眠和点穴相结合治疗姐姐的高血压。

下一阶段我将更认真拜读"催眠在教育中的应用和干预案例"一章，希望能采用催眠技术和心理训练相结合的方法解决学生的学习和考试问题；更想结合教育理论和儿童的心理发展规律，探索儿童成长与发展的催眠方法，让儿童从小有个健康的心理和健壮的体魄。

赵楠 河北沐岚心理咨询中心创始人。国家二级心理咨询师、国家二级婚姻家庭咨询师、萨提亚模式家庭咨询师、培训讲师；河北省心理咨询师协会婚姻家庭咨询师考评员、保定市妇联特聘巾帼创业培训讲师、保定市莲池区复员军人创业就业培训讲师

人生得遇良师益友，可谓三生有幸，可遇而不可求。

在离开校园后的十年中，有幸遇到一位德才兼备、学术功底扎实、作风严谨求是的良师，正是本书的作者——魏心老师。在当今，人人追求利益与效益最大化的快节奏城市生活中，魏老师内心沉静、娓娓道来地为大家抽丝剥茧、深入浅出地讲授催眠知识，以自己的身体力行诠释着什么是心理学，什么是心理学工作作风。

那是2019年的夏末，我与先生郑学海带着好奇与听听看的心态，走进了魏老师的课堂，走进了催眠的世界。令人意外的是，我先生竟然毅然决然地放弃了从事了10年的收入可观的规划设计师工作，决心跟随魏心老师学习催眠。在他眼中这是一个神奇的领域，一份神圣的职业。

接下来的两年里，在魏老师不厌其烦地指导和帮助下，先生郑学海拿出了读研时期的刻苦与热情，在苦练基本功的同时，抓紧一切时间补修心理学基础课程，目前已成长为一位出色的职业催眠师，在魏老师的课程中担任助教，并协助魏老师开展线上线下的督导和授课。

跟随魏老师学习催眠，好似飞鸟进入新的空域，好似鱼儿游进了新的水域，好似人生揭开了崭新的一页，他学贯东西，将我国南北两派催眠与中医理论有机结合，将西方催眠技术去伪存真，将心理咨询理论与中华文化巧妙融合，是一位从高屋建瓴到脚踏实地的老师。感谢在我们的心理学职业生涯里遇到魏心老师，感恩魏老师将自己半生所学倾囊相授，他孜孜以求的务实精神时刻影响着我们，他的独到见解和立意，始终引领着我们不断奋进。

康曦匀（康利彦） 注册临床催眠治疗师、国家二级心理咨询师、国家二级健康管理师；在石家庄誉文健康管理咨询中心从事专职心理咨询以及临床催眠治疗工作

2018年一次偶然的机会，我参加了魏心老师在石家庄精神卫生中心举办的"中国本土化催眠"课程。当时，并未接触过国内的催眠术。魏心老师在课堂上毫无保留地给我们讲授催眠技术的时候，我深深地敬佩他在教学上的传道授业精神。他将每一个催眠技术的原理以及实操非常清晰地讲解给我们，现场的案例也是非常精彩，尤其是魏心老师讲到催眠对焦虑的治疗时，给我留下了非常深刻的印象。

经过学习和临床应用，我发现，魏心老师将中国传统文化中的中医、针灸、点穴按摩、气功、武术和心理治疗技术融为一体，开创了中国本土催眠理论与技术体系，在临床的实践中解决失眠、偏头疼、紧张性头痛、痛经、便秘、高血压、低血压等问题效果良好。

我认为中国本土化催眠更适合中国人的心身体质特征以及中国人的传统认知，优化了很多国外的催眠治疗技术，在躯体不适方面有特别明显的效果，这几年在催眠的实践过程中，应用中国本土催眠技术疗愈了很多躯体不适的来访。

聊完魏心老师的中国本土化催眠，我想聊一聊魏心老师，他给我的感觉除了质朴、亲和之外，还有一个地方我特别敬佩他，不仅仅将临床实践做到了"对症治疗，立竿见影"的良好效果，而且理论功底非常深厚，这也是我一直跟随魏心老师学习的一个主要原因。

孙芹 枣庄滕州市精神卫生中心精神科主治医师，心理治疗师。接纳承诺疗法治疗师、人偶心游治疗师、认知行为矫正治疗师

我是一名精神科医生，在心理咨询这行业里做了十年了，接触的来访者大部分都是患有神经症以及有严重精神疾病的。这就需要治疗师既有诊断的能力，更

需要有能够帮助到来访者的技术。我跟随魏教授学习了中国本土化的催眠，对我的触动很大。技术好用而且应用范围广泛，对于考试压力、焦虑等症状缓解起效快。大家都知道强迫症是难治性焦虑，我在治疗强迫症时，催眠作为缓解来访者焦虑症状的神器，症状的缓解能够帮助来访者快速建立信心。对于我个人来说，很多时候都是听着魏教授的催眠指导语入睡，自己也做自我催眠，自己的便秘得到改善，面部皮肤也越来越好，这个对于我来说也是比较喜悦的。

逄程程 青岛市即墨区新兴中学心理老师，青岛市教学能手，山东省心理健康优质课比赛二等奖

一个有效的治疗方法包含两个要素：一是易于实践，二是能够借助人们自己的力量获得疗愈性转化。魏心老师的本土化催眠体系的核心成分正在于此，大量的应用实例，毫无保留的技术展示，尤其难能可贵的是每一章的后面，魏老师都将自己从事催眠多年以来的感悟予以分享，以期关照到赋能、催眠师的自我修养等与催眠相关的重要主题。魏老师将中国博大精深的中医文化与催眠相结合，重视身心一体，构建一种对身体和心灵的整合式理解，与我们中国人自己的身心观相契合，更易于为中国的心理工作者所接受。阅读本书会学习到一个具体、强大的催眠技术，会折服于字里行间折射出的魏老师的人格魅力，更会加深对于中国传统文化、对身为一个中国心理人的认同感。

王菁 青岛市即墨区第五中学心理健康教育教师。优秀教育工作者，三八红旗手

在读本书的过程中，发现每一次读同样一段内容的感悟都是不同的，魏心教授在编写此书时一定是花费了很多心血，看似简单的内容在细致推敲之下总有新的东西萌生出来。学习催眠，我想最获益的还是我自己，和以前对催眠粗浅的了

解相比，在学习魏教授初、中、高阶课程之后，内在相信的力量被激发出来，很多个案在操作的时候就变得更有底气、更有效果。魏心教授书本里关于点穴的知识描述的非常到位，操作简单明了易上手，在实际运用的过程中来访者普遍反应良好。真的是一门造福于人的学问。

张海颖 山东省青岛市即墨区融媒体中心

  2020年跟随魏心教授学习中国本土化催眠初级班、中级班课程，从此真切感受到了本土化催眠技术的神奇魅力与在生活中的实际效用。魏老师的《催眠术——中国本土化技术与应用》以科学实证的严谨精神，侧重解决实际问题，特别是结合自身多年的实践经验总结出的中医穴位催眠独具特色，是心理咨询及身心疗愈的有力工具。

  在参加完培训后，兰瑞清老师组织了《催眠术——中国本土化技术与应用》读书会，从头通读全书，边读边轮流做催眠体验。学习过程使我深受其益，其中的放松技术随时随地可以用于自身，让自己的意识保持与潜意识的链接，放松身心，达到身心合一。在对高考学生考试焦虑的应用中，用魏老师书中的催眠方法效果很好，学生心态放松平和，考试过程头脑清晰，学生以良好的状态完成了考试。今后，还希望自己把魏老师的催眠技术更加广泛的运用于生活，运用于身边人，用来帮助更多的人，因为魏老师的本土化催眠术，不仅适用于身心疗愈，对于每个普通人，若能够掌握，也是一笔宝贵的精神财富。再次衷心感谢魏老师能够将多年所学贡献社会，让更多的人体验到潜意识的巨大能量，继而改变自己的身心，活出全新的自己。

潘凯燕 青岛市即墨区第二中学心理健康教育教师，多次举办公开课，优质课。参与山东省家庭教育课题"基于家庭功能提升学生学习力"

《催眠术——中国本土化技术与应用》一书作为我学习催眠理论和技术的案头书，每次阅读都会有新的感悟和启迪。魏心老师结合我国传统文化，集部分中医、气功、武术和心理治疗技术为一体，兼收并蓄，将高深莫测的催眠术进行本土化应用创新，实践证明确实适合我国心理工作者的工作需要。催眠术帮助我获得走进来访者内心的捷径，催眠技术背后的多学科交互理念对于我心理专业素养的提升也有很大的帮助，在解决学生学习、情绪障碍，生涯发展困惑及亲子人际关系方面都有惊人的效果。

第一版推荐序

张伯源 曾任北京大学心理学教授，原卫生部中国健康教育研究所研究员，中国心理干预协会理事长，中国心理卫生协会心理咨询与心理治疗委员会副主任，中华医学会心身医学分会副会长，中国青年政治学院客座教授，天津市心理卫生专科医院首席客座教授，深圳市公安局心理辅导中心顾问，享受政府特殊津贴。在国内外具有较高的知名度，多次到国外讲学，有多篇学术论文在国际学术刊物上发表并获奖。

　　随着我国实施改革开放政策，20世纪90年代后，作为一门学科，心理学理论、技术和方法逐渐得到重视并逐步推广。例如，催眠心理治疗技术在北京等地举办了多次全国性的培训班，在办班初期参与授课的老一代催眠专家主要有两位，一位是苏州精神病医院的马维祥医生，一位是河北医科大学的赵举德教授。因为地域、理论、技术风格等有所不同，他们分别被尊为南派催眠和北派催眠的代表人物。

　　南派催眠的特点是方式灵活，临床应用广泛，在催眠过程中催眠师与被试有肢体接触；催眠操作力度大，感染力强，可在任何一种催眠深度下进行操作；市场运作多样化，对大众影响较广；弟子众多。

　　北派催眠的特点是科学、严谨，操作步骤严格；风格朴实，催眠力度较小；导入方式和唤醒方式温和，在催眠过程中，催眠师和被试无肢体接触，被试感到安全舒适；但无市场运作，对大众影响较小，临床应用欠开发；无嫡传弟子。

　　魏心同志早年追随北派催眠专家赵举德教授，后又学习南派催眠大师马维祥医生的技术，经过多年的教学、科研，积累了丰富的临床治疗与培训经验。他结合我国传统文化，融合南、北两大派催眠技术与理论，开创出中国本土化催眠理论与技术体系。《中国本土化催眠技术与应用》一书的初稿已经作为培训教材在全国各地举办了20多期培训班，书稿前身曾被北京师范大学珠海分校应用心理专业选为本科教材。魏心同志所录制的有关催眠现象的视频——《魏老师催眠术》在网上受到了网民的热捧。到目前为止，近2000人系统学过中国本土化催眠课程。

总体来说，本书具有以下特点：

第一，融合了我国南、北两派催眠理论和技术的优势，如北派严谨的理论和规范的操作，南派有效的操作力度和广泛的临床应用，能够从多角度分析问题和诊治疾病。

第二，融入了我国传统文化元素，如在传统催眠理论的基础上，结合中医、针灸、点穴按摩、武术气功的技法，拓宽了催眠的治疗范围，在许多病症上具有很好的治疗效果，如便秘、痛经、高血压、低血压、失眠等。

第三，根据我国的教育现状，采用催眠技术和心理训练相结合的方法解决学生的学习和考试问题；结合教育理论和儿童的心理发展规律，提出了有助于儿童成长与发展的实用催眠方法。

第四，在催眠现象方面，证明了催眠逻辑的存在；发现了内容、经验在不同意识层面的瞬间转移（就此创造了瞬间提取技术）；发现并验证了状态依赖等。

第五，注重应用，书中的催眠程序清晰，操作步骤明确，案例真实可靠，并配有相应的图表及网络视频演示的链接，读者容易理解和掌握。

作为一种技术，催眠在心理咨询、医学治疗、学校教育等方面都有广泛的应用，可对公众的心理健康起到重要作用。但令人遗憾的是，从事催眠的专业人士良莠不齐，催眠学界缺乏学术规范，有些地方甚至乱象丛生。但愿通过弘扬传统文化，发展本土化催眠技术，能够净化催眠学术气象，让本土化催眠技术深入人心，为我国民众的心理健康做出贡献。

张伯源
2015年8月于北京大学燕东园

第二版自序

自拙著《催眠术——中国本土化技术与应用》2016年面世以来,得到广大读者的垂青,并先后被一些机构选为培训教材,被部分专业团体列为必读书目,还有各类读书会以多种形式研读此书。特别是一些资质较深的催眠师及心理咨询师,还以自媒体形式、线下面对面形式、结合自己的咨询及培训工作,给广大催眠爱好者及专业人员分享、学习、践行本书内容的经验体会,为传播中国本土化催眠起到了重要的作用。为此,本人对广大读者表示衷心地感谢!

本书第一版问世以后,有些专业机构热心推广本土化技术,先后在全国各地举办初阶、中阶、高阶中国本土化催眠培训班。截止到2021年11月,已经举办地面班101期,系统受训者近5000人。线上培训及听过讲座者达数万人之多。在第一版中由于首创偏头痛催眠治疗,达到三次即治愈的效果,解决了医院神经内科只能用阻断类药物的无力感。为此,被中华人民共和国国家版权局批准为国家版权保护作品。

第二版在保留第一版主体框架的基础上,对部分内容进行了深度调整。并增加了部分章节,例如,"考试焦虑的催眠治疗""高考、中考成绩提升原理及催眠干预"两章,在理论的支撑下给出了干预设置和具体的催眠操作步骤,便于医生、心理咨询师、学校心理辅导员在现实中应用。

特别向广大读者推荐的是,第二版增加了儿童催眠干预内容。"学龄儿童及幼儿心理问题潜意识催眠干预"一章,由丽丽老师奉献。"丽丽老师"是学生及家长对她的昵称,全名为李丽丽。她从心理学专业毕业之后,曾先后在我国两个顶尖的学习能力训练、感觉统合训练机构做儿童训练,至今已有十几年的工作经历,并且是两个孩子的妈妈,有丰富的教学和养育孩子的经验,尤其热爱本职工作,把工作当成事业做,不断学习相关的理论,长期研究和观察儿童的成长与发展,在工作中不断依据理论开发新的儿童心理干预技术。"学龄儿童及幼儿心理问题潜意识催眠干预"一章,就是在学习第一版《催眠术——中国本土化技术与应用》之后,结合工作实际开发的心理干预技术当中的一部分。这不但是中国本土化催眠技术的拓展,对于催眠师有应用价值,也对幼儿工作者、小学老师、孩子妈妈有很大帮助。特此向读者推荐这些简捷、高效的实用技术。

第二版在成长与发展方面,提出了儿童成长过程中的潜意识全覆盖理论,并开发出相应的操作技术。其理论基础是精神分析的人格结构理论及催眠现象的研究，包括弗洛伊德、埃里克森、温尼科特等人的理论；催眠现象中的删除、植入、催眠后效等。依据儿童成长与发展过程，结合临床咨询经验，将儿童到成人的发展过程划分为5个心理发展关键期，进行潜意识全覆盖，即潜意识修改。主要针对每个不同时期儿童成长发展过程中可能出现的问题，以正确的养护、教育方式进行全方位覆盖，并给出了催眠干预引导语，为临床工作提供了方便。这种技术不仅解决儿童的心理问题，即使到成年之后仍然可以通过催眠进行潜意识修改，对早年的缺失给予弥补。

展望未来，中国本土化催眠无论在基础理论还是在临床应用方面都有广阔的发展空间和美好的前景。中国的传统文化为我们提供了丰厚且种类繁多的营养素，这是中国本土催眠枝繁叶茂的基础，也是西方催眠未来发展不能企及的。我们不排斥外来的文化与技术——见贤思齐。但是，中国人的种种问题与困惑还需要自己的理论与技术。

魏 心

2021年12月

于北京未来科学城

目 录

第一部分 催眠的发展历史与催眠现象

第一章 催眠发展的历史沿革与反思 (1)
- 第一节 源远流长 (2)
- 第二节 科学与艺术 (3)
- 第三节 正本清源 (7)
- 第四节 否定与发扬 (8)
- 第五节 畸形发展 (11)
- 第六节 还其本来面目 (16)

第二章 探秘五光十色的催眠现象 (24)
- 第一节 放松与僵直 (25)
- 第二节 改变生理指标 (27)
- 第三节 改变感觉阈限 (28)
- 第四节 非随意反应 (33)
- 第五节 幻觉 (34)
- 第六节 状态依赖 (35)
- 第七节 删除与植入 (36)
- 第八节 时间曲解 (37)
- 第九节 催眠逻辑 (38)
- 第十节 年龄回归 (40)
- 第十一节 前世回溯真假辩 (41)
- 第十二节 遇见未来 (43)
- 第十三节 意念传感与动物催眠 (45)

第二部分　中国本土化催眠的理论

第三章　催眠易感性及其测试方法 (47)
第一节　催眠易感性的相关概念 (48)
第二节　催眠易感性的非标准测验 (49)
第三节　催眠易感性的标准测验 (56)
第四节　催眠易感性与临床应用 (59)

第四章　催眠学说溯渊源 (65)
第一节　高级神经活动学说 (66)
第二节　精神分析学说 (69)
第三节　病理状态理论 (70)
第四节　分离理论和新分离理论 (70)
第五节　角色理论及遵从和信任学说 (71)
第六节　放松理论和输入——输出理论 (72)

第五章　催眠的深度及其作用 (74)
第一节　催眠深度划分与鉴别 (75)
第二节　催眠的应用 (79)
第三节　催眠的种类 (86)
第四节　中美催眠的差别 (88)

第三部分　中国本土化催眠的技术

第六章　催眠导入、深化及唤醒 (92)
第一节　催眠导入 (93)
第二节　催眠深化 (99)
第三节　催眠的唤醒 (100)

第七章　催眠程序与催眠偏差 (103)
第一节　催眠程序 (104)
第二节　实操步骤 (106)
第三节　催眠偏差 (109)

第四部分　中国本土化催眠的应用

第八章　催眠的临床应用与干预案例 (115)
第一节　催眠的临床应用 (116)
第二节　失眠治疗 (118)
第三节　治疗偏头痛 (128)
第四节　治疗紧张性头痛 (132)
第五节　治疗痛经 (135)
第六节　治疗便秘 (142)
第七节　治疗高血压 (147)
第八节　治疗低血压 (158)

第九章　催眠在教育中的应用与干预案例 (161)
第一节　治疗考试焦虑 (162)
第二节　中考、高考成绩提升 (164)
第三节　个案干预 (166)
第四节　治疗交流恐惧 (170)
第五节　催眠的其他教育功能 (172)

第十章　催眠在生活中的应用与干预案例 (183)
第一节　催眠改变现状 (184)
第二节　成长与发展及其潜意识改写 (197)

第十一章　考试焦虑的催眠治疗 (207)
第一节　考试焦虑概述 (208)
第二节　考试焦虑的治疗过程 (211)

第十二章　高考、中考成绩提升原理及催眠干预 (244)
第一节　高考、中考成绩提升概述 (245)
第二节　高考、中考成绩提升训练过程 (247)

第十三章　学龄儿童及幼儿心理问题潜意识催眠干预 (276)
第一节　催眠在学习能力提升过程中的应用 (277)
第二节　催眠在幼儿生活习惯等方面的应用 (288)

鸣　谢 (292)

参考文献 (294)

第一章 催眠发展的历史沿革与反思

❖ 本章导读：

- 催眠史上最重要的三个人物：麦斯麦、布雷德、弗洛伊德。

- 催眠的实施不能脱离当时、当地的文化环境。

- 成也萧何，败也萧何。"秀"在催眠术形成的早期起着迅速传播的作用，但也是某些重要人物瞬间垮台的双刃剑。

- 沿着催眠术发展的历程回头反思并向未来张望。

- 个人的路如何走？须慎重选择。

- "广义催眠"和"催眠术"的概念值得品味。

行业内的人士都有同感，只要你翻开有关催眠的书籍，大凡有专业水准的著作，都不惜笔墨用一章的篇幅介绍催眠的发展历史。之所以如此，有两个原因：一是催眠的历史源远流长，而且在发展过程中曲折跌宕，着实地诱人；二是只有了解了一件事物的历史才可以说真正了解了这一事物，才有可能摆脱对这一事物盲目的迷信或无端的怀疑。

第一节　源远流长

谈起催眠的历史，我们不妨引用世界著名心理学家艾宾浩斯的一句话"心理学有一个悠久的过去，却只有一个短暂的历史"，如果把这句话套用在催眠的发展史上，简直是量身定做。

说它历史短暂，是因为催眠真正成为一门科学并应用在医学临床和心理咨询之中是在布雷德和弗洛伊德之后。若从1842年布雷德创造"Hypnosis"（催眠）这个新词算起，至今不到200多年。

说它悠久，是因为人类很早就不自觉地使用类似催眠的手法解决各类问题。

早在公元前3000多年，古埃及金字塔里就有记录，南美玛雅文化的传说中，印度托钵僧的修行记录，波斯的魔法等都有催眠的痕迹。至于传说中的宗教、祭祀活动乃至远古时期人们狩猎之前的仪式活动，以及对新手的能力胆量训练中使用催眠手法的众多例子则无从可考。可见，催眠的历史是伴随着人类文明的进程而出现。如果再大胆地推测一下，它应该是随着人类自我意识的发展，在力图改变他人意识和自我意识的过程中产生的。

在西方中世纪，巫师、法师们为显示他们的魔力和法力，常常将人诱入精神恍惚的催眠状态。在那时，人们认为那些能施法术的巫师、法师是魔鬼的代理人，是在施放邪恶的力量，而不是作慈善的道行。但是，后来人们发现，这种种神奇的法术并非只能作恶，也同样具有强大的驱魔能力，也有人用这种法术来治疗各种因魔鬼附体而疾病缠身的人，例如，伽斯纳神父就是其中之一。

伽斯纳是一位天主教神父，生活在欧洲的克劳斯特。18世纪初，人们普遍认为，一个人生病是因为魔鬼缠身，只有驱除病魔，病人才能恢复健康。伽斯纳以神父的身份自称能接受上帝的圣旨而驱除病魔。伽斯纳的治疗室，室内以黑丝绒作窗帘用以遮挡光线，使得室内幽暗而宁静。治疗时，伽斯纳身披黑色披肩，手持金色十字架，轻轻地绕着病人走动，让病人静静地站在屋子中间，闭上眼睛，告诉病人，当他的十字架碰到病人的身体后，上帝会使病人立即倒地而死。突然，伽斯纳以十字架碰触病人身体，病人真的倒地并且意识丧失。站在一旁的医生上前检查病人的脉搏、心跳和呼吸，确认病人已死去。然后，就在病人死去的那一段时间里，伽斯纳轻轻地走到病人身边，一边口中念念有词，一边以十字架轻拍病人的身体，他能按照上帝的旨意来驱赶病人身上的病魔，命令病魔离开。突然，伽斯纳一声喊叫，双手将十字架高高举起，表示病魔已经离去。待病魔被驱走后，病人继而复活，并且恢复健康。霎时间，病人睁开眼睛，得以复活并感到全身舒坦，病情一下子好转，甚至于很快恢复健康。于是，伽斯纳的神奇的"驱魔术"在德国和奥地利引起了不小的轰动，找他看病的人络绎不绝，不计其数。

第二节　科学与艺术

图 1-1　弗朗兹·安东·麦斯麦

弗朗兹·安东·麦斯麦（Franz Anton Mesmer，1734—1815）。他被称为"现代催眠之父"，是催眠术的鼻祖，麦斯麦的名字已经成为催眠术的代名词。

麦斯麦幼年生活在奥地利康斯坦思湖畔英那乡的一个流浪艺人之家、曾修神学、哲学、法律、医学，后获得博士学位。由于受到科学的影响，麦斯麦不相信人体患病是魔鬼缠身的说法，认为在茫茫宇宙中，必有一种有效的力量影响着万物，也许是电力，也许是磁力。1766年，他发表了论文《行星的影响》一文，认为星体对人类有影响。1775年，麦斯麦又提出了"动物磁流"学说，他认为，人之所以患病，是因体内磁流不平衡所导致的。因此，通过磁疗可以使体内磁流平衡通畅，从而恢复健康。

麦斯麦的第一位施术对象是一个女孩，这个女孩深受歇斯底里症的折磨，并伴有痉挛、呕吐、间歇性的失明、麻痹、时常出现幻觉，发病时还会发生排尿困难和剧烈的牙痛，并伴随有其他的症状。据麦斯麦自述女孩的脚上被绑上磁石，她的头部周围又布满磁石。女孩感到热辣的刺痛从双脚开始上升到髋骨，接着这种刺痛又变成一阵痉挛从髋骨两侧上升并窜过每一个关节，经过每一个关节的时候，这种的刺痛更变成灼烧一般，通过双乳流淌到每一发根。磁流流淌过全身的时候，在身体的某些部位会停留片刻，变得更为强烈，当她的全身都被磁力通过的时候，她的病真的被完全治愈了。

麦斯麦名声鹊起，他的故事广为流传。后来麦斯麦发现磁石并不是治疗这些疾病最重要的因素，但他依然相信有一种无所不在的、看不见的能量流在发生作用，而这种能量流会受到星座位置的影响。他开始修改他的磁流理论，他认为自己拥有比常人更多的磁流能量。这个观念既使他名噪一时，也毁了他的事业。

后来有一个案例使他声名狼藉。有一位贵族的女儿，维也纳女皇的钢琴老师，患有神经性失明，经麦斯麦治疗视力得以恢复，但她却失去了行走的平衡，麦斯麦也无法解释为什么。患者的父亲要求停止治疗，女儿哀求着要求治下去。不料父亲为此震怒，患者在极度的刺激下，又失明了。她的双眼虽然没有任何的外在损伤，但她的视力再也无法恢复了（后来得知，父亲担心女儿的病如果被治好，女皇给他们的不菲的抚恤金就会减少）。麦斯麦的反对者抓住这一机会斥责他是一个骗子。这一事件使麦斯麦名声扫地，他不得不离开维也纳。

后来麦斯麦结识了莫扎特，莫扎特对他产生了强烈的兴趣，并成了他最热心的拥戴者。在莫扎特的强烈要求下，麦斯麦又回到了法国巴黎。这次麦斯麦一改过去催眠治疗的做法，转而成为一位舞台上的催眠术表演者。也许是因为麦斯麦继承了从父母那里遗传的游历表演的基因，表演催眠术一炮走红，在巴黎引起了不小的轰动，很快成为"明星"。

他的诊所成了表演的场地，他在诊所里建起了一个容纳30人座位的导磁台，导磁台的下面由橡木桶做成，桶里有若干个瓶子，瓶内装有铁屑和导磁液。台上有通向瓶子的铁把手，用以传导磁性。房间内铺有厚厚的地毯，墙壁上装饰着离奇的天文星相图案，怪异的灯光烘托着气氛，拉上窗帘，屋内肃穆沉寂，病人有与世隔绝之感。室内的镜子也是精心布置的，反射的光线落在病人身上让他感受到一阵阵的磁流通到身上。在整个治疗过程中，自始至终都有背景音乐，轻柔的音乐将一波波更强的磁流送入病人的灵魂。病人常常在这种环境下出现各种反应并进入"危象"状态（见图1-2），躺在地上出现痉挛、抽搐，通常伴有大哭、喊叫，甚至意识丧失。这时，麦斯麦的助手就将病人抬进备有褥垫的"危象室"。如果有的病人在这种气氛下还没有出现危象或者脊柱还没有刺痛感，双手不战栗，季肋区不抖动，麦斯麦本人就出场了。他穿着紫色的塔夫绸长袍，眼神威严，双手持磁棒将磁流注入病人体内。同时也可由较易于接受暗示的患者讲述他们正在体验的通磁感受，其他的患者就会受到感染。这样一来，集体治疗的效果就出现了，许多病人通过治疗，疾病减轻或消失。

图1-2 麦斯麦术现场，一位患者正在经历"危象"

患者们非常敬重麦斯麦，他本人很快名声鹊起，他的治疗方法被称为"麦斯麦术"。关于麦斯麦术的各种传闻在巴黎不胫而走，法国政府得知后，想出重金购买麦斯麦术的"秘诀"，但被他拒绝了。其实，他根本没有什么"秘诀"可卖。麦斯麦术"成功"引起了不小的轰动，同时也招来了怀疑和攻击。1784年，法国国王路易十六组织了一个皇家委员会对麦斯麦术进行调查，这一工作由法国科学院执行。这个委员会由大名鼎鼎的本杰明·福兰克林（时任美国驻法大使）领导。

调查工作从两个方面着手：一是调查麦斯麦过去的工作，二是考察磁石对委员会成员们自己的身体有无治疗作用。调查结果对麦斯麦很不利。磁石无任何治疗作用。所谓"通磁"完全是子虚乌有。其中一个实验是，让一个人喝下一杯被麦斯麦通过磁的水，结果什么也没有发生；另外一个实验是，让一些人坐在被麦斯麦通磁过的树下，也没有出现什么治疗效果。调查的结论认为："麦的治疗方法是非科学的，治疗效果完全是来自病人对这种'磁流'的相信，和一切可能发生的奇迹的强烈的期望。"认为麦斯麦是一个"骗子"，他的行医执照被吊销。

也许连福兰克林自己也没有想到，委员会的结论在以后的日子里成为专业催眠理论体系的基石。

麦斯麦被驱逐出巴黎，退居到凡尔赛，在法国大革命开始前又移居瑞士，最后在瑞士退休。在他生命的最后几年时光里，他过着孤独俭朴的生活，只是间或为他的邻居做一些治疗。1815年，麦斯麦离开人世。麦斯麦的垮台使热心催眠术的追随者难以继续工作，因为他们拿不出令人信服的证据来回应医学组织的质问。麦斯麦术自此消沉下去。

坚冰之下亦有潜流，麦斯麦的弟子及其追随者们一直在探讨和践行麦斯麦术的宣传、表演及治疗。最为典型之一是苏格兰医生詹姆斯·埃斯坦尔（James Esdaile, 1808—1859）在印度使用麦斯麦术。印度政府和医学界对催眠术的政策较之英国要宽容得多。1845年，埃斯坦尔遇到一位疼痛得痛苦不堪的病人，他运用麦斯麦术来治疗，收到奇效，病人一下子疼痛全消。自此以后，他尝试在外科手术中使用麦斯麦术作为麻醉的手段，进行了100多例手术，得到了满意的效果，于是他写了一份报告给印度政府，政府委派一个委员会调查此事。委员会的报告颇为慎重，但仍鼓励埃斯坦尔继续探究。

1846年，政府在加尔各答创立一所小型医院，埃斯坦尔就在该院施行麦斯麦术。随后他又转到另一私立医院行医。埃斯坦尔在印度的医院里广泛地推广麦斯麦术，他大胆尝试，将麦斯麦术与普通医术结合起来，取得了满意的疗效，深受印度民众的欢迎。

在印度，将催眠术将在手术台上，获得了令人惊讶的成果。甚至在目前，将催眠术运用于手术的过程中都是不可思议的事。麦斯麦术在麻醉镇痛和减少病人对手术的恐惧心理方面取得了良好的效果，1846年底，埃斯坦尔提交了一份报告，关于它在数千例的小手术300例大手术，包括19例切断手术中运用催眠术，完全没有疼痛感。更加令人惊讶的是，他居然让手术后死亡率由当时的50%降至8%以下。这是一个令人无法相信的奇迹，其主要原因是，他通过催眠消除了病人手术后的恐惧感，以使康复的过程更快。但是，印度和大不列颠的医学杂志都拒绝刊登埃斯坦尔的研究报告，有关他的研究资料仅见于他呈送给印度政府的报告书内。英国医学会接受了这份报告后，指派他到英国的一家医院继续做催眠手术实验。

遗憾的是在英国的催眠实践效果没有像在印度那么成功，原因是以前催眠在医院及大学内都是禁止的，对于催眠的效果持怀疑的态度，而在印度，人们相信埃斯坦尔可以为他们带来康复的希望。这种信任和期望，在病人身上发挥了显著的效果，因而，埃斯坦尔对他们实施催眠的效果很好。当埃斯坦尔回到故乡英国，昔日的辉煌不再。

第三节 正本清源

麦的弟子拉丰丹于1841年在英国的曼彻斯特公开表演麦斯麦术，一位外科医生，詹姆斯·布雷德（James Braid，1795—1860）也在场观看。在表演现场，有人发现拉丰丹的表演总以两个同来的伙伴作被试，开始怀疑拉丰丹的表演有虚假成分，于是，布雷德当场对拉丰丹等人给予大声斥责。

图1-3 詹姆斯·布雷德

当布雷德再次观看拉丰丹的表演时，发现被试的那种表现是伪装不成的。例如，针刺被试的手，无疼痛反应；被试进入状态后，瞳孔缩成点状。这引起了布雷德的兴趣，再次表演时，布雷德仔细观察。使他感到不能把麦斯麦术表演者所出现的现象简单地视为欺骗，其中必有原因。但是，以麦斯麦的"动物磁流"理论是无法解释的，也不合情理。他认为肯定有生理原因在起作用。

布雷德开始进行实验，发现让被试长时间盯住一个目标就会昏昏似睡，布雷德认为这是一种不自然的睡眠。在这种状态下可以激发出"麦斯麦术"的那种现象。他认为麦斯麦术并没有什么神奇之处，只不过是"神经性睡眠"的一种形式而已。开始创造一个词"neurohypnology"（神经催眠学），后来又缩写成"hyp-nosis"（催眠）。当时还有学者提出类似的概念，如"群体冥想""预设想象""导引的想象力""创造的视像"等，但历史最终选择了"催眠"（hypnosis）这个词。1842年布雷德出版了《神经性睡眠的理论基础》一书，其中就使用了"hypnosis"（催眠）一词，并进行了理论阐述。因此，布雷德被认为是现代催眠术的创始人。

布雷德进一步的研究发现，不但视觉专注可以引起催眠，通过听觉、想象、思考、观念上的专注与暗示也可导入催眠状态。布雷德开始修改他的理论，认为通过注视某物而诱发的催眠状态，起重要作用的应该是注意的凝注，而不是视觉的凝注。布雷德认为催眠这个词有点不合适，应该改为"单一观念"（monoide-ism），即在催眠时，被催眠者并没有睡着，只是集中注意着某个单一的观念，并由这个观念整个地控制自己。但是，"催眠"和"催眠术"等术语当时已在欧洲广泛使用，约定俗成，难以更改，以致这个不恰当的名称一直延用至今，并常常由此引起人们错误的理解。

不过，当布雷德以"单一观念"来描述催眠时，他已将他的研究重点从生理学的角度转移到心理学的角度了，从认识上，前进了一大步。稍后，他更明确地承认暗示是引起催眠的要素，还提出了"念动动作"这个概念，即当被试意守一个动作性观念（单一观念）时，可引发出实际的外显动作。比如，一个人静静地站立时，集中注意默想自己的身体在不停地晃动，过一会儿，身体真的会晃动起来，这就是念动动作，或者叫作观念运动。关于催眠状态下的意识问题，布雷德也有一些论述。

到1847年，布雷德又发现了清醒的催眠现象，在不到6年的时间里，他对催眠学所做的科学实践，超过了过去一个世纪以来，所有催眠先驱们在为催眠寻找科学依据所做的一切。

第四节 否定与发扬

谈到催眠的发展史，我们不能不提及一位不可或缺的重要人物——西格蒙德·弗洛伊德（S.Freud，1856—1939）。

弗洛伊德虽然不是催眠的创始人，但是，他在催眠的发展史上确实起到十分重要的作用。至于他对催眠的影响是功还是过，各家评价不一。要澄清这一问题，需从弗洛伊德对催眠的态度和使用过程谈起。

早在学生时代，弗洛伊德就通过观察通磁术的公开表演，对催眠术留下了很深的印象。在与好友布鲁尔交流安娜的病例时，他也接触到了催眠术。1885年弗洛伊德去法国进修。当时在法国催眠界有两大学派，南锡派和巴黎派。南锡派的代表人物是李厄保和伯恩海姆，巴黎派的代表人物是沙考。两派都在运用催眠治疗癔症，但是，两派间的学术观点不一致，争执得沸沸扬扬。弗洛伊德去了巴黎，投在沙考门下。弗洛伊德第一次见到沙考在病人身上所做的临床研究，使他大大开阔了眼界。沙考是当时著名的神经病理学专家，还是萨佩特里尔医院的院长，一位技术高超的催眠师。除此，他还发现了歇斯底里现象，并能在催眠状态下消除歇斯底里症状。

图1-4 西格蒙德·弗洛伊德

从巴黎回国后，1886年，弗洛伊德开设私人诊所。但开始，他使用的仍是当时流行的电疗法。1887年，他在不放弃电疗法的情况下开始使用了催眠法。在实践中，他发现传统的电疗法的效果不尽如人意。从1887年12月开始，弗洛伊德便集中地使用催眠疗法。

为了进一步研究催眠术及其治疗机制，弗洛伊德于1889年夏，带着一位病人到法国南锡，向那里的催眠大师求教。这次南锡之行，李厄保和伯恩海姆做的催眠实验给他留下了极其深刻的印象。弗洛伊德从亲眼所见的令人惊异的实验中受益匪浅、深受启迪。弗洛伊德在催眠方面先是受教于沙考，尔后又曾专程到南锡接受了李厄保与伯恩海姆的教导。可以说他在催眠术方面是接受了南锡派与巴黎派这两派的影响。

弗洛伊德在催眠治疗中发现了病人的意识背后还深藏着另一种极其有力的心智过程——"潜意识"。后来，他发掘这种潜意识，并进行系统分析，最后成就了他的精神分析体系。就是说，催眠术为"潜意识"的发现提供了一个重要线索，正是这一系列的催眠实验，令人信服地证明了潜意识的存在，即使多年后，弗洛伊德为了论证潜意识的存在，还不时地用催眠实验作为证据。由此可知，催眠术不但促使弗洛伊德发现了潜意识，而且还成为对其潜意识理论有力证明的工具。

在对弗洛伊德与催眠术进行过介绍后，不难发现弗洛伊德虽曾深受催眠术之影响，但他不久后就由催眠术转向了他的精神分析，他对催眠术本身的理论并没有做出多少贡献。

弗洛伊德在使用催眠的过程中发现了"潜意识"，又开创了"自由联想法"，他逐渐地放弃了催眠，开始使用精神分析。到后期，他对催眠的态度发生了质的变化，这可从他的《精神分析引论》中略见一斑。弗洛伊德认为催眠疗法存在以下几个方面的问题：

（1）催眠疗法只是对患者的症状加以粉饰，治疗效果不持久、不彻底、易反复；

（2）催眠疗法对任何病人都使用同样的程序，手段机械单调，因此不是所有的人都能够接受催眠；

（3）多次使用催眠，患者会担心嗜此成瘾；

（4）催眠疗法只是让患者被动服从，不会使其得到自主的、更高级的发展，不能增强患者抵抗旧病复发的能力。

对催眠得出如此看法，其原因有二：一是弗洛伊德在学习和使用催眠术的实践中，学艺不精、使用不活。伯恩海姆在治疗中不必将患者导入深度催眠状态，而自称为其学生的弗洛伊德却不会在浅度催眠状态下进行治疗，显然没有得到老师的真传。二是弗洛伊德无论对催眠的解释，还是在临床的应用都略显蹩脚，他自认为比"催眠"好用的"自由联想"，在后人看来，患者就是在浅度催眠状态。他的这种所谓抛弃催眠，改用的"新方法"实质上是"无心插柳"，对催眠临床应用做出了开创性的贡献。由此看来，弗洛伊德主观上放弃了催眠，客观上却将其推上了更高层次。这种对催眠在临床中应用具有里程碑意义的贡献，弗洛伊德自己是不知道的。

由于弗洛伊德当时具有很高的学术地位，当他宣称放弃使用催眠之后，催眠在临床中的应用便急转直下，一度跌入低谷。到催眠再次复兴时，已经不是那种夸张式的表演风格和简单的命令及机械的重复手段了。催眠技术早已和心理治疗的理论及手段相结合开创出许多新的、有效的治疗手段，并开拓了更为广阔的应用领域。特别是到现在，催眠技术和理论的发展已经翻天覆地今非昔比。倘若有人评价现在的催眠治疗只是对少数人有效、只有短时间的治疗效果、治标不治本，那么，他对催眠的理解仍然停留在弗洛伊德时代。

西方受弗洛伊德早年理论的影响，使催眠进入误区，许多学者至今不能自拔，严重影响了催眠理论和技术的发展。

第五节 畸形发展

催眠，在中国可谓"历史悠久、源远流长"。据有文字记载的历史发现，早在我国商末（约公元前11世纪），周文王姬昌就用画地为牢的方法惩罚犯罪的臣民。实际上这也是后来所传说的"定身法"，这就是催眠暗示的效果，即催眠术的"原型"。古代的"祝由术"，即宗教中的一些仪式，如"跳大神"等都含有催眠的成分，在《内经》中也有提及。在我国的其他古籍中也有散在的记载。如唐明皇夜游月宫的故事（见于《唐逸史·仙传拾遗》中）；《初刻拍案惊奇》说唐明皇在月宫中看见了一块"广寒清虚之府"的金字匾额，又从宫中仙女处学得了《霓裳羽衣曲》。这虽是民间传说的文字记载，也许是罗公远使用了催眠术，在暗示下使唐明皇出现各种神奇的幻觉。另外，还有周穆王看到西极天国神仙下凡，能入烈火、能穿金石等神话故事，都有可能是催眠后产生幻觉的表现，只是将当时存在的催眠神奇现象，运用故事的笔法传播。我国儒家的一些书籍中也有类似催眠术的描写，只不过是从反面评价的，认为是"怪力乱神"的巫术现象。

在寺庙中，神职人员常运用催眠术进行占卜、消灾、祛疾等活动，传教时也有类似的应用。他们不但使用自我催眠进入催眠状态，成为神的化身，也常应用集体催眠的方法，使教徒集体进入催眠状态后，通过暗示，使他们能感受到神的存在，聆听着神的旨意，以此消除所存在的心理问题和心中的困扰。在我国民间所存在的巫婆装神弄鬼的骗人把戏，应该是自我暗示后失神样的癔症性意识恍惚状态，或类似催眠状态，但这不是神魔力量，只不过是自我暗示后出现的特殊意识状态。

现代催眠术传入我国始于20世纪初期。1908年，留日的中国学生郑鹤眠、唐心雨、居中州、刘钰墀和余萍客等人在日本横滨设立中国心灵俱乐部，该机构在建立之初就声称是专为中华同志研究催眠术而设立的。1911年，中国心灵俱乐部从横滨迁至东京，改称东京留日中国心灵研究会。这表明，该会是把心灵研究与催眠术等同对待的。该会设立了心灵研究、催眠研究、编辑出版部门，后来又增加了中国心灵学院，开展催眠术的面授和函授活动，并增添了中国心灵疗养院进行治病。1918年，东京留日中国心灵研究会在上海建立分支机构中国心灵研究会事务所。1921年，东京留日中国心灵研究会总会由东京迁至上海，改名为中国心灵研究会，其英文名称为"China's Institut of Mentalism"，又把催眠术与心灵论等同起来。1923年，中国心灵研究会成立了专门刊印灵学和催眠术书籍的心灵科学书局。就这样，灵学与催眠术的译名及其具体内容，被中国留日学生陆续传入国内。

灵学家们在实施催眠过程中，反复强调被试只有在虔诚信仰、消除杂念和精神统一之时，催眠施术才能成功，被试才能实现遥视、与亡灵交流、食烛为糖，等我能治愈牙痛、头痛、胃病与肢体麻痹等疾病。从其刊载的一些治疗广告中可以得知，他们宣称的催眠术可治愈的疾病种类非常繁多，似乎达到了"完全可以弥补药石的不足"，甚至无所不能的地步。催眠术仿佛具有妙手回春起死回生之效，且看《大公报》于1918年12月12日刊登的一则广告：

中国精神科学会直接教授催眠术，并用斯术治疗后列各种病癖：（脑病）脑贫血，脑充血，头痛，头重，眩晕耳鸣；（神经病）神经痛，神经衰弱，各种麻痹，各种疝气，不眠症，疑心症，舞蹈病，忧郁症，失恋病，半身不遂，吃逆，多汗症，脚气，癫痫，各种痉挛；（精神病）妄想症，忧郁狂，狐祟，鬼祟，一切邪祟；（胃肠病）消化不良，胃痉挛，胃扩展，便秘，呕吐；（呼吸气病）呼吸困难，喘息；（眼病）眼睛疲劳，色盲，夜盲病；（泌尿生殖器病）子宫病，下白带，月经闭止，月经过多，月经困难，月经不顺，月经痛，妊娠呕吐，常习性流产，分娩苦痛，早漏，阳痿，遗精；（全身病）各种贫血，各种慢性中毒；（恶癖）吃音，遗尿，睡语，小胆，饮酒，抽烟，倦怠，忧心，不喜交际。总会设在天津日界荣街新津里二号，支会设在保定王字街玄坛庙胡同。

当时，在刊印、出售有关催眠术的期刊、月报和书籍方面也如火如荼。仅中国心灵研究会截至1931年的统计，就出版有书刊讲义3000余种。为了推广催眠术在社会中的影响，灵学家们还经常在公共场所开展不同形式的催眠术表演，展现催眠术各种技能，并努力扩大和提高其形式的多样性和趣味性。据称，当灵学家在台上展现千里眼、错觉状态、增力术等催眠术的各种技能之时，台下观众经常一时甚是拥挤，到会参观诸君无不鼓掌，称之可观。

一些灵学家在进行催眠术表演之时，曾声称将表演后所得的收入全部捐献于教育事业或慈善活动，这在一定程度上博取了百姓的好感。在当时，普通员工的月收入水平在15—30元，做心灵治疗（催眠）每次需要6—10元。

风助火势，火借风威，当灵学家们借助催眠技术夸张地渲染巧妙地运作名利双收的时候，却不知危险已经潜伏。1928年，当国民政府在形式上统一中国后，下达并执行了几次反对和制止迷信活动的禁令，借助催眠术的灵学活动热潮走向衰落。催眠术也被大众视为"负有连带责任"被"打压"下去，蒙受了不白之冤。

由于战乱和种种原因，自20世纪30年代以后，催眠术在我国大陆一直鲜为人知,直到20世纪80年代,中国政府主张改革开放,随着心理学被解禁,逐渐默许催眠活动的存在。直到90年代,才有以政府默许由学术团体出面组织的培训班在北京、上海等大城市出现。最早且正规的班次是1994年由北京大学心理系教授、中国卫生部心理健康教育研究所专家张伯源老师组织的全国培训班,其中有被尊为"北派"催眠大师的著名专家赵举德教授领衔主讲。尔后,张伯源教授又组织了"中德班"。"南派"大师马维祥也多次举办培训班。为我国临床医学和心理学工作培养了一批催眠专业人才。

  有意思的是,在这些正规班之前,催眠术以变种的方式在我国大陆疯狂地扩散——气功热和带功报告。20世纪80年代初,我国大陆出现气功热,多种功法先后风靡各地,诸如大雁功、鹤翔庄、形神庄、意全站庄功、新气功、中华益智养生功、大自然中心功、郭林新气功、禅密功、太极功、香功等。80年代末又出现带功报告。在大会堂中,气功大师在台上发功,在场人员全都受益,有病治病,无病强身,据说有人听了一场报告治好了多年的沉疴。在报告现场,有人听到约40分钟以后出现"自发功",表现出各种各样毫不掩饰的言行及宣泄,如哭的、喊的、叫的、跑的、唱的、笑的、爬的、滚的、跳的。千姿百态,千奇百怪。无论"自发功"者如何动作,但绝不伤人,也不会自伤,更不毁物;不听带功报告,有人在练功时也出现这些异常的"自发功";当时,有的人意识清醒,但不能控制;也有的意识模糊,清醒后对刚刚发生的事一无所知,但他们事后都说身体感到特别舒服,有的慢性病患者逐渐好转,也有身体虚弱者慢慢强壮起来。苏州医学院的吴彩云教授也参与练功,充当"卧底",经过深入观察和体验发现在带功报告现场大约20%的人出现"自发功"现象,她认为,这与催眠易感性有关,并非"大师"功力。20世纪80年代后期,杨德森教授对"带功报告"走红大江南北的现象非常担忧,他指导研究生以"湖南求医行为纪实"为题,录制了揭穿"带功报告"和用迷信手段"治疗"疾病的录像带,邀请"带功者"到实验室进行现场"表演",用事实证明其欺人之举。

  在众多功法中,严新(新气功)、张洪宝(中华益智养生功)、田润生(香功)、张香玉(大自然中心功)曾经名噪一时。严新于1986年仲夏在首都体育馆做带功报告,许多人买不到入场券,站立在街道旁手里举着两张"大团结"(一张面值10元)乞求行人,队伍从首都体育馆排到动物园(当时北京人均月收入40多元)。有聪明的,见得不到入场券,便及早占据有利地形,在体育馆门外,盘腿打坐,双手合十,万分虔诚地接收大师的信息。还有人用担架将患重病的家人抬到现场企望大师的妙手回春。张洪宝在北京拥有"国际气功大楼",在全国招生授功。田润生的香功音像制品遍布全国各地,并在CCTV第一套节目播放。张香玉装神弄鬼到处表演,诱骗、蛊惑色彩很浓。一时间,全国上下男女老幼练气功成为时尚，气功成为继跳忠字舞、甩手、打鸡血、喝凉水之后的全国性的疯狂行为。以后气功又推出特异功能表演，甚至声称普通人练功只要心诚也可获得特异功能。如，开天目、透视眼（可代替X光看透视人体内脏，可透过包裹看到内容，可穿过土层看到地下）、耳朵认字、腾空悬浮、意念剪枝、意念搬运、穿墙破壁、隔物取物、呼风唤雨等，还能开发智力、激发潜能、有病治病、无病强身。将魔术乃至骗术融入气功之中，把气功包装成了超自然的、无所不能的法力，一时间搞得云山雾罩、乌烟瘴气。客观地讲，如果方法正确，练气功确实能够强身健体、改善状态、祛病延年。因为在练功时体内分泌内啡肽，这种物质会使人产生愉快感、舒适感、满意感，改善神经功能，改变情绪，治疗部分病症。如果说气功师能发出外气给患者治病，甚至能够远隔千里遥控治疗则纯属心理暗示。但是，我们不应该就此否定某些气功大师治愈疑难病症的事实。如北京解放军总医院（北京301医院）王择青教授介绍他的亲历：曾有一军级干部，因严重失眠住院治疗，连续几天未睡，医院想尽一切办法仍未见效。于是，请严新到场，严新先倒了一杯白水，然后发功，患者喝下后躺倒便睡。退一步讲，即使严新用了魔术、巫术，他能把失眠的病人"骗"得入睡，难道不值得研究吗？据说严新声称他在深圳发功能够改变中国科学院的仪器数值，但是，在中科院的实验是失败的。严新在社会上取得人气以后还想捞取学术资本，和北京大学负责人联系欲索兼职教授聘书，北大负责人爽快地答应了，让他下周到办公室去取。因为严新声称具有隔物取物的本事，他到达办公室后，北大负责人指着上了锁的抽屉说："你的聘书已经写好了，在抽屉里，你把它拿出来我给你盖章。"严新自知没趣，退出了办公室。尽管他的北大之行碰了一鼻子灰，但不能说他对人的心理影响也是不成功的。

众所周知，气功对人类健康做出过积极的贡献，毋庸置疑。同时也出现过令人悲痛的事件。在气功盛行的年月，由于授功师傅及练功者的素质参差不齐，对气功缺乏理论的探讨和严格的技术指导，使得一部分练功者出现各类偏差，甚至走火入魔，上演了一幕幕令人哀痛的事件：割腕、剖腹、跳楼、自焚……。还有的因练功不当出现精神症状。精神病院医生陈立成曾经在心理学研讨大会上报告，社会上流行什么样的功法，医院里就有什么类型的精神病患者。苏州医学院教授吴彩云对53例气功所致精神障碍住院患者康复后进行追踪调查，结果表明，心理-社会因素起着重要作用。研究发现，这些人个性敏感、多疑、偏执；家族及既往史中患精神疾病及心身疾病者较多；还有，不切实际的练功态度，对气功师的迷恋、神化，气功师的不正确的诱导起到了强烈的暗示和自我暗示作用。许多专业刊物也有这方面的报道。为此我国的精神疾病诊断标准（CCMD—Ⅲ）专门列出"气功所致精神障碍"一项。气功对因练功出现的种种"偏差"无所作为，既无预防措施，亦无挽回之力，给学员及家属乃至社会平添大量无妄之灾。

随着改革开放政策的进一步深入，进入21世纪，催眠的培训在大陆日益兴旺，本土的、外来的各类培训络绎不绝，这本来是好事，但也出现了令人担忧的现象。有的催眠师或培训班具有表演化、功能夸大化、轻易许诺等倾向。有的追求趣味性，淡化严谨性；有的为了获得市场份额一味迎合，轻易许诺；有的为了吸引眼球，无限夸大催眠的功能，不惜忽悠；有的玩深沉，偷换概念，改头换面愚弄大众。请看下面有关灵学（改称灵气）的宣传广告（2012年2月23日，在某网站下载）：

灵气能帮助你：
· 改善皮肤质量
· 改善手脚冰冷
· 消除身体的负面能量
· 增强自信心
· 提高意志力
· 改善睡眠质量、减轻神经紧张
· 舒缓长期疲乏症状
· 舒缓痛楚
· 预防疾病
· 手术前/后调理
· 加速伤患痊愈
· 舒缓治疗期间的身心不适
· 平衡免疫力失调症，提升免疫力
· 提高身体自愈能力
· 舒缓女性经前综合症状
· 减轻因心理造成的痛楚、烦躁不安、恐惧感与创造内心的和谐
· 人生观变得乐观、正向积极
· 促进个人成长、提升灵性修为
· 增强自觉、直觉与内在洞察力
· 增加心想事成的能力
· 体现爱、慈悲和万物合一的境界……
· 灵气自然疗法主要的目的是不仅治愈身体的疾病，并且教人学习享受生命及感受福祉
· 终极灵气一级的四次能量启动即让你（不论是否敏感，百分之百可以）终生拥有灵气能量，不仅改善自己身体状况，而且可近距或远隔千里为他人疗疾，不消耗自身能量

- 有丰富的治疗方法传授
- 增加课堂疾病治疗，从阿赖耶识层面消除疾病因子
- 增加新课程内容，听懂此课终生不生大病

读者不妨翻一下本章前面曾谈及20世纪初（约100年前）的灵学宣传，二者有何区别？客观些讲，我们无意否定它的作用，但如此没有边界的夸大，岂无忽悠之嫌？

第六节　还其本来面目

一、什么是催眠

关于什么是催眠，不同的学派有不同的解释，更有甚者，同一催眠师在不同时候竟然有多种解释。本书把催眠分为两大类，即广义的催眠和狭义的催眠。

要讨论这个问题，不妨先看一看如下案例：

案例一

这是传说中的一个故事。小和尚刚出家进寺院，对佛教一无所知。一天，他到老和尚那里去请教，问老和尚："师父，什么是禅？"老和尚没有说话，拿起身边的戒尺往小和尚头上打了一下。小和尚委屈地问："师父，我请教什么是禅，你干吗打我？"说时迟，那时快，老和尚又打了小和尚一下，比上次打得还重。小和尚先是一愣，旋即用手挠一挠头，似乎醍醐灌顶，若有所笑地说了声："谢谢师父！"满意地走了。

解析：聪明的小和尚感受到被打一瞬，心无旁骛，万事皆空，这即为禅的状态。我们不得不感叹老和尚非凡的教育智慧及小和尚的超级悟性。

案例二

王女士是中学语文老师，晚上看新版电视剧《红楼梦》。看到黛玉葬花的情节，和"寒塘渡鹤影，冷月葬花魂"的诗句相联系，不觉潸然泪下，情不自禁。

解析：俗话说"读三国掉眼泪，替古人担忧"，其本意是不干你的事，没必要自作多情。但现实却偏偏有众多的人总要受到故事的影响，王女士也是如此，进入角色，感同身受。

案例三

如果你问现在的年轻人"怕上火要喝什么？"他会说"怕上火要喝王老吉"；

如果你再问"你看到黄色的大M，首先想到什么？"他顺口回答"麦当劳"。

解析：由于媒体大量的、长期的、全方位的、不间断的广告宣传，通过人的感官和意识，逐渐渗透到潜意识里，形成了反应的动力定型。

案例四

5岁的男孩壮壮，在感统室做训练，妈妈在门外等候。刚刚做了五六分钟就往外跑，因猝不及防，老师也没能拦住。壮壮跑到门外又立即回到训练室。过了一会儿，又往外跑，弄得老师莫名其妙。一节训练课，跑出去好几次。跑出去只要看到妈妈就立刻回来训练。老师、家长都云里雾里，不知为何。

经催眠得知，壮壮2—3岁的时候，妈妈总是倒班，妈妈一走，壮壮就哭闹。为了避免孩子哭闹，妈妈想出一个"好"办法，先哄壮壮睡觉，趁孩子睡着，妈妈去上班。孩子醒来，见不到妈妈，又哭。孩子小，妈妈及家人都没在意，哄一会儿就好了。那知，就此壮壮落下了分离焦虑。在催眠状态下，治疗师弥补了壮壮2—3岁时的经历，他的问题也迎刃而解。

解析：壮壮的行为在外人看来也许被认为是孩子在闹恶作剧，抑或是故意捣乱。如果用行为治疗，有足够的治疗时程固然也可改变。但是，通过催眠可以找到原因，同时，在催眠状态下修改，见效快，治疗彻底。

案例五

11岁的小学五年级女生小洁，原为班中品学兼优的好学生。暑假过后，细心的语文老师发现她上课不像以前那么认真听讲了，还不时朝窗外张望。起初，语文老师有意识的提问小洁以增强她的注意力，几天后，发现作用不大，就将这一消息转告了班主任张老师。张老师十分关心这一情况，并找小洁谈话，小洁也表示今后上课一定认真听讲。过了一周，不但作为数学老师的班主任发现小洁的课堂表现不好，语文老师也说小洁听课仍然不能专心，不时地向窗外张望。责任心很强的班主任张老师具有现代的教育理念，认为这事一定有原因，而且不是小洁自己能够克制的。她没有再对小洁进行苦口婆心的教育，而是悄悄地找到小洁的家长，建议去找专业的心理咨询师。咨询师经过一番专业咨询，未找到问题的原因，于是给小洁进行催眠导入。在深度催眠状态下，小洁哭诉了一件暑假发生的事情：一天上午，家长去上班，小洁一个人在家写作业，突然听到"丝丝"的响声，小洁一回头，"哇"的一声大叫起来。看到窗外有一青年男性在撬窗户，这人当时也没有注意到屋内有人，听到大叫也着实吓了一跳，掉下窗台，一溜烟翻墙落荒而逃。

小洁在当时虽然非常恐惧，但是转念一想：小偷可能以为家中没人才来行窃的，经过这次以后，小偷不敢再来了，心绪平静了许多。事情过去了，因怕家长担心，也就没谈及此事。自己认为平时提高警惕也就行了，以后整个暑假在家中写作业时总不由自主地回头看窗户。

原因找到了，咨询师又将小洁导入催眠状态，在催眠状态下消除了恐惧。从此以后，小洁在课堂上能专心听讲了，窥视窗外的行为不复存在。

解析：小洁的"不良"行为，是因突然的事件留在潜意识中的记忆痕迹导致的。老师的谈话教育，不能改变其潜意识的内容，经过催眠消除潜意识中的阴影，小洁的担心、不时向窗外张望的象征性行为才能得以改变。

案例六

初三女生佳佳面临中考，让她犯愁的是古文部分，不知什么原因，佳佳其他学科都很好，就是背诵古文的能力很差。中考在即，进行深入分析、挖掘原因，培养兴趣等方法全都行不通。咨询师采用最为直接迅速有效的策略，让佳佳朗读没有背过的古文，录下音来，在催眠状态下播放，经过几次练习，佳佳的中考成绩名列前茅，古文部分的题目得分很高。

解析：从精神分析的角度看，佳佳在潜意识中存在对古文的抗拒，通过放松或催眠背课文绕过了潜意识的障碍。另外，催眠可提高学习效果，在催眠状态下的学习效率可以比平时高出数倍。

案例七

圆圆，女，20岁，大二学生。平时与同学相处不敢表达自己的意见。处处讨好他人，看别人眼色行事，总怕别人不高兴、不喜欢自己。与人交流也缺乏勇气，遇到事情不敢拿主意，因犹豫不决，故办事效率极低。学习时也左顾右盼，不能专心，自己认为白白浪费了多年的光阴。在家与父母交流不能放松，气氛压抑，感觉特累。

对此精神分析有理论解释，早期教育或亲子关系可能存在问题。用催眠找到原因，进行分析后，在催眠状态下改写了这一过程。

经十次治疗后，自信心增强，交流障碍消除，自己感到人际关系正常，与人相处大方得体。做事有计划，生活有规律。学习效率高，确立了自己的人生目标。同学反映，她变得阳光自信了，遇事敢于负责，与同学关系平等，交往自然。尤其放假回家，以往害怕父母，不敢表达意愿的现象不再，一扫家庭气氛中的阴霾，其乐融融，无拘无束。她说，长这么大第一次感受到家的温馨与快乐，很是享受。

解析：

解决个体成长中的障碍，催眠技术可在分析幼年经历的基础上，扫除障碍，改写过去，规划未来，重建个性。

以上案例都涉及催眠这一概念。其中，案例一、二、三属于广义的催眠，案例四、五、六、七属于狭义的催眠。

广义催眠，是指人在催眠师不能掌控的各种特殊刺激下，产生的或暂时、或长期的意识状态的改变。这种状态在通常状况下不易获得、不宜操控、不便重复、缺乏连续性、不适于临床、更不便于学习掌握。因此，它可以作为催眠现象而存在于生活中，但很难有目的地用它来解决问题。对于这种状态，我们更多的只能是顺其自然，很难有目的地对它进行操控和利用。一言以蔽之，可以把它视为一种催眠现象，但不是催眠术。

狭义的催眠即催眠术，是被试在催眠师的指令下，或在自己的主动暗示下，进入催眠状态的技术。作为一种理论性较强的专业技术，催眠术可以通过学习获得，也可以通过培训传授的，其操作过程也是可以重复进行的。在实施催眠的过程中，被试是主动的，尤其是自我催眠。即使是催眠师对反抗者进行催眠，也是经过巧妙地运用暗示技术，"征服"反抗者的意志后使其乖乖"就范"的结果。

在催眠状态下，人的心理功能、生理功能和行为都可以发生改变，但与外界仍然保持选择性的信息交流。进入催眠状态后，人的意识进入一种相对削弱的状态，潜意识开始活跃，因此其心理活动，包括感知觉、情感、思维、意志和行为等都和催眠师的言行保持密切的联系，催眠师和被试之间保持着特殊的单线联系，会使得被试在生理功能和心理感受上发生积极的变化。脑内乙酰胆碱（分泌越多活动越浅缓）、多巴胺（分泌越多越振奋）等化学物质分泌改变，影响交感、副交感神经的平衡，从而提高人的身体器官功能；同时被试对催眠师的指令愿意接受而且能够合作，在催眠师的帮助下改善情绪，调节压力，解开心结，开发潜能。这就是催眠术能够起到调节身心作用的原因。

二、大众对催眠的误解

自从布雷德首创"催眠"一词以来，就给人造成一种误解。从字面看有促进睡眠之意，其实它的真正作用远非如此。常见误解有以下方面：

1. 问：催眠就是让人睡觉吗？

答：催眠不是让人睡觉，是让被试进入一种特殊的意识状态，这种状态叫作催眠状态。在催眠状态下，可以治疗疾病、改善情绪、消除心理阴影、改善工作状态、提高学习效率等，当然，也可以起到放松休息的作用。但休息的深度和质量高于一般的睡眠，有时只催眠十多分钟，感觉休息的效果就像睡了很久。虽然通过催眠也可以有意识地将被试导入睡眠状态，并且对于治疗睡眠问题有很好的效果，但是它不仅仅限于这一个方面的作用，而是可以对人的身心状态进行全面的调整。催眠状态和睡眠状态有本质的区别。虽然表面看起来好像睡着了一样，但其实被试和催眠师保持着密切的感应关系，他的潜意识活动在催眠师的引导和帮助下发挥着积极的作用。而睡眠状态则没有外界的信息输入，也不能进行内在的系统加工，大脑和感官全都处于抑制状态。

2.问：被催眠后，会不会醒不过来了？

答：催眠过程中，被试和催眠师保持着密切的感应关系，所以看起来被试好像什么都不知道，但其实他在和催眠师在进行潜意识的沟通，与外界保持着联系，可以遵循催眠师的唤醒指令而清醒过来。当然，如果任其催眠状态持续下去，则可进入自然的睡眠状态，经过充分睡眠后被试也会自然清醒，清醒后如同正常睡眠醒来一般。

3.问：催眠治疗就是要让人在什么都不知道的情况下进行治疗吗？

答：这仅仅是其中的一种情况，将被试导入深度催眠状态，如果催眠师下达了"失去一切知觉，醒来后忘掉一切"的指令，被试会什么都不知道的。但是，在更多的情况下，催眠并不是要剥夺人心理活动的能力，虽然在催眠状态，被试的意识活动水平降低，但潜意识活动水平反而更加活跃，在中度催眠状态时，有的被试会有迷迷糊糊，意识不清的感觉，好像只能听到催眠师的声音；而在浅度催眠状态时，被试觉得自己很清醒，什么都能听到，甚至认为自己没有被催眠。这些感觉在催眠状态下都可能会出现，但不会影响催眠的进行和治疗效果。当然，被试越是遵循催眠师的指令去感受和体验，就越能从催眠中获益。

4.问：被催眠后会不会被别人控制做于自己不利的事？

答：在很多影视文学作品中看到人被催眠后受催眠师的控制，要对方干什么，对方就会去干，要对方说什么就会说什么，从而暴露隐私甚至失去保护自己的能力。这些描写都是夸张和失实的。每个人的潜意识都有一个坚守不移的任务，就是保护自我。实际上，即便在催眠状态中，人的潜意识也会像一个忠诚的卫士一样坚守岗位。催眠能够与潜意识更好地沟通，但不能驱使一个人做他的潜意识不认同的事情，即不能超越内心底线，所以不用担心会被控制或者暴露自己的秘密。况且，催眠师基本的职业道德要求要为来访者保密。如果你是一个在平时原则明确底线清晰的人，大可不必为隐私问题而担心。至于催眠史上的"海德堡事件"，是双方凑巧的结果。

【专栏】

海德堡事件

在1934年的夏天，德国海德堡警察局接到E先生报案，说："有人使我妻子产生各种疾病，并以此敲诈大笔的金钱。"警方开始了调查，起初此案毫无线索。因为受害者E夫人根本想不起究竟是谁使她陷入这种不幸的境地。法医经过催眠E夫人后，她回忆道："那个人把手放在我的额头上之后，我就迷迷糊糊地什么都不知道了。"经过法医的多次催眠以后，E夫人回忆起首次与罪犯认识的情形："那是在我还没有结婚以前的事。由于胃部不适，我要去海德堡请医生治疗。途中，在车上，那个人坐在我的对面。我们聊天，谈到我的病时，他说他也认为我有胃病。然后，他自称是P医生，是专治胃病的权威。到了海德堡车站以后，他请我去喝咖啡。当时我觉得有些不安，不太想去。可是，他提起我的行李，拉着我的手，很亲切地望着我说："好了，我们走吧！"他刚说完，我就迷迷糊糊地跟着他走了，似乎我这时也没有自己的意识。从那以后，我总是在海德堡车站前与他见面。但是，我想不起治疗的地方是哪儿。显然，E夫人在婚前就接受了这个自称为医生的罪犯的催眠，受此人所迷惑，婚后仍继续来往，完全听他指使。

在法医的努力下，终于把罪犯W的犯罪经过揭示出来。W在E夫人婚前就对她进行了催眠，并利用E夫人在催眠状态中丧失了意识，乘机奸污了她。以后，W又利用催眠驱使E夫人去卖淫，从中获利。E夫人结婚以后，W又利用催眠暗示E夫人产生多种疾病，并且必须在他那里治疗，收取E夫人付的治疗费。W在"治好"E夫人的一种疾病后，又暗示她产生另一种疾病，使得E夫人不断地治疗，不断地付医疗费。后来，E夫人的丈夫对此产生了怀疑，与家人商量要去报警。警方根据E夫人在深度催眠中恢复的记忆，在W的家中搜查出了各种各样的罪证，同时还找到许多当时在场的证人。在证据确凿的情况下，W不得不认罪伏法。

一般来说，利用催眠手段指使被催眠者去犯罪是不容易做到的。处于催眠状态中的人，对于违背被试观念或超越其底线的行为会被拒绝。在"海德堡事件"中，除了罪犯具有左道旁门的催眠手段，以及E夫人具有高度的受暗示性之外，最为重要的是E夫人在意识层面的观念和底线模糊不清。首先，在与陌生人交谈时完全不设防；其次，在对方的邀请下跟人走；之后，又发生性关系，又为了保护自己谋害丈夫。如果是一个平时观念清晰、底线明确的人，莫说在意识清醒的状态下还会跟人走，即使在催眠状态下也会突然惊醒。这个事件偶然发生在使用催眠手段的罪犯W身上，似乎显得催眠技术若为图谋不轨的人所掌握会给社会带来丝丝不安。其实，这种顾虑大可不必。本案女主人E夫人，即使有幸不遇到W，日后也难免不被别的什么坏人所忽悠。可以想一想，世界上不用催眠手段行骗的犯罪案件少吗？

5. 问：是不是只有那些没有主见或者意志不坚定的人才容易被催眠？

答：不是这样的。这涉及一个概念的使用问题。倘若你随便翻开一本催眠著作，几乎全都用到一个概念"受暗示性"。催眠是通过暗示进行的，受暗示性强的人容易被催眠，这似乎是公认的真理。但是，这样的表达给人造成了理解上的混乱。读过普通心理学相关著作的人都知道，优良的意志品质有四种，其中之一是"独立性"，与其相反的品质是"受暗示性"。受暗示性强的人，很容易被别人影响。他们的行动不是从自己的认识和信念出发，而是为别人的言行所左右，人云亦云，没有主见，没有明确的方向，也缺乏坚定的信心与决心。显然，这是不良的意志品质。可见，"受暗示性"不是什么好东西。因此，也就有人认为容易被催眠的人也是层次较低的人。其实，人们误会了。普通心理学中的受暗示性与催眠中的暗示不完全是一回事。催眠中的暗示是指被试接受催眠师信息的能力，只有心理功能和智商正常的人才可能具备，例如智力障碍者、精神分裂症患者、人格障碍患者、阿尔茨海默症患者、不懂事的婴儿是不能或不易被催眠的。为了避免误解，中国本土化催眠不采用"受暗示性"这一概念，改用"催眠易感性"。催眠易感性与个人素质之间的关系很复杂，欲详细了解需参考本书第三章。

6.问：催眠对心理健康会不会有不良影响？

答：催眠术本身是一种非常安全的心理调整和治疗技术，只要施术者规范操作，不会对心理健康产生不良影响。即便催眠后有不适感，有经验的催眠师也能在下一次催眠中给予解除。而中国本土化催眠技术，特别重视催眠偏差的处理，可以立即处理，做到手到"病"除（在第七章详述），不会给被试留下"后患"。当然，由于催眠术的特殊性，在实施催眠时，特别是带有心理治疗和训练内容的催眠，应该由接受过专业训练并有实践经验的催眠师实施。

7.问：如果要治疗怎样选择催眠师？

答：作为来访者或患者如何选择催眠师，要依问题的严重程度和类型来选择。从问题的严重程度看：如果心身健康，催眠的目的只是想放松一下自己，选择普通的催眠师乃至新手都可以；如果要解决一般的心理问题，可选择有经验的咨询师；如果是疑难问题，最好选择专家水平的催眠师。从问题的类型看，要选择具有相应技术背景及从业经历。如果涉及心身疾病治疗，要懂得相应领域医学知识；如果要解决学习问题，有教师背景的催眠师合适。

优秀的催眠治疗师要有基本的医学、心理、教育知识背景，能够进行心理咨询和心理治疗；在催眠方面有一定的理论水平，有丰富的临床经验，有自己的治疗特长；如果能有自己首创的治疗病种或状态改变的案例，那就是名副其实的专家了。当然，在催眠理论上有研究成果，在催眠现象、治疗技术方面有所突破，有自己完整的理论或治疗体系，那不但是专家而且是学者，能找到这样的催眠治疗师是最好不过的。

8.问：我非常需要催眠治疗，但害怕让人知道我的秘密怎么办？

答：以我个人的临床经验，这是很多来访者存在的顾虑，认为只要被催眠，就好像自己失去了意识，自己所有能讲的和不能讲的都统统讲了出去，这是对催眠不了解的缘故，也是受某些电影、小说对催眠的夸张描述所产生的误解。其实被催眠时，你的潜意识会保护着你，你可以选择说与不说。但是，话又说回来，太阳底下没有新鲜事，你有的欲望，别人也有，你有的贪、嗔、痴，世俗人也都会有，虽然你自己可以选择不说，但是你接受的帮助就会受限。如果你信任催眠师，还是放开点为好。这样，你将是这个催眠过程中最大的受益者，否则，你找催眠师的目的何在呢？

9.问：我需要催眠，可我是不容易被催眠的人，还能进行催眠治疗吗？

答：可以进行催眠治疗。

绝大多数人是可以进入催眠状态的，只是程度不同，即使只能进入浅度催眠，仍然可以接受催眠治疗。有的问题，不必导入深度催眠状态，在浅度状态治疗效果也不错。还有，在临床中发现，一些人最初接受催眠时可能不易进入状态，但做几次以后变得容易了，治疗效果也是很好的。其实，对于催眠治疗的信心和耐心比催眠易感性更重要。

魏心个人体会

纵观历史，横看世界，催眠术就像一个婴儿的成长一样跌跌跄跄，一路磕磕碰碰。既然他来到世上，成长发展也是必然的。

当今社会，科学统领一切，几乎发展到登峰造极的地步。随着后科学时代的到来，人们崇尚自然返璞归真已成趋势。催眠，无论作为治疗还是改善状态都是不消耗"物质资源"、不产生"废弃物"、绝对"绿色"的"无碳"技术，它被越来越多的人所青睐，也在情理之中。

第二章 探秘五光十色的催眠现象

❖ 本章导读

● 离奇的催眠现象固然引人好奇,但与催眠技术关系密切的催眠现象却经常发生在我们日常的工作与生活之中。

● 许多催眠技术是依据催眠现象创造出来的,了解了催眠现象,可依原理去发现新的技术和方法。

● 催眠现象很神奇,亦未穷尽,也永远不会穷尽,无论何时都有永久的探索空间。

简单地说，催眠现象就是指被试进入催眠状态之后会发生什么。催眠现象既是催眠临床干预的依据，也可以作为观察催眠深度和辨识真假催眠的试金石。

如果用"五彩斑斓"和"千奇百怪"来描述林林总总的催眠现象绝无夸大誉美之嫌。在专业文献中，也有大量关于催眠现象的报告。这不免引起初来乍到催眠爱好者的倾心关注，也使一些富有多年临床经验的催眠师们为探讨那些永无穷尽的未知付出巨大的精力。但是，且慢！诸位看官，如果您认为催眠现象，就是指那些在互联网上俯拾皆是、令人瞠目结舌、不可思议、稀奇古怪的表演视频那就大错特错了。那只是舞台催眠师运用某些催眠现象，经过巧妙的包装和加工用来吸引看客眼球的表演艺术。更有众多的催眠现象在我们的生活中经常发生，与人们的工作、学习等方面息息相关。

第一节 放松与强直

放松和强直是最典型的催眠现象。

一、放松状态

绝大多数人处于特定环境中，在催眠师的引导下会逐步进入放松状态，感觉到呼吸平稳、缓慢，肌肉松弛，心情平静，心率渐缓，大脑宁静，意识减弱，浑身上下懒洋洋的，似睡非睡，舒适惬意。这种状态在日常生活中也经常出现，如劳作一天后，躺在松软的床上，心无旁骛，平心静气，舒服自在。

通常，放松是催眠过程中的前奏——由放松导入到更深的催眠状态。放松作为一种技术，也可在临床中单独使用，能够缓解焦虑，减轻压力，消除疲劳，提高效率，改善心态等。经过训练，绝大多数人可掌握放松技术进行自我调整，用以化解紧张的情绪和消除体力、脑力疲劳。应该说明的是放松是催眠现象之一，但并非催眠现象所特有，也可能在安静时、入睡前、坐禅中、气功状态、瑜伽功中出现。有人通过练气功、坐禅、瑜伽等也可以进入放松状态，达到与催眠相近的效果，只是需要修炼很长时间才行。而通过催眠师为被试进行催眠其效果明显，且能迅速实现放松。同时，这样的放松反应也为进一步的催眠和治疗奠定基础。

放松训练：

放松引导语

坐式：安静地坐在椅子上，双脚自然踏地，双手放松，搭在腿上，身体要正，含胸拔背，百会朝天。开始不要靠背，可以坐得离椅背近一些，放松后顺其自然，可以靠背，也可以微微前倾。（卧式：找一个你认为舒服的姿势仰卧，双手放在身体两侧。）

然后，心情静一静，轻轻地闭上眼睛，开始做深呼吸，想象吸气徐徐沉入小腹，呼气从小腹慢慢向上托出，配合收腹。吸气要吸足，呼气要呼净，用鼻呼吸，吸气、呼气都要均匀缓慢，以不憋气为准。

深呼吸大约5~7次，心情平静下来后进行渐进式放松。

现在心情平静下来，随着我的口令想象"头部放松——头部放松，颈部放松——颈部放松，双肩放松——双肩放松，两臂放松——两臂放松，双手放松——双手放松，背部放松——背部放松，胸部放松——胸部放松，腹部放松——腹部放松，腰部放松——腰部放松，臀部放松——臀部放松，两大腿放松——两大腿放松，膝关节放松——膝关节放松，两小腿放松——两小腿放松，足踝部放松——足踝部放松，双脚放松——双脚放松"。

随着我的口令开始想象，全身上下从头到脚全都放松——松……松……松……

注意要领：大约10秒钟发出一次口令，一个部位放松两次，约20秒，再间隔5秒后，进行下一个部位的放松。

二、强直反应

身体的僵直反应是在深度催眠状态下出现的催眠现象之一。被试在深度催眠状态下会完全听从催眠师的指令（但不听从其他任何人的指令），肢体任由催眠师摆布。例如，催眠师可以将被试的身体摆成一定的造型，令其像雕塑一样，并赋予其很大的力量，任何外在力量都难以撼动，被试果真像石像一样坚定，并且对催眠师除外其他人的指令置之不理。（在微信公众号中搜《魏心心理角》，进入《中国本土化催眠》，系列3服从催眠指令）

在深度催眠状态下，催眠也可以给被试下达整个身体僵直的指令，被试则变成了"钢板"，可以搭成人桥，可以承载很重的负担，这就是舞台催眠师常用来展示催眠潜能而"秀"出的"人桥"。

（一）强直（人桥）

这是舞台催眠师最夺人眼球的表演项目之一。因为这种表演力度大，具有观赏效果，常常令观众目瞪口呆。

人桥表演的操作过程如下：

（1）将被试导入到深度催眠状态。

（2）通过点穴或拍打，暗示被试腰部僵硬，腿部僵硬，全身僵硬，全身成为一块钢板。

（3）由助手将其抬到两把平板椅上，背和小腿搭在椅子上，腰、臀、大腿悬空，并暗示能撑住很重的东西。

在被试小腹上面铺一软垫，令助手或催眠师自己脱鞋后站上去，整个人桥表演即告成功。（在微信中搜《魏心心理角》，进入《中国本土化催眠》，系列2潜能发挥）

需要注意的是：

（1）选择被试。催眠易感性强，信任度高，顾虑少，无骨科和内脏重大疾病。

（2）布置现场。安静，所有手机关闭（静音也会有信号干扰）。

（3）助手配合。由两名助手站在被试旁边，催眠师借助手的支撑登到被试铺有软垫的小腹上（一旦发现被试无力支撑应立即停止实验，确保被试安全）。

（4）实验结束。解除催眠前，催眠师应对被试施以良性暗示，暗示被试在唤醒后，身体放松，气血顺畅，全身舒适。解除催眠状态后还要和被试进行交谈，问其感受，并给予安全、健康的暗示。

人桥表演常用于展示催眠现象的舞台。但是，它无任何治疗意义。因此，一般不主张使用。况且还有一定的危险性，技术不熟练或未受过真传的初学者切忌使用。

（二）真假鉴别

人桥表演有真有假。

真人桥，需要将被试导入深度催眠状态；假人桥，只要被试配合绝大多数人都可在清醒的状态下被搭成人桥。

鉴别的方法有：（1）使用深度催眠状态鉴别方法（见第五章《催眠深度及其作用》）。（2）从直观角度看有三种方法鉴别：①催眠导入时间。第一次做被试应该在20—40分钟导入深度催眠状态，那些5分钟就做成人桥的，要么是之前做过，催眠后效在起作用，要么是根本没有进入状态，只是意识层面的配合。②眼睑反射测查（在微信中搜《魏心心理角》，进入《中国本土化催眠》，系列1感受性改变）。进入深度催眠后，被试眼睑反射消失或者明显减弱。③解除催眠后，询问被试是否知道刚才发生了什么，进入深度催眠状态时，被试不清楚做了什么。

第二节 改变生理指标

催眠可以改变血压、心跳、体温等生理指标。

一、改变血压

在放松后将被试导入深度催眠状态，即可进行改变血压的操作。对高血压患者进行降压处理，对低血压患者进行升压处理。通常，降压和升压幅度控制在

10mmHg之内。因为不适宜在一次催眠中使血压改变幅度过大。关于相应的技术步骤和原理详见第八章"催眠的临床应用"。

二、改变体温

导入催眠状态可改变被试的体温，可升可降，也可以在同一被试身上同时进行不同部位的温度改变。例如，左右手的皮温可相差2℃，还可令其恢复常态，即左右手温度相同（采用皮温计现场测试）。

三、改变心跳

还有文献报道，催眠还可改变心跳。所有这些都表明，催眠可以控制自主神经。

因为血压、体温、心跳是受自主神经支配的，这为临床的应用提供了理论依据。

第三节 改变感觉阈限

一、听觉敏感性改变

以健康的大二学生为被试，在清醒状态和放松后进行声音敏感性测试发现，被试的听觉能力可提高。经过实验，被试的听觉测验是在64赫兹，听觉下限衰减了40分贝；在清醒情况下，被试听不到。经过放松后，被试报告听到了。

【实验】提高听觉敏感性

按催眠要求，让被试坐好。

催眠师："好。开始做深呼吸。吸气均匀缓慢，吸气沉入小腹，呼气从小腹向上托出，呼气要呼净，吸气要吸足。好，吸气呼气都要均匀缓慢，以不憋气为准。现在随着我的口令想象，头皮放松，头皮放松……你体会一下，头皮下的血液在流动，流动的血液中携带的营养滋养着你的头发，你感觉到头发很蓬松。你的头发很蓬松。头皮很舒适，整个头部很放松，好。

现在放松你的面部，面部的每一块肌肉，每一根神经，每一条韧带全都放松，面部放松后，你感觉到面部很舒适，很舒展。现在放松你的颈部，颈部的肌肉、韧带、骨骼全都放松。现在放松你的双肩，放松两臂，放松双手。你体会一下，双手放松后，手心感觉微微发热，放松手指，手指放松后，感觉手指很松软，很舒适。手指一动也不想动。现在开始放松你的躯干部，背部、腰部、胸部、腹部全都放松。你体会一下，躯干部全都放松。随着躯干部的放松，你继续保持着深呼吸，吸气沉入小腹，呼气由小腹向上托出，配合收腹。吸气呼气都要均匀缓慢。好，现在开始放松你的下肢，双腿放松，双脚放松，双脚放松后，你感觉到双脚微微的发热，微微的冒汗。放松你的脚趾，脚趾放松后，感觉脚趾很松软，很舒适。一动也不想动。好，你放松得很好。好，继续放松，浑身上下全都放松，放松的很舒适，全身上下放松，很舒适，一动也不想动，一动也不能动。

"现在随着我的口令想象，你的听觉变得很敏锐，很细微、很微弱的声音都能听得到，你感觉到你的听觉变得很敏感，把任何声音都放大很多倍，把任何声音都放大很多倍。好，现在静静地放松，只管静静地放松。听一听，你能听到微弱的声音，如果听到了，你轻轻地动一动手指告诉我，如果没听到就不要动。好，继续听，如果听到了，微微地动一下食指，继续听，听到了动一动食指，如果没听到，就不要动。继续听，好，继续听，（被试示意听到）好。现在浑身上下全都放松。慢慢地清醒过来，可以睁开眼睛。"

实验结束。

二、改变视觉敏感性

在进入放松状态后，可以改变正常人视觉的敏感性，即能够看到通常情况下看不到的字迹。

【实验】提高视觉敏感性

让被试在清醒状态下从正面看一张背面写着字的白纸。

催眠师：你仔细看一看，这张纸上写着什么吗？

被试：看不清。

催眠师：背面有字，能看出来吗？

被试：看不到。

将被试导入催眠状态。

催眠师：现在你感觉到全身的能量都集中在你的视力上。你的视力变得非常敏锐，能看到平时看不到的东西，过一会儿我给你一张纸，你会看到纸的背面写的内容。好，现在我点你的睛明穴，点了睛明穴之后，你就可以睁开眼睛，看到纸上的内容。可以睁眼，但你仍在催眠状态中，只是眼睛的视力超出了平时，超出了平时。好，看到了什么就读出来。

被试：学习催眠。

催眠师：可以大点声。

被试：学习催眠。

催眠师：好，现在可以闭上眼睛睡（点印堂穴），静静地睡，静静地睡，深深地睡，深深地睡。好，你睡得很好，睡得很舒服。你的整个身体都得到了恢复，精力体力都得到了恢复。过一会儿，我会把你轻轻地叫醒。

接下来，按常规方式唤醒。

三、改变疼痛敏感性

催眠可使痛觉阈限上升或者下降。

关于疼痛阈值升高（痛感下降）的试验，有大量文献报道。将这一原理用于临床，也是多年以前的事。如无痛拔牙，无痛分娩，在催眠状态下不用麻药进行手术等。

在我们的实验中，不但发现在深度催眠状态下可以使疼痛的阈值上升（痛感下降或消失），还可以使疼痛的阈值下降（被试的疼痛反应过敏）。

将被试导入到催眠状态后，暗示右手的痛觉消失，然后用针刺其右手，无任何反应。有人质疑，是否为被试的意志行为？这是可以区分和鉴别的。

人体对疼痛的刺激反应属于生理反应，遵循"反射弧"原理（见图2-1）。

刺激→①感受器（皮肤）→②传入神经→中枢（低级中枢脊髓）→③传出神经→④效应器（肌肉）

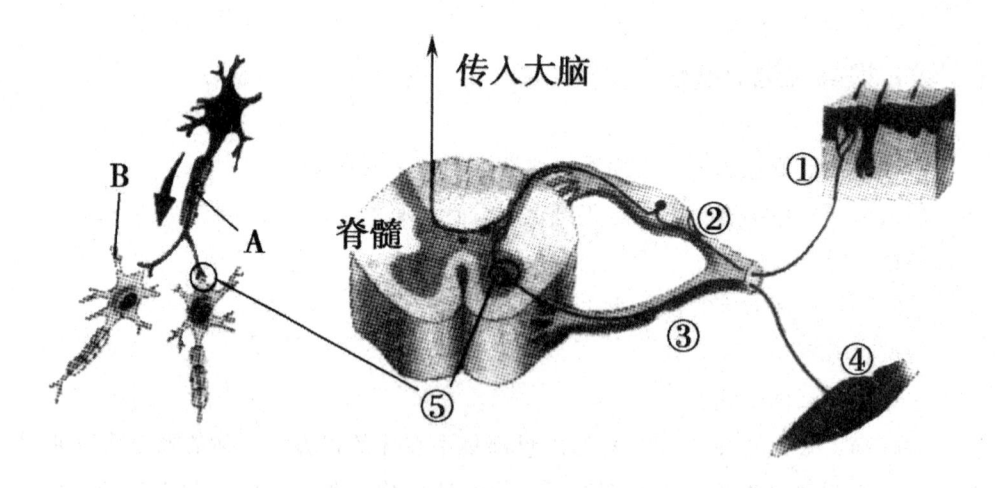

图 2-1 反射弧模式图

反射弧的生理过程，不经过高级中枢（大脑），通过脊髓做出反应，没有意识的参与，因此不受意识控制。

人的意志行为的生理过程是经过高级中枢（大脑）的加工，进行分析后，做出的行为。因此，意志行为受人的意识控制，可以根据人的意愿支配活动。

人的意志行为属于心理反应，遵循的生理路线是：

刺激→①感受器（皮肤）→②传入神经→⑤中枢（高级中枢大脑）→③传出神经→④效应器（肌肉）

受低级中枢支配的反应，表现出来的是"抖动"或"哆嗦"。

受高级中枢支配的反应，表现出来的是动作和行为。

一个意志坚强的人，可以出于某种目的而伸出手任你针扎而不移动，这是意志行为，是受意识控制的。但遭到针刺的疼痛会从低级中枢传出信号使肌肉抖动，这是意识所不能控制的。换句话说，意志坚强可控制自己不动，但控制不了肌肉的抖动或哆嗦。

在催眠状态下，手被针刺而不抖动，说明进入了深度状态，在深度催眠状态下，被试的低级中枢也能被催眠师支配。

眼睑反射测试就是根据这一原理实施的。

【实验】眼睑反射测试

让被试坐在椅子上，闭眼，主试用手指或者棉签碰触被试的眼睑或睫毛，会发现被试的眼睑有不由自主的抽动。再让被试自然闭眼，告知努力用意识控制眼睑不动，再用手指或棉签碰触其眼睑或睫毛，仍然发现不由自主地抽动。实验证明，眼睑反射不受意识控制。因为眼睑反射遵循反射弧的原理，不受高级中枢的控制。

通常情况下，被试在清醒时无论怎样"克制"，也不能控制眼睑反射。因此，眼睑反射测试可以作为鉴别是否进入深度催眠状态的标志之一。

【实验】疼痛阈值上升

导入深度催眠后可以暗示被试任一手臂（左侧或右侧）："当我点你左臂的曲池穴时，你的左臂和左手的痛觉消失，对任何刺激都没有反应，没有反应！"可用针刺手背或手臂皮肤，被试没有疼痛反应。

实验结束前，即刻暗示其恢复正常，以免留下不良影响。

【实验】疼痛阈值下降

导入深度催眠后，可以暗示被试任一手臂（左侧或右侧）："当我点你右臂的曲池穴时，你的右臂和右手的痛觉会变得特别敏感，对任何疼痛刺激都有强烈的反应，你会感觉到特别疼痛，难以忍受。现在我用针扎你的手背，你会疼痛难忍。扎！（用针刺），再扎！（这次，催眠师用手指轻触被试手背皮肤）。"同样发现被试表现出哆嗦或痛苦反应及躲闪动作（在微信中搜《魏心心理角》，进入《中国本土化催眠》，系列1感受性改变）。

注意：实验结束前，即刻暗示其恢复正常，以免留下不良影响。然后按正常唤醒程序解除催眠。

四、肌电改变

【实验】催眠降低肌电值

在被试正常清醒状态下，对被试的要求："好，坐在椅子上，就跟平时一样，保持清醒状态。你不要刻意地做什么，好。"然后手臂上接入肌电测量电极并预置数值4，如果超过4，仪器就会出现鸣叫的声音，这个反馈的声音就会使被试知道自己没有放松。如果被试进入催眠状态，仪器显示肌电值就会低于4，仪器就不会发出鸣叫声音。

"现在闭上眼睛，开始做深呼吸，好，现在想象你的右臂放松，想象右臂放松，浑身上下全都放松，保持正常呼吸。右臂放松，右臂放松后你感觉到右臂很舒适。你体会一下，右臂很放松、很舒适。右臂很放松、很舒适。你体会一下右臂很舒适、很放松，再松，放松右臂，右臂放松后，你感觉右臂很松软，右臂一动也不想动，你的右臂失去了知觉。不像是你，不像是你自己的。你的右臂放松得很好，放松得很好。好，放松得很好，放松得很好。好，右臂放松得很好。右臂放松得很好，放松得很舒适，好，放松得很好（仪器显示数字下降，低于4，仪器没有发出声音）。现在你可以慢慢地醒来，慢慢地睁开眼，好，像正常一样，像正常情况下一样轻微地动一动你的双手，动一动你的两臂（仪器显示数值上升，超过4，发出声音）。动一动你的双手，好，动一动你的两臂，好，回到现实中！"

实验结束。

【实验】催眠改变肌电值

选取自己认为不能被催眠的被试，做催眠下的肌电改变实验。

按上述实验要求，让被试配合进行放松："吸气均匀缓慢，沉入小腹。呼气从小腹向上托出，吸气要吸足，呼气要呼净，吸气呼气都要均匀缓慢。好，现在随着我的口令想象，头部放松，头部放松，心情很平静；颈部放松，颈部放松，想象颈部放松；双肩放松，双肩放松，两臂放松，两臂放松，双手放松，双手放松；现在想象，背部、腰部放松，胸部、腹部放松，胸部、腹部放松；两大腿放松，两小腿放松，两小腿放松；双脚放松，双脚放松；浑身上下从头到脚全都放松，想象浑身上下从头到脚全都放松。全身放松后，感觉很松软，感觉一动也不想动，一动也不想动，放松得一动也不想动。

"好，你放松得很好，放松得很舒服。现在你随着我的口令想象，头部放松，颈部放松，双肩放松，两臂放松，双手放松，浑身上下全都放松，放松得很舒适。浑身上下全都放松，整个身体感觉很舒适，整个身体放松得很舒适。好，放松得很好，放松得很舒适。两臂放松，右臂彻底放松，你的右臂已经不听你使唤了。你的右臂已经无法动，右臂已经不听你使唤，右臂已经脱离你，右臂放松得一动也不想动，放松得一动也不想动，右臂感觉很舒适，右臂很舒适。好，右臂非常的舒适。好，你放松的很好，体会一下这种放松，放松得很好（仪器显示肌电值发生变化，数值下降）。好，现在随着我的口令可以慢慢地清醒过来，好，一切恢复正常，你可以轻微地动一动。"

实验结果证明，只要被试配合，即使催眠易感性较差的被试，也能使其肌电值发生改变。

第四节　非随意反应

非随意反应也叫自主运动，在深度催眠下才可以操作。

如果被试进入催眠状态，其言语、动作等表现应该是非随意反应，也就是被试对催眠师的暗示所做出的反应不具有任何意志努力。如在催眠状态下，催眠师暗示被试的手被一股力量托起来，则可看到被试的手慢慢地，不由自主地抬起来，而且不受被试的意识支配，无须任何意志努力。

催眠状态下的非随意性反应，可用意识变更理论来解释。20世纪60年代以后，由于致幻剂的使用和东方传统修炼技术，如瑜珈、禅宗，以及中国气功的影响，许多心理学家致力于扩大意识界限的研究，他们发现意识活动可以在不同于正常清醒状态下发生，这时个体的体验发生了变化，认识功能、外显行为、生理指标等方面都会变化，这就是意识变更的状态。被试在催眠状态下，意识发生变更，主观体验不同于正常清醒状态，自主控制感和控制能力降低甚至丧失。于是，非随意性反应也就产生了。

【实验】非随意反应

将被试导入深度催眠状态后，点相应穴位，然后发出指令："现在感觉你的右手被一个力量所托起，被一个力量托起，慢慢地托起，不由自主地托起，右手被一种力量所托起，这股力量在加大，加大。这股力量越来越大，加大，加大，加大！越来越大。"

会看到被试的右手慢慢飘浮起来。（在微信中搜《魏心心理角》，进入《中国本土化催眠》，系列3服从催眠指令）

真假鉴别：

在深度催眠状态下，被试的动作是缓慢且随催眠师的指令节奏变化的。

那种表现为类似机器人的动作，或者自主的动作，或者那种迅速敏捷的动作，是假催眠的表现。

第五节 幻觉

在深度催眠状态下，被试可以出现幻觉。催眠状态的幻觉可分为两种：一是正性幻觉，一是负性幻觉。

一、正性幻觉

正性的幻觉表现为无中生有。

如被试在深度催眠状态下，催眠师暗示其睁开眼可以看到墙上的挂钟，问被试"看到没有？"回答："看到了。"再问："几点了？"回答："11点了。"其实，被试所看的是白墙一片，其回答纯属无中生有的幻觉。在催眠状态下，还可以让被试想象到没有去过的地方旅游，并让其报告看到的风景。其实被试报告所谓看到的风景都是其想象或听说过的，与现实没有任何联系。

二、负性幻觉

负性幻觉表现为视而不见，听而不闻，食而不知其味。

如催眠师可暗示被试："你可以睁开眼睛看，但仍然在深度催眠状态中，不会醒来，但屋里什么家具都没有，空空如也。"

然后问被试："看到了什么？"回答："什么都没有。"事实上有许多家具。还可以暗示："你现在除了我的声音，其他任何声音都听不到了。"即使外面有巨大的响声，被试也听而不闻。如果问："是否有声音？"回答是"没有"。至于食而不知其味，被试接受催眠师暗示："这是一个苹果。"被试就会从催眠师手中接过土豆当作苹果吃得津津有味。

第六节　状态依赖

被试在一定的状态下进行的记忆，在另外一种状态下不能回忆（表现为遗忘），当被试再次回到进行记忆的那种状态时，即可调出原来的记忆，这就是状态依赖记忆。在深度催眠状态下可以进行状态依赖记忆的操作。下面是两种状态依赖记忆的实验。

【实验】行为恢复

在深度催眠状态下，催眠师引导被试站立行走，将自己的书包放于对面的桌子后，再让被试回到原来的座位上，接着暗示："解除催眠后，你将在意识中忘记刚才的过程。"果然，被试醒后找不到自己的书包。催眠师再次将被试导入深度催眠状态后，暗示其回到上次深度催眠的情景中去，并将刚才放书包的过程提升到意识中，被试再次醒来，径直向刚才放书包的桌子后面走去，准确地找到了书包（在微信中搜《魏心心理角》，进入《中国本土化催眠》，系列6状态依赖记忆）

【实验】内容提取

在深度催眠状态下，催眠师引导被试进入其未来生活，并令其慢慢地观察和探索自己未来若干年之后的生活、工作、个人发展等情况。探索结束后，暗示醒后在意识层面忘掉。解除催眠后，被试不能回忆刚才在催眠状态下做了什么。当再次将被试引入催眠状态后，令其回到刚才观察和探索自己未来的状态之中，采用瞬间提取技术，将刚才在深度催眠状态下进行的探索和思考的内容调入意识领域，并暗示醒后能回忆并说出观察和探索过程中的所见所闻。被试解除催眠后，果然很详细地叙述了一遍，报告出自己的未来状况。（在微信中搜《魏心心理角》，进入《中国本土化催眠》，系列8预知未来）

以上实验表明，状态依赖记忆在催眠中是可以操作的。由此，发明了"瞬间提取技术"（见第五章第二节）。

第七节　删除与植入

一、删除

删除功能是在催眠状态下，催眠师可通过指令和暗示删除被试某些记忆内容。这也叫催眠健忘。

删除的效果可以体现在催眠状态中。例如，被试在深度催眠状态中，催眠师下指令："你会忘掉7这个数字。"然后让其从1数到10，发现被试数到6时，停顿一下，接下来数8、9、10（在微信中搜《魏心心理角》，进入《中国本土化催眠》，系列5记忆与遗忘）。还可以令其忘掉妈妈的生日，自己的生日等。

删除效果还可以体现在解除催眠状态后。如将被试导入到深度催眠状态后，催眠师暗示其解除催眠时会忘掉自己的名字。果然，在醒来后问其叫什么名字时，被试出现语塞，一时无法回答（在微信中搜《魏心心理角》，进入《中国本土化催眠》，系列5记忆与遗忘）。

二、植入

植入功能是催眠师在被试进入深度催眠状态后，通过指令和暗示给被试加入或改变某些记忆内容、行为、生理功能等，并且在解除催眠状态后仍然有效。这也叫作催眠后效。

植入的内容有以下几种：

1.可以植入信息观念

植入的内容可以是某种信息、观念，或者是强加给被试的"名字"。例如"微微就是你的名字。"解除催眠后，有人喊一声"微微"，被试应答并且就地起立。

2.植入的内容也可以是生理变化

如将被试导入深度催眠后，采用暗示并点穴的方法："我现在点你的关元穴，从此关元穴会出现红斑，两天后自然消失，并且解除催眠后，这些内容在你的意识层面全部忘掉。"醒后，被试不知道在催眠中发生了什么。但是，让其自我察看关元穴时，报告发现红斑。让其过4—6小时察看一次，报告红斑的状况。两天后，被试主动报告，红斑消失。

3.植入内容可以是行为模式

如将被试导入深度催眠状态后下指令："解除催眠后10分钟就去开窗户，但不知为什么。"果然，被试醒后10分钟去开窗，当有人问因何如此，回答说不知道。也有找托辞的，如屋里太闷，想看看外面等。还有一次给被试下达醒后5分钟去隔壁房间问一下有无姓X的同学。发现自解除催眠的指令到付诸行动前后不差5秒钟。其实，这一段时间内被试一直未看表。最令人啼笑皆非的是，一次，我给一个班演示催眠后效，在深度催眠状态中，我暗示被试"醒后5分钟用手理头发三次。"结果，醒后5分钟，在众目睽睽之下按要求理头发三次，引得全班同学哄堂大笑，而被试却在那里感到莫名其妙，对大家的笑声一片茫然（在微信中搜《魏心心理角》，进入《中国本土化催眠》，系列4催眠后暗示效应）。还可以设定催眠锚："当你醒来以后，听到我的弹指声会立刻进入深度催眠状态。"（在微信中搜《魏心心理角》，进入《中国本土化催眠》，系列9快速催眠）

第八节　时间曲解

让被试在催眠解除后报告自己刚刚经历的催眠有多长时间，会发现有三种情况：一是比实际时间短，二是和实际接近，三是比实际时间长。其中"二"多属于未进入较深的催眠状态。"一""三"两种现象是时间曲解。

关于时间曲解的文献资料有很多，具体的解释也多种多样。要分析这一问题，先要从日常生活中我们对时间的感知说起。通常，对时间的知觉受多种因素的影响。如对时间的感知，对时间的回忆，所经历的事件多少，个人的兴趣和情绪等。

在感知时间的过程中，所发生的事件多，被试觉得时间短，发生的事件少，觉得时间长；在回忆时间时，恰恰相反，发生的事件多，被试估计的时间长；发生的事件少，估计的时间短，符合"有话则长，无话则短"的规律。

在感知时间的过程中，被试有兴趣，觉得时间短；被试无兴趣，枯燥无味，觉得时间长。因此，对于时间的感受，有"光阴似箭，度日如年"之说。在对时间进行回忆时，恰恰相反，对有兴趣的时光，觉得长，对枯燥的时光，觉得很短。

在催眠状态下，被试对时间的估计，虽然是对已经过去的时间进行估计，但由于是对刚刚发生事件的体验，所以，应该是对时间的感知。如果被试估计的时间比实际催眠用时短，说明有两种可能，一是催眠过程的事件多，二是在催眠过程中，被试有良好的感受，觉得时间很快。除此之外，被试对时间的感觉还与催眠师的暗示有关。如果催眠师说："你刚才经历过很多事情，每一件事情都很复杂，处理起来很费周折。"那么，被试就会高估所用时间。相反，如果暗示被试："你刚才度过一段美妙的时光。"被试估计的时间会比实际经过的时间短。

无论是文献报道，还是我个人的临床经验，如果在解除催眠前，不做任何时间长短的暗示性处理，通常被试醒来后对所经历时间的估计偏短。这说明被试在催眠中获得了很好的感受。

在对被试进行催眠状态下学习时，我让被试体验学了很多东西，用了很长时间的感觉，被试醒来觉得所用时间比实际时间长。被试是否真的比实际时间学到更多的东西？或者把10分钟当成半小时用了呢？学术界没有一定的研究结果。但是，就我本人的临床体会，被试在这个过程中学到了更多的东西，提高了学习效率是肯定的。至于如何用更科学、严谨的方法对这一问题进行深入研究，还寄希望于未来。

另外，在临床的操作中被试遵循这样一个模式："日常经验←→催眠体验"互逆原理。

在日常经验中，我们体验到：学习内容多，所需要的时间就长；学习的时间长，学到的内容就多。将这一模式用在催眠学习中，不但可以对被试进行间接暗示以提高效率，而且还可以避免因直接指令而带来的压力。如催眠师下指令："你在一个小时内可学到平时用两个小时学到的内容。"不如这样对被试说："你一个小时内会很轻松地将那些内容（平时用两小时学完的内容）学完。"前者会使被试有压力，焦虑上升；后者既避免了压力又可达到目的。相反，如果为了实验研究想让被试觉得过了很长时间，用"你已经过了很长时间"的指令，不如说："你已经完成了一个小时的学习任务。"（实际催眠用时20分钟）因为前者易为被试厌烦，后者使其愉快。

无论如何，时间曲解的现象是客观存在的。了解了这一现象，掌握了相应的操作技巧，可以人为地干预被试对时间的知觉。将时间延长的知觉用于学习会提高学习效率，将时间缩短的知觉用来减轻病人的痛苦，具有很大的临床意义。

第九节　催眠逻辑

正常人在清醒的状态下，只能接受同一事物相互矛盾的命题之一。例如，门是锁着的还是没有，椅子在某处与否？对于这类问题，正常的思维在特定的时空只能接受其一。然而，在催眠状态下则可同时接受两种互不相容的观念。这种现象即是催眠逻辑。

"催眠逻辑"一词是奥恩于1959年最早提出的。奥恩（1962年）根据实验解释说，如果要求被试对放在他前面的椅子做负性想象（即椅子已不在原处）。那么，当要求其睁眼在室内行走时，他们自动绕开横亘在前方椅子。但是，当主试问他看见前方有何物存在时，他却说什么都没有，这就是催眠逻辑的表现。

由此可见，催眠逻辑是被试进入催眠状态后，可以同时相信两个互不相容的观点或知觉，而且不知道它们是互不相容的。

有人对此类实验提出质疑，因为无法证实被试是否相信椅子不在原处，或许椅子尚在，他们确实看不见。尽管如此，他也可以绕道而行，因为他还记得椅子所在位置。被试的行为不违反正常的逻辑，因而不能证明催眠逻辑的存在。大卫·T.罗列认为（《催眠术与催眠疗法》，华夏出版社，1992年），"若将椅子移动地方，这种实验就完善得多"。其道理是，在椅子移动之后，如果被试一方面看不见椅子，一方面又回避椅子，这就清楚地说明反应的不相容性，因为他们再不能凭记忆知道椅子的位置。

依据这一假设我们于2008年进行了如下实验。

【实验】催眠逻辑实验一

将被试导入深度催眠状态后，令其睁眼看到前方的物体（有一把椅子）。之后，让其闭眼对前方的物体做负性想象（没有任何物体），并把椅子移动位置，然后再令被试睁眼看前方，让其报告看到什么了，被试报告什么也没有。再令其直行，被试则绕过正前方的椅子，这个实验说明被试在催眠状态下同时接受了两个互不相容的观念：前面没有椅子和有椅子。（在微信中搜《魏心心理角》，进入《中国本土化催眠》，系列7催眠逻辑）。

具体操作如下：

将被试导入深度催眠状态，主试开始下达指令："我点你的睛明穴后，你会慢慢地睁开眼睛看到眼前的东西，但是不会醒来，仍然在深度催眠状态之中，可以和我对话。"点穴后问："看到你的前面有什么？"被试看了一会儿回答："有椅子。"点印堂穴后暗示被试："现在你可以闭上眼睛，站在这里深深地睡。"然后将椅子移动到另一位置，再次暗示被试："你现在仍然在深度催眠状态下，现在想象，你眼前的任何东西、任何障碍全都消失，你再次睁开眼看，眼前没有任何物体。"然后点其睛明穴："可以睁开眼，看一看前面，看到什么？"被试回答："什么都没有。"催眠师指令："现在你可以从这里一直走到门外。"被试开始朝门的方向行走，可其当走到正前方的椅子时却自动绕了过去。

这个实验可以证明催眠逻辑确实存在。

鲍尔斯尔认为，没有催眠逻辑的人，就会碰到椅子（1976年）。下面的实验似乎也证实了这一观点。

【实验】催眠逻辑实验二

将被试导入深度催眠状态后，对被试进行负性暗示（前方没有任何障碍），然后让被试睁开眼睛向前走，被试没有绕开障碍物。

具体操作如下：

将被试导入深度催眠状态后，暗示被试："现在当我点到你的穴位时，你就会睁开眼睛，但是，仍然在催眠状态。"点其睛明穴后："好，可以睁开眼了，仍然在催眠状态，可以看前方的东西，现在我告诉你前面没有障碍物，你可以径直向前走，像平时走路一样。"被试按照指令向前走，但没绕开椅子和障碍物。

笔者做过几次相同的实验，结果一致。

这样的实验能断定被试就是没有催眠逻辑的人吗？下此结论，理由尚欠充分。因为在实验中，只对被试进行视觉的负性暗示，没有一开始看到真实情境的过程。自然，其观念应该是单一的。催眠逻辑是一个较复杂的问题，经过实验现已经证明它确实存在。如果欲证明是否有人不存在，则需要进一步的实验。试想，倘若在上述实验二之初，加入让被试看到真实情况的过程，疑惑的问题将有望盖棺论定。

第十节　年龄回归

年龄回归也叫年龄回溯、年龄退行、返童现象。通过催眠让被试忘记当前的处境，丧失对时间、空间的判断能力，回到过去某个时间阶段。这时被试表现出与现实年龄不相符的行为，回到被暗示的那个年龄或者相近的年份应有的状态之中。

有一部电影《我的女友是机器人》，叙述了这样一次经历：机器人女友带男主角回到他的故乡，是他童年的时候，家乡所发生的一切都在身边进行着，他们可以进去，可以跟他们交流。比如，当他们看到男主角的姥姥在路口高兴地对着他们招手，当男主角正要回应的时候，突然发现身后一个小孩背着书包跑来，原来姥姥是在跟那小孩招手，仔细一看，那小孩就是男主角小时候的自己。他们在旁边静静地看着小时候的自己和姥姥生活的画面。过了一会儿，小孩跑到屋后，把一个盒子藏在了石头后又进屋去了。于是他们就去石头下面找盒子，打开一看，原来是他小时珍藏的自己和姥姥的照片。这段描述，就是年龄回归的过程。

年龄回归的操作过程如下，须先将被试导入深度催眠状态，然后发出相应的指令或暗示。如，当你听到我打的响指声你的年龄倒退一岁。"啪！"问："现在你多大了？"答："19岁！"（被试实际年龄20岁），如此往前回归，可以回到任何一个年龄。如，回到4岁，再暗示："你回到你的幼儿阶段，现在是4岁。现在你可以起立，可以走动，像往常一样，可以睁开眼睛，可以自由活动。"被试睁开眼睛后，在活动中表现出4岁孩子的性格。接着暗示："这是你的布娃娃，那是你的小汽车，玩吧。"被试果真坐在地上玩起布娃娃和小汽车。

年龄回归作为一种技术可用于心理治疗，特别是那些情绪低落的患者，使用此法作为辅助治疗，可以减轻患者的心理压力，放松其精神。

还可以采用其他的方法进行年龄回溯。如，让被试坐在椅子上，催眠师右手抚在被试的头顶，告诉他好像有一股暖流从头部流到脚部，使全身感觉舒服而放松，然后压住肩膀摇晃使其进入更深的催眠状态；还可用手臂下降法——举起手臂看其是否松软沉重而自然落下，连续来回几次手臂降落，会使之进入更深度的催眠状态，再让被试想象眼前有一本日历，往前翻阅到某月某日，再让其想象站在乡间道路上，两旁种满一棵棵标有代表年龄的树，请其站在现在的年龄，如标有20岁的那棵树旁，通过奔跑直奔到4岁那一年，再问被试看到什么快乐的事？被试说："我在玩布娃娃和小汽车。"在临床中可以暗示患者："每当你心情低潮时可随时回到这些快乐的时光，让自己更快乐。"

唤醒的过程：可以让被试从4岁那年用奔跑的方式回到现在20岁这一年。催眠师可以对被试说："现在我开始数岁数，随着我数的岁数跑过去，4岁，5岁，6岁……18岁，19岁，20岁，现在你已经回到20岁了。等一下，我会从3数到1你就会慢慢醒来"。下面用解除催眠的步骤操作即可。

年龄回归是一种很好用的方法，很多童年时期造成的心理创伤，都可以通过年龄回归来解决，特别是已经忘却的记忆，就更能体现其好处。

年龄回归非常有趣，又是催眠的一个重要现象，故此引来了众多的研究者。在年龄回归中，被试真的回到那个年龄了吗？有研究发现被试返回到六岁的时候，然后研究其表现所相当的年龄。虽然其绘画及书法很像儿童所为，但仍然有一些不相符之处，他们的绘画和书法兼具儿童和成人两方面的特征。由此可以推论，这是因为被试对在这一年龄以后所学得的东西并没有全部遗忘。还有人用智力测验的方法测量返童表现，结论是，在返童现象出现之后，被试的智力低于其实际年龄时的智力，但与所返回的年龄仍不相符，通常相当于成熟儿童的智力。所以，若用"恢复"来描述返童现象就比用"消除"来描述更加合适。所谓"恢复"就是使被试恢复孩提时的知觉功能和情绪特点；而所谓"消除"就是指被试在被暗示返童以后，他所获得的知识、能力、记忆等出现全部的功能性丧失。

当然，也有研究发现返童现象是真实的。有人用"巴宾斯基反射"研究发现被试确实明显地退行了，但是否退到指定的年龄尚有争议。在治疗中的年龄回归，易被看作是过去情景的再现。其实，与其说是过去的再现，不如说是被试在当下对过去事件的印象和看法。正是因为那是现时现刻的想法和体验，所以，在此种状态下进行心理治疗的效果要比真实的事实再现更好。

第十一节　前世回溯真假辩

　　近些年，在大众性读物及网络中偶有披露，通过催眠，人可以看到或回忆起自己的前世。这引起了很多人的兴趣，关于人是否真有前世的问题在一些人中掀起争议。当然，科学家首当其冲持反对观点，不同宗教信仰者观点不尽一致，众多的老百姓或信或疑，催眠界的专业工作者也是众说纷纭、莫衷一是，有的持坚决否定的观点，有的半信半疑，有的笃信不疑。信者自有其说词，否定者亦有其理由。

　　有一位从事多年临床催眠治疗工作的催眠师，在行业里名声显赫，被誉为催眠大师，在一次催眠培训班中，讲述了一段临床经历。

　　一位中年男子来访者，因怕水而寻求医治，经催眠后回到前世，来访者自述曾是中央红军战士，在反围剿中不慎掉入井中淹死。这位"大师"为来访者继续前溯，使其进入前世的前世，在催眠状态下详细描述了当时生命的最后时刻。他是太平军的一员，在跟随石达开过大渡河时溺水身亡。其中的情节活灵活现，若非亲身经历，很难描述得如此细致。针对两次前世的死因进行治疗，来访者的问题得到圆满解决。这使"大师"对前世的存在笃信不疑。

　　还有人用佛教的"轮回"作为理论依据来说事。近年来又有"灵学"信奉者为之佐证。看来前世的存在已是板上钉钉，非信不可了。

　　否定者的反驳更为犀利。诚然，前些年有人挥舞所谓唯物主义大棒对这种"封建迷信"进行无情批判和打压，自然拿不到台面，另当别论。但是，有理有据的批评者也为数众多。这其中有一些对催眠行业在中国大陆的发展富有责任感、使命感的专业人员认为，由于中国的国情，不可过分喧嚷前世问题。本来催眠行业在这片土地上成长就屡屡遇阻，如果再和科学界叫板就很难说不会把好不容易发展起来的专业毁掉。因此，要极力反对把催眠技术装扮成不人不鬼的模样，更不允许装神弄鬼的传说与宣传。

　　再理性一点的反对者认为，国内外前世信奉的资料都不能用充分的理由证实它的存在。反对者的理由主要有以下几个方面：

　　（1）想象的结果。在催眠状态下能回忆前世的人都具有极好的催眠易感性。当催眠师要求他们回忆前世时，他们谨遵引领，想象出前世情景。此乃催眠术之功，是想象使然，而非事实。

　　（2）记忆的浮现。在催眠状态下，被试之所以能够叙述那样详细、具体的故事，并非必须亲历亲为。有催眠知识的人都知道，被试能够回忆在催眠前不曾知晓的事情，不能证明那就是前世的生活经历。他们所说的内容仍然有可能是在现实生活中直接或间接了解的内容，只是这些记忆内容不在意识之中，通过催眠使其得以在意识中浮现而已。

（3）信息的组合。被试在催眠状态下，一旦相信前世之说，就会把真实的记忆、个人的愿望、杜撰的回想等组合起来。因此，他们报告的信息，即使是准确的，也不完全是自己真正的经历。可能有三部分组成：一部分内容来自于书籍、电视、广播、网络、他人讲故事等视听通道的信息；另一部分可能是存在潜意识之中的愿望；还有一部分则极有可能是大脑综合各种信息后，把意识中的内容和潜意识中的内容进行整合，甚至是"混搭"的结果。

一个很现实的问题摆在面前，作为现在的催眠师，如何选择自己的立场呢？当然，已有坚定倾向的不在讨论之例。如果还在犹豫不定，在临床中可以依来访者的情况而定。如果来访者经历了前世催眠之后，对于自己的问题有所领悟，解决了某些问题，使心情更为稳定、快乐，我们还是倾向认为这是一次成功的前世催眠。如果来访者虽然进入催眠状态，但对催眠中的经历持怀疑态度，不能确定看到的前世内容是否真实。那么，作为催眠师，应该鼓励来访者以理性态度面对现实。

其实，在催眠干预中，人到底有无前世并不重要，重要的是利用这一技术，对相信的人和不相信的人进行有效的治疗。在西方社会中，许多人是基督徒，无论是催眠师还是来访者都不一定相信人有转世轮回，但在临床中使用前世治疗技术却屡建奇功。那么，在必要时选择前世催眠又何以见得不是一个好的治疗方法呢？

第十二节　遇见未来

这是在催眠状态下被试走入自己的未来世界，对若干年以后生活情境的预知。遇见未来是相对于年龄回归或返童现象出现的速老现象（age progression）。只是因为"速老"这个词汇常常让被试望而却步，故此改用"遇见未来"这个概念，它既表达了这种催眠现象的原意，也消除了被试的顾忌。

在催眠状态下，被试进入自己的未来世界，并且能够观察到具体的情境和遇到的、发生的事，还能够详细、具体、生动地描述出来（在微信中搜《魏心心理角》，进入《中国本土化催眠》，系列8预知未来）。当然，有人不免产生疑问，这是真的吗？可信程度有多大？

要说明这一问题，我们要回过头来对未来的预测进行分析。通常情况下，对未来是可以预测的，但预测的准确程度受相关因素的影响。如果因素简单，而且确定性强，那么，预测的准确度就高些。例如，某5岁半儿童，智力正常，家庭正常，如不出意外，一年以后上小学，再过几年上中学。通常情况下，这种预测的准确率会很高。但是，如要预测这个孩子30年以后的工作状况，就不那么准确了，这是因为影响因素太多。再如，某位先生丢了钱包，去占卜，问哪天能找到，恐怕准确性就很低了，因为各因素的确定性很差，很难做出准确的判断。如果是"聪明"的算卦先生，得出"找不到"的结论，准确率可能会更高。

至于一个人的未来，其影响因素既多且确定性又差，能否预知？我认为还是可以的，至少可以部分地预知，但是，在准确性上不能寄予很高的期望。

首先，可以在思维层面通过掌握的信息进行逻辑判断，可预知未来，但是，这种预知只是一种可能而已。

第二，在催眠状态下预知未来，可能是通过自己的愿望而预想出来的，也可能是欲望在催眠状态下的投射，还可能是自己"窥探"内心而获知的愿景。

第三，在催眠状态下获得的信息，是通过自己的行为模式而设计和建构的未来。

第四，在催眠状态下，集体无意识和潜意识巧妙地组合之后在意识层面的展现。

有文献说，有的人利用这种催眠现象预知未来，经过若干年后发现有很高的准确性。由此证明用催眠技术预知未来是可靠、可信的。其实，所谓的准确也是有水分的。

首先，当人们认为它准确时，则有意无意地搜集"准确"的信息，而对那些不准确事实则视而不见，避而不提。

第二，人的深层愿望、潜意识的能量、集体无意识的内容，通常不被我们所觉知，但它们确实掌握和储存着大量的"真实"信息。因此，它们的预测准确性会高于意识层面。

第三，做过催眠预测的人，如果对其结果深信不疑，那么，这个"结果"则有可能成为其人生的脚本和导引其行为的命运地图。与其说是预测的准确，不如说是通过预测自己获得了一个明确的"目标"，目标引导了行为，通过行为又实现了"预测"。

尽管如此，在临床中运用催眠技术让被试去遇见未来还是可以利用的。如，一名患者，经多家医院、采用多种手段医治，效果不佳，医生找不到可行的思路，患者更为迷茫。经过催眠，患者进入自己的未来世界，在几种"路途"（治疗方案）中选择，按其选择的方案治疗后很快痊愈。我想，这应该是潜意识、集体无意识在预测中提供真实信息的功劳。

在发展性治疗过程中也可如法实施。一名对个人发展感到困惑的大三学生，导入深度催眠后，引导其看前方的岔路，选择一条往前走，走了好远才看到一片花园，并且找到了自己喜欢的地方。在这里仔细观察场景、环境、植物、布局等。唤醒后，引导其领悟在催眠状态中所见到实物的象征意义，他终于明白了自己需要什么，应该如何确定自己的人生目标。

无论是年龄回归，前世回溯，还是预见未来（速老现象），都很有意思。这方面的研究也很多，但对于被试表现出来的这些现象的真假，各界对此颇有微辞。许多学者认为有三种可能：一是假装的，被试装出来欺骗催眠师；二是被试的模仿，他们在执行催眠师的指令，做出的是意志行为，实际上未进入催眠状态；第三种是真的，被试在催眠状态下出现的现象。如果从被试表现的真实性和可信度上看，毫无疑问，第三种是最可靠的。我认为第一和第二种现象不应列为讨论范围，因为用催眠的检验手段可以确定其是否在催眠状态，如果不在状态，自然不能相信被试的表现及言语。

第十三节　意念传感与动物催眠

一、意念传感

被试在浅度催眠状态下，甚至稍作放松、平心静气，即可进行此项实验。主试与被试并排而坐，主试的右手与被试的左手，手指交叉，手心相对，握在一起。暗示被试放松闭目，专心接收主试传递的信息，不管是什么，只管接收。这时主试目不转睛地盯住桌上多个物品之一，稍过片刻，要求被试睁眼看，并让其指出那件物品，被试能准确无误地把它挑出来。后来我只用右手食指接触被试的百会穴，效果依然。再往后，我在被试身旁用右手食指指向被试的头部发意念，仍然屡试不爽。

但遗憾的是，每每摄像时，此实验皆不成功。在实验室操作及在培训班中多次演示依然，原因何在，不得而知。是否与电信号有关？还是与被试心态、易感性、主被试的关系有关？尚有待研究。

二、动物催眠

有人问我："你做催眠动物吗？"我回答："不做。""某某能把鸡催眠，我看过网上的视频，你以后做不做？""不做。""为什么呢？""不值一谈。""为什么呢？"

本来不想在这里谈及这个问题，因为所谓的"动物催眠"确实是"不能上宴席的狗肉"，不值一谈，也不屑于谈。但是，常常有人对此好奇，无奈，只好略作介绍。

在中国的南方某地区，流行一种法术——定鸡。法师先将一只活鸡双腿绑住拿到阴暗的屋里，焚香作法，口中念念有辞，过一阵后将鸡拿到屋外解开束缚并让鸡站在木棍上，这时，鸡被"定"住，任凭法师摸抚不会跑开。

网上还有诸多类似视频或文字，有的介绍对兔子催眠，有的介绍对乌龟催眠，有的介绍对蛇催眠等。2012年4月25日中央电视台曝出有人给体长4米多、凶猛异常的大白鲨催眠。现场显示，训练员用手指轻轻挠大白鲨的鼻孔，不一会儿，大白鲨乖乖地一动不动。

许多人把这些称之为动物催眠。

其实，这些所谓的动物催眠根本不是什么催眠，就连催眠的左道旁门都算不上，把它放到催眠中讲述纯属彻头彻尾的无厘头。

这些表演主要是利用了动物的某些生理特点或生活习性，与催眠术风马牛不相及。

我看，这些演技还是留给动物工作人员和喜欢豢养宠物的人们去探讨吧。

催眠现象很多，不可能面面俱到，在此仅介绍这些较为典型的现象。也许有人会问，探讨这些有何意义呢？

研究和认识催眠现象目的有三，一是了解人类的生理和心理潜质；二是引用催眠现象解决各类心身问题和心理问题，为临床服务；三是借助催眠现象了解催眠进程，改善和提高催眠技术。试想，如果能确认催眠现象只有在催眠状态下才会出现，那么，就可以用此种现象来确定催眠的状态和深度。遗憾的是，到目前为止尚未发现任何一种唯一的"试金石"。因此，辨别催眠的深度及假象也只有依靠多种手段进行复合裁决了。

魏心个人体会

有的催眠现象较容易做出来，如放松反应，只要催眠师操作正确，被试认真配合，绝大多数人都能体会到。然而，也有些催眠现象不那么容易做出来，如催眠逻辑、意念传感等，只有少数被试在有经验的催眠师操作下才可能出现。初学者要从放松训练做起，切不可贪图好奇，一上来就追求高大上。

第三章　催眠易感性及其测试方法

❖ 本章导读

- ●一个人是否容易被催眠，用什么概念来表达是一个应该研究的问题。
- ●《中国本土化催眠》为何弃用"受暗示性"这一概念？是有一定原由的。
- ●催眠易感性、催眠可能性、催眠反应性，这三个概念应该分清。
- ●催眠易感性的非正式测验与临床关系密切，而正式测验更适合用于研究。
- ●"5+1模式"在临床中更具实用性。

对催眠易感性的测验，有非标准测验和标准测验。我们分别从两个方面介绍这些测验的技术。

第一节 催眠易感性的相关概念

被试能否被催眠，是否容易被催眠，与哪些因素有关，这些因素是什么，用哪些概念来标定等问题，在催眠界表述十分混乱，没有一个完整的、全面的、公认的概念系统。

关于催眠易感性问题，主要有以下几个概念。

一、催眠暗示性

在有关催眠的文献中，用得且多。绝大多数用其表述的意思是被试在催眠过程中接受催眠师暗示的程度。如果被试的受暗示性高就容易被催眠，低则不易被催眠。我国学者黄蘅玉认为，在催眠中，暗示与指示或提示相仿，除了含蓄地、间接地向被试提出指示，还可以直截了当地告诉被试应该如何做。被试在这个过程中，顺从地、毫无批判地接受催眠师的各种指令。

从催眠术的发展史看"暗示"这个概念，可谓"老资格"。自布雷德开始解读麦斯麦术起就认为，治疗作用不在于"磁气"，而是病人接受麦斯麦的暗示起了作用。之后，学术界一直承认催眠的机理基于暗示，直至今日。

但是，今天，本人斗胆，冒学术界之大不韪，提出在临床中评价被试能否被催眠时还是不用"易受暗示"这个概念更合适一些。理由如下：①"暗示"原本指以言语或非言语的，简单的或复杂的方式，含蓄地、间接地对他人心理和行为产生影响的过程。它旨在让别人在不自觉的情况下按一定的方式（暗示的信息）行动，或不加批判地接收外来的信息。照此理解，催眠中所谓的暗示不都是真正意义上的暗示，有时或更多的时候是催眠师下达给被试的指令。②"受暗示性"是心理学中意志品质的概念之一，是指与独立性相反的品质，表现为容易受别人的（不良）影响，易为别人的言行所左右，人云亦云，没有主见，是消极的意志品质。因此，在临床中用易受暗示性这个概念容易使人产生不好的感受，被试会认为，容易被催眠的人，个人的心理品质很差。③临床经验发现，意志品质与是否容易被催眠无必然联系，不属于同一维度。

二、催眠感受性

黄蘅玉（1996）认为是指被试对催眠暗示的反应能力。

三、催眠反应性

吉布森（1983）对催眠反应性的解释："受术者在一定环境条件下的催眠反应"。

由此看来黄蘅玉的催眠感受性和吉布森的催眠反应性含义基本相同。

四、催眠易感性

尤多夫（1981）定义为，受术者的人格特质。它决定着受术者的被催眠能力及获得某种深度的催眠状态的能力。

五、催眠可能性

指一个人能被催眠的难易程度，包括催眠易感性和催眠的动机。

综上所述，催眠暗示性易引起被试不好的联想，起到不良的导向作用。因此，不便使用。催眠感受性和催眠反应性表达的含义基本相同，只是对被试外在表现进行描述，没有反应问题的本质，使用起来也嫌含糊不清。催眠易感性揭示了被试的人格特点；催眠可能性的界定清晰且容易理解。用这两个概念标示被试催眠的内在稳定性特点和动机因素更为贴切。

为了便于中国人理解，我们中国本土化催眠认为下列三个概念可以把上述问题表述清楚：

催眠易感性是指被试接收催眠师所发出的催眠指令或催眠信息的能力。

催眠可能性是指被试的催眠易感性和一时的催眠动机。

催眠反应性是指初试对催眠师发出的催眠指令或催眠信息做出的外在反应。

第二节　催眠易感性的非标准测验

从定义上看，催眠易感性和催眠可能性有明显的区别。但是，在实际操作中，很难将二者截然分开，特别是在临床测验中，要想测出纯粹的催眠易感性不是一件容易的事，它更多的时候是和催眠可能性融合在一起的。如果是临床应用，多数情况下无须严格区分这两个概念。

催眠易感性的测验包括非标准测验和标准测验。催眠易感性的非标准测验，有的可以用于团体，有的可以用于个体。

一、用于团体的催眠易感性非标准测验

（一）想象法

此测验要求被试自然站立，两臂自然下垂。催眠师开始向被试发出指令："心情静一静，闭上眼睛，两臂向前平行抬起，与肩平，手心向上。"稍停，再发出指令："现在开始想象，你的左手托着一个球，右手拴着一根绳，这根绳，拴在天花板上。"然后，速度稍慢一些，发出指令："想象你左手的球逐渐变大、变重，右手的绳开始往上牵。现在你感觉到左手的球越来越大，越来越重，右手的绳不断地往上牵，越牵越紧，越牵越紧！"这样的指令可重复几次。然后看被试的两手高度差距。如果差距高于30cm，说明被试的催眠易感性很强；差距10—30cm催眠易感性一般；如果差距10cm以下，甚至双手没有差距，说明被试的催眠易感性差。还可以在指令的过程中，观察被试对催眠指令的反应情况。如果当催眠师说左手的球越来越重，看到被试的左手往下沉，而且随着催眠师指令的节奏往下沉，说明被试的催眠反应性很好，这种被试在催眠的实施过程中会加强催眠的可能性。

（二）双手交叉看食指间隙

被试坐、站皆可，双手伸出，手心相对，十个手指交叉。握紧，然后两手的食指伸直。催眠师向被试发出指令："用眼睛盯住两食指的间隙，会发现这个间隙会逐渐的缩短，逐渐缩小。"如果间隙缩小，而且缩小得快，说明被试催眠易感性强。

（三）前后摆动

要求被试双脚并拢站直，催眠师可发出指令："闭上眼睛，想象你的上身变大，变重，随着上身的变大变重，你感觉有点站不稳，不由自主地前后微微地摆动。"稍停，观察被试的反应。接下来再发出指令："你感觉到你的上身越来越大，越来越重，摆动的幅度越来越大，摆动的幅度不由自主的越来越大，摆动的幅度越来越大……"然后看被试的摆动幅度，摆动幅度大到一定的程度，然后接着暗示，发出指令："你现在感觉到，你的上身逐渐变小，摆动的幅度逐渐减小，摆动的幅度变小，越来越小，越来越小，现在你的上身变得正常，停止摆动"。"好，可以睁开眼睛。"如果被试随着催眠师的指令摆动的幅度增大，或者随着指令摆动的幅度逐渐减小，这是催眠易感性较强的表现；如果在催眠师说"你的上身逐渐变大、变重时"，被试就开始摆动起来，说明他的催眠易感性很强。总之，催眠师暗示开始摆动，则开始摆动；暗示摆动增大时，则增大；暗示摆动减小时，开始减小；暗示摆动停止时，就停止。这是催眠易感性很强的被试。

（四）比手

要求被试坐在椅子上，双脚自然踏地，双手伸开，放在两大腿上，催眠师发出指令："闭上眼睛，想象身上的血液在流动，左手的血液流向左臂，左臂的血液流向体内，体内的血液流向右臂，右臂的血液流向右手。感觉到左手左臂上的血液越来越少，右手右臂上的血液越来越多，右手开始发胀，右手变大，右手的手指变长。"这个指令可以重复几次，然后继续发出指令："现在，掌心相对双手合十。睁开眼睛，看你的右手中指会比左手长出一段。"让被试各自报告，如果被试报告右手中指比左手长得多（5mm以上），说明其催眠易感性强；如果长得少（低于5mm），说明催眠易感性一般。如果被试报告左右手中指相等，说明其催眠易感性较差。

（五）手指钩扣

被试坐或站皆可，在清醒的意识状态下听从指令："现在听我的指令，两臂向前伸出，手背相对，十指交叉，并相互夹住，握紧，翻转，两臂收回。"这时，催眠师再对被试下指令："你两手的手指已经紧紧地黏在一起，黏得很牢。你可以用劲使两手分开，你发现越使劲，手越紧，越不能分开。可以试一试。用力，用力，再用力！""对，就是分不开。"如果被试的两手果真不能分开，说明其催眠易感性较强。

（六）手掌吸引

被试坐或站立皆可，两手伸出，掌心相对，两手距离大约30cm，然后催眠师给被试发出指令和暗示："现在，你可以闭上眼睛想象你的右手手心变成了一块磁铁，左手手心是一块钢板，你感觉到有一股力量使左右手手心向一起靠拢，这股力量越来越大，越来越大……"然后看被试两手之间的距离。如果被试随着催眠师的指令，两手逐渐地靠近，两手之间的距离越来越小，表明被试的催眠易感性较强，如果两手不动，距离不变，说明催眠易感性较差。也可通过催眠师发出指令的节奏确定，如果随着催眠师的这种指令，这种节奏，被试的两手的距离在减小，说明催眠易感性很强。

（七）手掌排斥

手掌排斥和手掌吸引从测验形式上看基本相同，只是暗示语不同："你的左手和右手都有一块磁铁，都是N极（或者都是S极），感觉到两股力量在排斥。"然后看其两手距离的变化。如果两手距离逐渐变大，说明被试的催眠易感性强。

（八）垂头测验

要求被试坐在椅子上，然后催眠师可以给被试下指令："现在开始闭上眼睛，想象自己的头，慢慢的变大，变重，越来越大，越来越重。"这样的指令可以重复几次，同时看被试的反应。如果随着催眠师的指令，被试的头开始向前垂，垂得越低，表明催眠易感性越强。如果被试的头自始至终一直未动，说明他的催眠易感性较差。

（九）摆锤测验

被试坐在椅子上，右臂肘部顶在桌面，右手提拴线的催眠球，催眠球被悬在空中，然后让被试想象，用眼睛的力量推动球摆动，摆动的幅度可以由小到大。可以这样给出指令："现在，你的手，提着拴线的球，球停在空中，球没有摆动，开始想象，你的双眼有很大的能量，还可以随着视线发出能量。现在你用双眼盯住球，用视线的能量推动球，向前推，可以推动球摆动起来，慢慢地摆动起来，摆动的幅度逐渐变大，也可以渐小，由你控制。"能够跟随催眠师的指令随意控制催眠球的摆动幅度，说明被试的催眠易感性强。

（十）抗击障碍

被试站立，双脚并拢，双手十指交叉，握紧，闭上眼睛。催眠师向被试发出指令或暗示："想象你握紧的双手充满力量，双臂充满力量。"稍顷，接着发出指令或暗示："现在想象，在你的正前方离你很近的地方，有一个阻碍你前进的障碍物，你必须把他推开才能前进。现在，你的双臂、双手用力，但是这个障碍物的反作用力很大，你必须再用很大的力才能推动它，用力推，用力，再用力！"催眠师可以重复几遍这样的指令，然后看被试的反应。如果被试始终随着催眠师的指令节奏产生外部动作，说明其催眠易感性很强；如果被试的双手、双臂以及整个身体微微前倾，说明其催眠易感性一般；如果被试始终站立不动，身体没有任何动作或倾斜，说明其催眠易感性较差。

（十一）跑车驾驶

跑车驾驶测试，不但可以测查被试的催眠易感性和反应性，还可以测试被试的催眠类型。要求被试站立，催眠师给被试下指令："现在闭上眼睛，想象，你在驾驶跑车，在跑道上行驶，开始加速，再加速！现在很快，左转！……再跑，再加速，再加速，右转！"这样的测试，可以重复几次。首先，转弯时被试的动作，如果随着指令身体的动作明显，说明被试的催眠易感性强；如果有幅度较小的动作，表明催眠易感性较好；不动的差。再看看被试驾驶跑车时，是否有手的动作。如果有手把握方向盘的动作，说明被试的催眠反应性较好。对于在转弯时有动作的被试，还要看他只是头转，还是头和身体一起转。头转，是思维型的人；身体跟着一起转，是行动型的人。对于不同催眠类型的被试，催眠师发出的指令方式，或暗示方式，应该有所不同。比如，对思维型的人，多从理性思维的角度发出指令，被试会更容易接受；对于行动类型的人，多从动作的角度发出指令或者暗示，催眠的效果会更好一些。

二、可以用于个体的催眠易感性的非标准测验

（一）后倒法

要求被试双脚并拢，自然站立，身体正，双手自然下垂，催眠师站在被试的背后，双手扶在被试的两肩，给被试下指令："现在你可以闭上眼睛，我在你的后面保护你，当我的手离开你肩膀的时候，你就往后倒。放心，我保护着你，不会有危险。准备好，可以倒！"同时，催眠师的双手向后撤，离开被试的肩部。注意，当被试向后倒时，倾斜到一定的程度，催眠师用双手撑住被试的背部，保护被试，也就是当被试倒下到一定的幅度，感觉到失去重心时，催眠师再去保护和支撑。在这个过程中，催眠师可以看被试是否完全倒下来，如果被试在向下倒时，倾斜到一定的程度就停止后倒，说明被试的催眠易感性较差；如果被试往后倒时，将要失去重心时，不由自主地一只脚向后退，支撑住自己，这也是催眠易感性较差的表现；如果被试向后倒，失去重心，整个身体仍然像一根棍似的往后倒，催眠师将其支撑住，这表明被试毫无顾忌的执行了催眠师的指令，催眠易感性强。这种方法，主要用于鉴别被试的催眠易感性和对催眠师的信任程度，也就是不但可以测查被试的催眠易感性，还可以测查催眠师与被试的关系。

测试过程中，催眠师必须保证被试的安全。催眠师的站姿要有一定的支撑力度，可以双脚前后岔开，屈膝，保持一定的支持力量，同时催眠师自身要有一定的体力，足以支持被试的身体。因此，这个测试只适于强壮的催眠师和身体相对单薄的被试，如果相反，则很难保证操作过程的安全，也难以让被试对催眠师产生信任，进而影响催眠效果。

（二）左右摇晃

要求被试双脚并拢，自然站立，身体正直，双臂自然下垂，睁眼。催眠师站在被试的对面，双手搭在被试的两肩，开始给被试下达指令或暗示："你现在可以随着我的力量，慢慢地摆动起来。"接着，催眠师双臂微微的左右推动被试的肩部，推动的力量要柔和，要缓慢，使被试慢慢地摆动起来。开始时，催眠师的双手不离开被试的双肩，左右摆动，几次以后，只有推动的一只手用力，另外一只手抬起来离开被试肩膀。如此，左右交替，几次之后，推动的力量逐渐减小，变慢，慢慢地随着被试的摆动而摆动。几次以后，双手离开被试的双肩，在空中摆动。这时，催眠师观察被试身体的摆动状况，如果随着催眠师双手离开被试的双肩在空中摆动，被试也随着摆动，而且很有节奏感，表明被试催眠易感性很强；

如果双手离开被试的双肩，被试仍然在摆动，但是幅度越来越小，几次就停止摆动，表明被试催眠易感性一般；如果双手离开被试的双肩，被试即可停止摆动，甚至随着催眠师手部推动力量的减小，被试摆动的幅度也减小，更有甚者不推不动，推也不动，这都是催眠易感性差的表现。

（三）抓手

被试和催眠师面对面站立，催眠师用右手抓住被试左手的手背，然后向被试发出指令或暗示："现在你的手可以随着我的摆动很轻松地摆动。"之后，催眠师慢慢摆动被试的手，摆动的力度要柔和，节奏要有规律。摆动几次以后，催眠师手部的力量逐渐减小，渐渐地只是接触被试的手，而不用力。最后，催眠师的手离开被试的手背有一定的距离，但仍然上下摆动。这时，催眠师观察被试的左手是否还上下摆动，如果仍然上下摆动，说明其催眠易感性很强；如果摆动几次就停止了，说明其催眠易感性一般；如果当催眠师的手刚离开被试的手背，甚至在抓握的力量减小时，被试的手就自然下落，停止摆动，说明其催眠易感性差。

（四）气味实验

催眠师事先准备两个小瓶子，瓶子里面灌有半瓶水，然后对被试说："现在我要测一测你的嗅觉敏感性。这两个瓶子其中一个滴入了酒精，一个是白水，没有酒精，现在请你把它们区分开来。"然后让被试先后闻两个瓶子的气味，如果被试能够区分出来，指定一个瓶子有酒精气味，说明被试催眠易感性强；如果被试犹豫不决，说明被试催眠易感性一般；如果被试拿到瓶子一闻，就断定两个瓶子都是白水，表明被试催眠易感性差。

（五）速停测验

被试和催眠师面对面站立，距离在1.5—2米，催眠师向被试发出指令或暗示："现在你的双臂可以跟随我双臂的摆动而摆动，并且注意听从我的指令。"这时催眠师站在原地，双臂开始前后摆动，摆动几次之后，催眠师可以突然喊："停！"这样的过程可以做十次，主要观察催眠师喊停的时候，被试是否能够立即停住。催眠师可以先在双臂摆动最低点时喊停，之后双臂摆到最高点时喊停，然后双臂摆到中途时喊停。如果被试立即停住，像雕塑一样不动，表明其催眠易感性很强；如果被试在十次摆动中，只有一两次没有及时停住，说明其催眠易感性一般；如果被试三次以上没有及时停住，说明其催眠易感性差。

（六）举手测验

被试和催眠师面对面站立，催眠师向被试发出指令和暗示，"现在请注意，我喊'左'时，你举起左手再放下，我喊'右'时，你举起右手再放下。"然后，催眠师可以随机地喊："左，左，右，左，右，左，右，左，右，右。"共喊十次，"左、右"可以随机排列。在这个过程中，催眠师可以观察被试做出反应的正确性，如果被试做出的反应既快又准确，说明其催眠易感性强；如果被试错了一两次，说明其催眠易感性一般；如果被试错了三次以上，说明其催眠易感性差。

（七）视觉追踪测验

被试正常站立，催眠师站在对面，向被试发出指令，"现在你看着我的手指尖"，这时催眠师的右手食指伸出，在被试的视平线以上，然后催眠师继续。发出指令或者暗示："你可以盯住我的手指尖，眼球随着我的手指晃动，进行视觉追踪。"然后，催眠师的手指在被试的眼前做各种运动，包括顺时针和逆时针的圆周运动，以及各种不规则运动。在这个过程中，催眠师观察被试的眼球转动是否能跟上自己的动作。如果被试的眼球转动能够跟上，说明其催眠易感性强；如果被试的眼球转动时常跟错，说明其催眠易感性差。

（八）提问测验

被试可以站立，也可以坐在椅子上。催眠师在正前方，距被试1—1.3米左右，看着被试的眼睛提出问题。问题不要太难，也不要过于简单，最好是被试思考一下即可以回答的问题。例如，"昨天中午你吃的什么饭？""你姥姥家在哪里？""你多大上的小学？"在这个过程中，催眠师观察被试的眼球在回答问题时有无动转。如果被试回答问题时眼球向左转，说明其催眠易感性强；如果被试回答问题时，眼球向右转，或上下转动、无规则转动，说明其催眠易感性一般；如果被试在回答问题时眼球一动不动，说明其催眠易感性差。

（九）前后摆动

要求被试双脚并拢，自然站立，催眠师对被试发出指令或暗示："你现在可以低头，看到自己身体的某一部分，盯住自己的身体，过一会儿你会发现你的身体不由自主的在摆动。"稍待片刻，观察被试身体是否摆动，如果摆动而且幅度大，则是催眠易感性强的表现；如果摆动但是幅度较小，这是催眠易感性一般的表现；如果一直不摆动，则催眠易感性差。

（十）食指抽离

要求被试站或坐，催眠师站在被试的对面，发出指令或者暗示："你现在抓住我的手指。"发出指令的同时，催眠师伸出食指让被试抓住。抓住三五秒以后，催眠师迅速抽离食指，催眠师可以体会在迅速抽离的一瞬间，被试是否用力抓握了，如果没有抽离出来，被试还在紧紧地抓住，表明被试的催眠易感性很强。如果在抽离的一瞬间，被试稍微用力抓了一下，但没有抓住，手抽出来了，表明被试的催眠易感性一般；如果抽离时，被试没有用力抓，表明被试的催眠易感性差。

第三节　催眠易感性的标准测验

一、巴伯暗示性量表

巴伯于1965年制定了这一量表。这一量表使用了"暗示性"这一概念，而没用"易感性"，实际上，这与我们所说的催眠易感性测量是一致的。巴伯暗示性量表包括八项内容：

（1）上肢低沉

（2）上肢悬浮

（3）手指锁住

（4）"口渴"幻觉

（5）言语抑制

（6）身体僵住

（7）"催眠后效"反应，咳嗽

（8）选择性健忘

上面每一项的记分标准都有严格规定。记分有主观分与客观分两类。客观分的记分标准是，被试的反应与某项相符合，则相应记1分；而3、4、5、6四项，根据被试的反应程度，也可以记0.5分；不符合则记0分。

客观记分的具体操作方法：

1.手臂下落

右手平伸，暗示其越来越沉，沉得往下落。30秒后，下沉10公分或更低，得1分。

2.手臂上飘

左手平伸，暗示其越来越轻，轻得向上飘。30秒后，上飘10公分或更高，得1分。

3.两手分不开

先撒开两手，然后两手交叉，紧握置于下腹部，暗示其两手被黏住了，不能分开，反复暗示45秒钟，5秒钟后分不开手给0.5分，15秒钟后分不开手给1分。

4.口渴幻觉

暗示"你太渴了"，被试有明显的吞咽动作，嘴动，润湿口唇，给0.5分，测试结束后仍然感到口渴，再加0.5分。

5. 失语

暗示"你喉咙、嘴巴动不了了，说不出话来"，持续45秒钟，5秒后说不出话，给0.5分，15秒后仍说不出话，给1分。

6.身体不能动

暗示"你身体发沉，僵硬，不能站立起来"。持续45秒，5秒后不能站立，给0.5分；15秒后仍不能站立，给1分。

7."催眠后"反应

告诉被试"测试结束后当我响起'咔哒'声，你会不由自主地咳嗽"，测试结束后，发出"咔哒"声，被试咳嗽或喉部运动，给1分。

8. 选择性遗忘

告诉被试"测试结束后你记不起第二项测试，只有当我说你现在回忆起来了，你才能想起来第二项测试的内容。"被试想不起来，给1分。

记主观分则要询问被试，是真正获得了主试所昭示的那种感受，还是有意表现出暗示所要求的反应，以博得主试的欢心。如果被试证实确有暗示的那种感受，那么该项就记5分。（还有一种标准是3分制）否则记0分。如果某一项在记客观分时得分为0，那么在记主观分时就没有必要再询问这一项了。

二、创造性想象量表

巴伯和威尔逊在1978年编制了创造性想象量表。虽然名为创造性想象测验，但内容却是标准的催眠样暗示。该量表在使用时可不需要诱导，因此被称为"非命令式"量表。

创造性想象量表

题号	内容	得分 1、2、3、4、5
1	上肢沉重	
2	上肢悬浮	
3	手指麻木	
4	关于水的幻觉	
5	"嗅—味"幻觉	
6	音乐幻觉	
7	温度幻觉	
8	时间扭曲	
9	返童现象	
10	心身松弛	
总分		

这是一种自我评分量表，它要求受试者对自己的想象能力评分，每一项记分都采用5分制。与巴伯暗示性量表的相关系数 r = 0.6；与哈佛量表的相关系数 r = 0.55麦克唐纳（1981）。

三、儿童催眠敏感性量表

伦敦（london）和努尔（Noor）在1963年针对不同年龄儿童编制了两套儿童催眠感受性量表，一种是5—13岁的，一种是13—17岁的。在实际使用时，针对不同年龄的儿童被试，应分别给予不同指令，采用不同操作方法。因为不同年龄的儿童具有不同的接受能力。此量表分为两大部分，第一部分包括如下十二项内容；第二部分包括如下十项内容。

第一部分包括如下内容：

(1) 身体后倾

(2) 双目闭合

(3) 上肢僵住

(4) 上肢低沉

(5) 手指锁住

(6) 上肢僵硬

(7) 双手靠拢

(8) 言语抑制（姓名）

(9) 幻听（苍蝇嗡嗡飞响）

(10) 双目僵住

(11) 催眠后暗示（站起来）

(12) 健忘

第二部分包括如下内容：

(13) 通过催眠后信号再诱导

(14) 视、听电视幻觉

(15) 寒冷幻觉

(16) 麻醉

(17) 幻味

(18) 幻嗅

(19) 幻视（家兔）

(20) 返童现象

(21) 梦诱导

(22) 唤醒及催眠后暗示

在进行客观评分时，每项既可用4分制，也可用2分制。无反应者记0分。主观评分标准是采用3分制。主观分评定可以辨别被试在测试中的真伪。它的重测的可靠性系数是0.92。

第四节　催眠易感性与临床应用

一、测量与应用

　　临床实践证明，经某一量表或非正式测验方法而获得高分的人，其催眠易感性并不是处处皆好。反过来也是如此，经某一测试而得分低的人，其催眠易感性有时也可能较理想。还发现，用不同测验手段（包括所谓标准化的量表）对同一被试测得的结果不完全一致，甚至大相径庭。有人认为可能是施测操作有误，抑或量表效度不高。其实，可能都没错。事实就是这样，正如人们的才能可以被理解为具有不同的成分一样，接受催眠的能力通常也可能由不同的因素所构成，故此，有些人在某一方面的催眠易感性差些，而在另一方面的催眠易感性又可能较好。这时"手表定理"就出来干扰我们了，到底哪个对？该信谁的？为方便催眠师在实践中应用，结合临床经验，我总结出一个催眠易感性测量模式，叫作"5+1"模式。

　　该模式的操作方法如下。在众多非正式测验中选出五个有代表性的方法，进行综合评分，这是"5"，包括：想象法、比手、提问、跑车驾驶、速停。将测量结果按很好、较好（或一般）、差三个等级，分别按3、2、1计分。被试得12分以上为催眠易感性强，可以进入深度催眠；得分在9—11分之间，被试的催眠易感性一般，可以进入中度催眠；得分在8分以下，只能进入浅度催眠状态或根本不能进入催眠状态。"1"是采用"后倒"的方法用来测量被试的信任度。信任度起着一票否决的作用。但是，信任度在一定程度上是可以培养的。

　　催眠易感性可能与很多因素有关，不同特点的人可能会在不同的场合表现出来。之所以有些研究人员发现催眠易感性与某方面的人格相关，而另外的研究人员却无法证实这种关系，其道理也可能存在于此。巴伯（1964）报告，有些被试对催眠师具有选择性，遇到某些催眠师能表现出较高的易感性；但遇到另外的催眠师，其催眠易感性则很差。由此可以预见，催眠师与被试建立的咨访关系越好，催眠可能性也就越大。

　　综上所述，尽管我们做了大量的工作试图了解被试的催眠易感性高低，但是，根据标准测验结果来决定某人不可能被催眠是不妥当的。即使一个人在某种测验中的得分甚低，固然可以推想此人的催眠易感性可能较低，但这或许只是统计学上的可能性，其实际催眠易感性可能并不低。

我们不能仅仅因为一个人的催眠易感性测验的得分较低，就不给他做催眠。特别是当催眠术可以作为某种治疗的有效辅助手段时，就更不能因为易感性测验得分较低而不予使用催眠术，更何况催眠的可能性会随着催眠的适应而逐渐改变呢。

二、催眠易感性的相关因素

与催眠易感性相关的因素可从以下几个方面探讨：

1. 人格因素

既然我们把催眠易感性定义为人格因素，那么，它应该是相对稳定的。同时，还应该与人格中的其他因素有关。海尔加德和本特勒（1963）报告，催眠易感性与外向性格的相关系数 r = 0.21。吉本森和科伦（1974）认为稳定型外向性格和神经症内向性格与催眠易感性的相关性较好；而稳定型内向性格和神经症外向性格与催眠易感性的相关性较差。催眠易感性可能与"想象性沉迷"有关，富于幻想者往往能在催眠易感性测试中获得高分。我们对艺术类大学生进行催眠实验发现，他们的催眠易感性高于其他专业的学生。

除此之外，催眠易感性可能与很多人格因素有关。在2005年至2011年期间，笔者对大学生的人格和催眠易感性进行了相关研究。结果发现，在卡特尔16项人格测试（16PE）中，与催眠易感性相关系数较高的是：敏感性为0.528，实验性为0.32；艾森克人格问卷中，与催眠易感性相关系数较高的是：情绪性，为0.319；在爱德华个人偏好量表中，谦卑、顺从、秩序、坚持等与催眠易感性有不显著的正相关；而气质类型与催眠易感性几乎无相关。这与瓦格斯塔夫（1981）的研究结论"易受影响或顺从的性格与催眠易感性之间存在一些正性相关"基本一致。

在广泛使用"受暗示性"这个术语的催眠界，有一些人认为，催眠易感性强的人就是易"受暗示"的人。那么，由此也就想象出"具有场依存性性格的人同时也是催眠易感性强的人"。其实，催眠易感性与场依存性之间的关系很复杂。我国学者张卫东认为（1996），它们不处于同一维度，是彼此独立的人格因素，它们之间并不相关。因此，我们也不能反过来推测，"催眠易感性强的人属于场依存性占优势的人"。

2. 年龄因素

现在，催眠学术界普遍认为人的催眠易感性是相对稳定的，但在个人的成长、成熟与发展过程中，不同的年龄阶段是有差别的。伦敦（1965）发现，7岁以上的儿童具有良好的催眠易感性。14岁以前，催眠易感性日益增强；此后开始逐渐减弱，这种趋向要持续整个成年时期。摩根和海尔加德（1973）发现，9—14岁的儿童催眠易感性最强,而40岁以上成人的催眠易感性则最差。这两种研究结果基本一致。

如果催眠易感性有其生理学基础的话,那么还会受到个体生长和衰老等生理变化的影响。此外,人的心理在整个生命过程中都会发生变化,故催眠易感性的变化也可能受到心理变化的影响。笔者在二十多年的咨询和临床催眠中发现,老年人很难进入较深的催眠状态,但是对老年人进行催眠治疗的效果却非常好。当然,在这一过程中,老年人必须有足够的心智和心力,并能进行自我反思和心理调整。这其中的原理何在,尚待研究。

3.性别

在以前,很多人以为女性比男性的催眠易感性好,但事实并非如此。费洛斯(1979)报告,经过巴伯暗示性量表测试,性别与被试的易感性无关。被试的催眠易感性与催眠师的性别也无相关性。但在临床中发现,被试与催眠师的性别之间可能有交互作用,即女性被试在男性催眠师的指导下可表现出较好的催眠易感性。看来,催眠易感性并非一成不变。这一现象似乎不足为奇,因为一个人的不同人格特点可能在不同的场合表现出来。从这个角度推论,男性催眠师给女性病人治疗会取得更好的疗效。其实,就这个问题而言,无须赘述,精神分析派的先人们早已证明了这一现象的存在。

4.生理学因素

如果能用生理指标来区分催眠易感性的强弱,对于临床催眠师而言绝对是一个倍受青睐的信息。多年来,诸多科学工作者在不断地探索和研究。摩根等人(1974)发现,在催眠状态下,脑电波的 α 波成分与右脑的空间知觉所产生的 α 波颇为相似;而与左脑执行语言功能时所产生的 α 波则有所区别。黄蘅玉发现(1996)进入较深的催眠状态时脑电波所显示的 α 波与在清醒、安静、闭目状态下的 α 波一致。巴康(1969)等人认为,习惯使用右手的人,催眠状态使右脑细胞比左脑细胞更加活跃。萨克姆(1981)推断说,习惯使用右手的人通常对涉及身体左侧的催眠暗示有较好的反应,而对涉及右侧身体的暗示反应较差。有人解释说,这是因为高催眠易感性的人在想象时的广泛生理联系与右脑相关。照此说来,在临床中,催眠师应该先了解被试的用手习惯。被试如果是右利手,那么,催眠师应该站在被试的左侧发出催眠指令和暗示。相反,如果被试是"左撇子",催眠师则应该位于被试的右侧。因为,相应的大脑半球更容易被催眠诱导。

摩根等人(1974)发现,与低催眠易感性的人比较起来,尚无迹象表明高催眠易感性的人右脑有较强的 α 波活动。因此,如果试图用脑电波来区分被试催眠易感性的高低,缺乏理论上的支持,尚需要进一步研究才能作最后结论。

总之,对催眠易感性与生理指标的研究工作虽然做了很多,但是,尚未发现哪种生理指标可以预测催眠的可能性。即使鉴别被试是真正进入催眠状态还是假装来讨好甚至愚弄催眠师，试图用脑电、皮电、心率、血压来鉴别都是非常困难的。理论研究在此水平，现实中不会有什么"催眠检测仪"。也许，或者说一定会有的，只能期许于将来的理论研究有所突破，这是后话。

三、催眠易感性的改变

在探讨催眠易感性是否能够改变之前，我们应该首先思考这样一个问题：催眠易感性是不是一种相对稳定的现象？可以提高吗？有不少同道做了大量的工作，并进行了许多研究和实验。但是，各种说法不同，有的相互矛盾，甚至自相矛盾。究其原因，除了技术、方法、被试的不同而出现不同的结论之外，更重要的一个原因是，由于概念的含混造成研究和理解的迷失。摩根、约翰逊和海尔加德（1974）曾报告，对一组被试进行催眠可能性研究发现，在10年以后接受重复测验，与原始测验的相关系数为0.6，这似乎说明催眠可能性不可改变。但临床的事实并非如此，许多催眠师在如何提高催眠可能性方面做了不少努力，其中很多都取得了肯定性的成功。其实，以上两种研究都是事实，并不矛盾。只不过他们混淆了催眠易感性和催眠可能性，将两个不同性质的问题混为一谈，自然会产生矛盾的结论，使同行难以理解，感到昏昏然。

从理论基础上讲，催眠易感性反映的是人格特点，相对稳定。但是，在临床中经常发现催眠易感性很低的被试，由于救治心切，配合得当，经过几次催眠治疗后，也会很容易进入催眠状态，甚至是较深的状态。我对这些被试进行治疗前后的测查发现，他们的催眠易感性几乎没有改变。他们之所以在催眠易感性没有改变的前提下还能进入催眠状态，我认为他们改变的是催眠的可能性。也就是说，在临床中，催眠师应该试图改变经过催眠可以改变的因素，改善这些因素即可提高催眠的治疗效果。具体讲，催眠易感性不在我们努力改变的对象之列，我们可以改变的只有催眠可能性中的其他因素。

催眠可能性包括以下因素：性别、年龄、生理、动机、信任、经验、悟性、人格等，其中人格特点不易改变，应该归属于催眠易感性。而年龄、性别、经验因素又是被试固有的，一时不可改变，剩下的因素包括生理、动机、信任和悟性。

悟性是一个限制因素，是改变催眠可能性的前提。如果被试悟性很低，听不懂理论，理解不了概念，悟不出道理，执行不了指令、做不出行为，体会不到感受，感觉不到变化。那么，无论催眠师如何努力都将付诸东流。在临床中对悟性较高的、催眠易感性差的被试进行催眠可能性的改变会收到好的效果。但是，被试本身固有的悟性是不易改变的。

动机和信任，各自都有外显和内隐两种。外显的部分，存在于意识层面，被试可以通过语言和行为表现出来，催眠师亦可以通过语言和行为去影响和改变被试；内隐的部分，存在于潜意识层面，被试自己也不知道，催眠师只有通过逐渐渗透的方法和在放松或催眠状态下对潜意识进行操作才能改变，如果催眠师操作得当，被试内隐的动机和信任也是可以改变的。

生理因素在催眠过程中表现为被试出现的一系列生理反应。起初，催眠师可以引导被试做出相应的行为，如放松进入催眠状态等。然后，催眠师可让被试体验进入放松或催眠状态时的感受。被试经过多次催眠以后，内在的生理指征就会发生改变，逐渐接近催眠状态，以至于真正进入状态。因为动作学习和生理学习都可形成记忆。

在此，我提出一个观点：催眠对于被试而言是一个多层面的心理和生理参与的学习过程。

学习可分为意识层面、行为层面、生理层面三个方面，具体内容见表3-1所示。

表3-1　多层面学习理论一览表

学习类型	认知学习	动作学习	生理学习
活动类型	智力活动	肌肉运动	腺体、器官活动
中枢	大脑	大脑、小脑	边缘系统、下丘脑 脑干、脊髓
心理现象	思维、记忆	感知、记忆	反射、感觉
结果	获得知识 改变认知	掌握技术 形成技能	出现生理反应

众所周知，意识层面的学习是以记忆为基础的。通常学校教育的作用多发生在知识学习领域，这是在意识层面进行的记忆。而催眠的作用可以发生在动作和生理层面，植根于潜意识之中。通常，操纵意识层面的学习靠意识来驱动是比较容易做到的；操纵动作的学习和记忆只靠意识来驱动就不那么好使了，如果是动作学习，必须通过练习动作才能达到记忆的效果；动作一旦形成并熟练，就储存在前意识和潜意识层面，它部分地受意识支配，同时也受潜意识支配。

所谓生理层面的学习，是指在外界或内在环境作用下，人体内部腺体和器官做出的适应性变化。这种变化不受意识的直接控制，它是通过边缘系统、下丘脑、脑干、脊髓等低级中枢来调节和控制的。这种学习一旦形成就会储存在潜意识之中，不受意识的支配，其心理学原理是条件反射。生理的学习不能靠意识来驱动，也不能只靠动作练习去达成，需要生理的刺激和调节。当然，在学习过程中，动作练习可以作为生理改变的辅助工具。在催眠中要让被试进行生理的学习则必须加入能够改变生理指标的技术，例如，放松和深呼吸就是其中重要的手段。催眠师采用这些技术使被试改变了生理指标，并在体内形成记忆，多次"催眠"之后，被试可以很容易进入催眠状态。如果催眠师理解了这一理论，在临床中要改变被试的催眠可能性是可以实现的。

魏心个人体会

催眠易感性的测量有多种技术手段。目的不同、场合不同、对象不同，选用的技术也当各异。掌握测量技术，了解催眠易感性的相关因素，在催眠实施中就会心中有数。

第四章　催眠学说溯源

❖ 本章导读

- 一种技术，如果有理论的支持或者以某种理论作为背景，技术才会更具有生命力和发展空间。

- 像心理学流派一样，在催眠术发展的历程中，纷纷出现各种试图对催眠进行理论解释的学说。它们各有其渊源，或者自圆其说，或者大胆假设，都有其自己的一席之地。尽管如此，若从临床应用角度看，"高级神经活动学说"当为首推。因为它解释了最基本的催眠原理，并为临床应用拓展了广阔的空间。

第一节 高级神经活动学说

前面介绍了催眠状态中的各种现象，而要真正理解这众多现象背后的心理和生理的作用机制，就必须了解巴甫洛夫以条件反射为基础的高级神经活动学说对催眠的解释。

一、大脑皮层的抑制与兴奋

要讨论高级神经活动学说，首先应认识大脑皮层的兴奋和抑制原理。因为皮层的兴奋与抑制过程是贯穿催眠全过程的主要的生理过程。

大脑皮层内有自己的相应专区（见图4-1）来对应每一种反射功能（脑功能定位），这个专区可能是一个细胞或一个细胞核团。皮层内每一个核团或区域都与机体的某一种相应的活动有关。它们可以使之兴奋，也可以使之抑制。

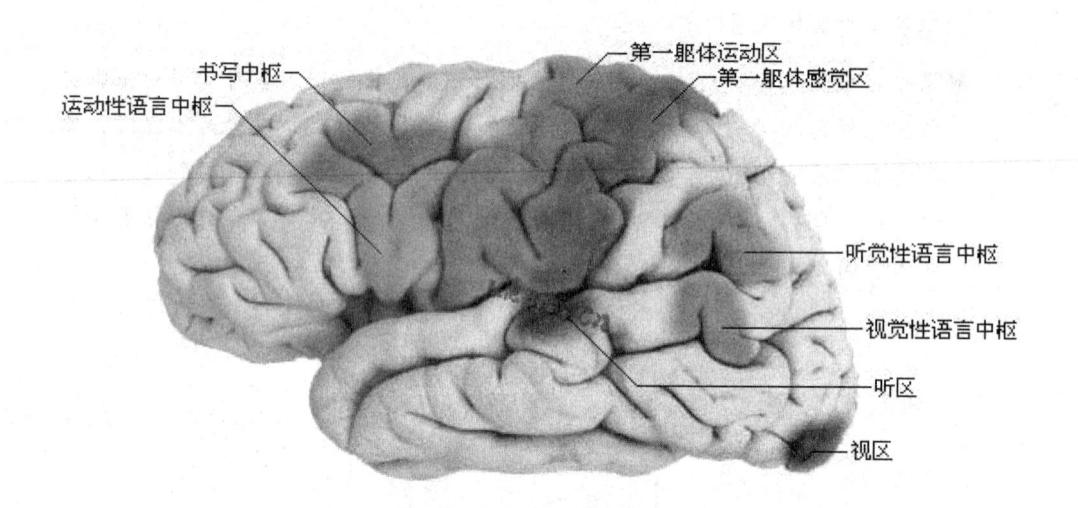

图4-1 脑功能定位

一种刺激，引起大脑皮层对应点或对应区域活跃，称之为兴奋；相反，一种刺激，引起大脑皮层对应点或对应区域活动停止，称之为抑制。兴奋过程和抑制过程在大脑两半球内的不同点位和区域交替运动。睡眠和觉醒状态，也是大脑两半球抑制和兴奋的运动过程。在觉醒状态时，兴奋过程占优势，我们能够正常地思维和行动；相反，在睡眠状态下，抑制过程占优势，我们能够得到放松和休息。兴奋和抑制是相互影响的。

二、兴奋和抑制可以相互诱导

巴甫洛夫认为：一种过程对另一种过程的增强产生影响，这种影响发生于直接引起这种或那种过程的刺激作用已经停止以后；它也可出现于各个过程的地点的周围，又可出现于受刺激的同一部位。我们把这种影响称为诱导。这种影响是相互交替的：兴奋过程促使抑制增强；相反，抑制过程促使兴奋增强。

兴奋和抑制是怎样相互诱导的呢？按巴甫洛夫学说，有以下几个基本观点：

第一，当个体接受了某种外界刺激以后，在大脑内作为兴奋的过程如下，首先从起点扩散开来，尔后到达其它感受器的细胞。这种扩散当然是有限的，并不是所有"无关"大脑细胞都接受这种刺激而兴奋。

第二，抑制过程在大脑内也是由一点而逐渐扩散开来的。当抑制过程扩散到脑的大部分时，人就处于睡眠状态了。觉醒状态下的内抑制亦是有限度的，即"清醒状态下的内抑制乃是零散的睡眠，即个别细胞群的睡眠"，因为"抑制过程经常被兴奋过程隔开、限定于狭隘的范围内"。这种内抑制有两方面的重要意义：其一，使兴奋着的脑细胞总需要短暂的休息，恢复其应有的活力，以防过分疲劳；其二，根据抑制过程促使兴奋增强的原理，只有这种抑制才能有正常的兴奋活动，人类才可能有正常的思维与活动。可见，这种内抑制对我们人类而言，具有异常重大的意义。

第三，在充分兴奋的条件下，抑制过程的扩散就更广泛，也更深沉；相反，充分的抑制可使兴奋活动更加活跃。

第四，当某方面的细胞兴奋时，其它点则进入抑制状态。也就是说，只有在相关点充分兴奋，而其它点抑制时，我们才能具备精确的思维和行动。

从兴奋和抑制的转换原理看，多动儿童常常是该兴奋的部分或区域没能充分地兴奋，而其点又没有充分抑制，因而不能有效地完成任务。从这个角度看，能顺利接受催眠进入状态的儿童，大脑的兴奋和抑制功能正常，学习或完成其他任务也是正常的。这种孩子表现为注意力集中、记忆力较强、思维深刻且缜密。在儿童时期对其通过催眠进行智力开发是可行的。

这就是巴甫洛夫关于大脑细胞的兴奋与抑制相互诱导的最基本原理。这种清醒状态下的兴奋与抑制相互转换，对大脑来说，有重大的意义。试想，如果对每一个刺激，皮层的某些"无关"点都跟着兴奋，那么，人将处在一种什么样的状态？会表现出神经衰弱、注意障碍等症状。上述理论为催眠疗法提供了可靠的理论依据。

催眠的一个基本过程就是，先通过暗示诱导出大脑皮层某一范围的抑制。当然，这种抑制是局部的，处于催眠状态下的人，起码对催眠师的暗示保持了很大程度的兴奋性。如果让这种抑制无限度地扩散，那么，过不了多久他就进入睡眠状态了，这不是我们催眠的目的。可以说，催眠所发生的抑制过程，其本身并不是疲劳。催眠可以让大脑相关点兴奋得更完全，而无关点被抑制得更彻底。

每个人都有这样的感受，在安静、整洁的环境下思考问题或记忆效果都会有所提高。美国人工修建了世界上最安静的小屋，人进去后能听见血液的流动声，心跳声如雷鸣，脚步声如同炮弹爆炸。这是排除了其他干扰动因的结果。这些现象充分说明了一个问题，即我们能够人为地引起对条件刺激相关联的皮层细胞的异常兴奋，同时抑制无关的大脑细胞，用上述理论，就很容易解释众多的催眠现象，并指导我们正确地施术和治疗疾病。对于催眠术，从生理过程去理解，我们可以得出这样的结论：人为地诱发大脑皮层大范围的抑制，尔后在此基础上诱发小范围皮层细胞的异常兴奋。

上述结论很容易理解，也可以解释在催眠状态下人的感觉、知觉、意识、行为的异常。例如，在感觉过敏实验中，我们可以看到，在催眠状态下只要暗示被试："你现在能看到这张纸上写的字（当然这张纸上的字在被试觉醒的状态下是根本看不清的）。"被试就可以清楚地读出纸上的字，我们可以认为这时被试出现了超常功能。一个双目失明者，能轻而易举地能摸出纸币上的盲文，这是长期自发训练形成的触觉敏锐。而被催眠的人，在暗示下能摸出来名片上的字迹，这显然是触觉超常而不是长期训练的结果。在其他方面，如听觉、嗅觉、痛觉，在暗示下也可以出现异常反应。这些异常用"大脑皮层细胞的超常兴奋性"来解释是非常恰当的，这些都是在部分大脑皮层细胞充分抑制的条件下才出现的异常生理现象。因此，其很符合巴甫洛夫的结论，即抑制过程促使兴奋增强。

在催眠实验中，当被试进入浅催眠状态后，催眠师停止进一步的指令或暗示，会发生两种情况：一是被试在等待一定的时间后就真的入睡了；二是被试过了一会儿会自然觉醒。所有的被试都只有这两种选择，而不会不经进一步的指令或暗示就向深度催眠发展下去。由此可以看出，高度的兴奋性对于诱导抑制的进一步扩散是多么重要，这种扩散又受到兴奋的制约，故而不会向睡眠方向无限度地扩散下去。

对于上述现象。我们用巴甫洛夫的结论"兴奋促使抑制过程增强"来解释，是再恰当不过的了。同时，对于催眠术，我们又可以得出这样的结论：它是将被试的意识人为地限制于一个很狭隘的区域内。在此基础上，皮层细胞获得了高度的兴奋性，这种兴奋性反过去又促使了抑制过程的扩散。

第二节 精神分析学说

在催眠的精神分析学说的发展上,很多学者做了大量的工作,其中包括我们能够想得到的弗洛伊德。正如格伦瓦尔德(1982)所说:"弗洛伊德对与催眠有关的许多主题都作了详略不同的论述;而这些都是关于该问题的其他精神分析论著的基础。"

精神分析认为心理活动分为三种:意识、前意识、潜意识。意识感知着外界现实环境和刺激,用语言来反映和概括事物的理性内容;前意识是一种可以被回忆起来的、能被召唤到清醒意识中的潜意识,它既联系着意识,又联系着潜意识;潜意识是没有被意识到的心理活动,代表着人类更深层、更隐秘、更原始、更根本的心理能量。

潜意识是人类一切行为的内驱力,它无时不在暗中活动,要求直接或间接地满足。正是潜意识从深层支配着人的整个心理和行为,成为人的一切动机和意图的源泉。

精神分析学说把潜意识看作人的精神活动的最原始、最基本、最普遍、最简单的因素。它是一切意识行为的基础和出发点。人类的一切精神活动,不管是正常的或变态的、外在的或内在的、高级的或初级的、复杂的或简单的、过去的或现在的或将来的,都不过是这种潜意识演变的结果。依据这种学说,每种意识活动都在潜意识中埋下了种子。

希尔加德(1975)指出,催眠的精神分析学说能够将催眠问题包括它的术语、概念都结合进一个更大的理论框架。这就使得人们在对精神分析理论缺乏一些大致了解的情况下,要理解这个特别的催眠学说是很困难的。而且,在过去的八十年里,催眠的精神分析学说经历了许多变革,后来由格伦瓦尔德(1982)绘出了其主要理论框架。

然而,精神分析观点的基本实质就是把催眠状态解释为适应性的退行(adaptive regression),如吉尔和布伦曼(1959)的观点正是如此。他们认为,这是一种自我的服务性的退行,故它处在自我的控制之下,能够服从自我意志而终止。这里有一种假设,即为了加强对内心体验的掌握,受术者可通过暂时与现实隔绝,从而启动、控制和终止心理回归。他们认为,催眠依赖于受术者与催眠师的感情关系,即移情作用(transference);而且具有思维过程易于被操纵的特点。

弗洛姆(1979)对各种不同的意识变换状态进行了研究,其中包括白日梦、各种松弛状态、创造性想象、睡眠前和觉醒前状态、催眠状态、感觉剥夺状态、夜梦状态、药物性幻觉状态、精神专注和冥想状态、神秘的着魔状态、离解状态、人格解体状态、神游症状态以及精神病状态，特别是幻觉患者。为了帮助人们理解这些状态，他使用了"自我接受性"（ego recently）这一术语。自我接受性的特点是被动地接收信息，而不是像正常情况下对信息进行主动的加工处理和操纵掌握。因此，在解释催眠状态时，他所使用的术语及概念都带有精神分析的倾向。

对催眠的精神分析学说如何评价，还很难得出一个明确的结论。和精神分析理论的大多数内容一样，催眠的精神分析学说也是不可检验的。在使用精神分析理论的概念和术语时，其情况常常是这样：看起来好像是用它们解释催眠现象，而其实则只是用它们描述受术者的行为或体验。然而，毫无疑问的是，很多精神分析人员在其工作中都使用催眠术，并且也用精神分析术语解释它。

第三节　病理状态理论

病理状态理论（pathological state theories）该理论由沙考（J.Charcot）提出。他认为，催眠状态实际上是人为诱发的一种精神病态，是癔症的一种表现形式，而不是正常人格的表现；能被催眠的都是精神病或神经症患者。依据催眠的病理状态理论，沙考和他的同事们发现，催眠现象可以分为两大类：一类是大催眠状态，即完全性催眠。在这种状态下，被催眠者的表现形式类似于癔症的大发作的样子，可出现强直、昏睡和梦游三种状况。另一类是小催眠状态，属于不完全性催眠，也就是平时所谈的中、轻度催眠状态。当被催眠者处于小催眠时，会表现出癔症小发作的样子。

第四节　分离理论和新分离理论

一、分离理论

分离理论（dissociation theory）的主要代表人物是让内（Janet）。让内接受巴黎学派的催眠是人为产生的精神病和神经症的主张，认为可被催眠的人都有精神病理基础。他指出，正常人的活动受意志支配；而人的整个意识和人格由许多分离的部分组成。正常的人依靠一种强有力的综合心力将各个分离的部分联系在一起，如果人的综合心力太弱，无力统一各个分离的部分，那就会出现人格和精神的分离。这种分离状况将从他的行为中表现出来。催眠就是用人为的方法使人的综合心力衰弱到不能以意志控制冲动的观念，使观念脱离完整的、正常的人格，因而出现精神病症样的现象。

二、新分离理论

新分离理论（neodissociation theory）的倡导者是希尔加德（E.R.Hilgard）。该理论实际上是对分离理论的修正。希尔加德指出，每个人都有一系列的认知系统，它们按照级别排列。尽管我们的自我控制系统主宰着我们在社会允许的范围内的行动，但也有一些心理过程在这些正常的自我控制系统之外。新分离理论对这一问题的解释提出了以下几个观点：（1）人类正常行为和意识控制机制并非高度一致地结合在一起，它们就像松散的格式塔一样，在行为系统之间存在着不一致，在感觉、思维和行为之间也存在着不一致；（2）意识流在一个以上的通道中流出，并且意识流可以同时从一个以上的通道中流出；（3）有些行为很少需要意识的注意，是自动化的，而另一些事情却需要意识的积极参与；（4）许多意识过程的发生无论在性质和顺序方面，都不依靠正常的自我控制，如夜梦、白日梦以及幻想等。希尔加德认为，一些催眠现象，如催眠后遗忘、催眠性自动书写、年龄倒退、对抗性运动项目、痛觉丧失、幻觉等，都是意识分离的强有力的证明。希尔加德的分离理论还强调了各个分离结构并非完全独立，所有的分离只是程度上的问题。

第五节 角色理论及遵从和信任学说

一、角色理论

沙宾（T.R.Sarbin）在1950年阐述了他的催眠的角色理论（role theory）。沙宾及其追随者们认为，催眠现象的出现与社会心理因素有关，在催眠过程中，角色是被催眠师的指示或暗示导演的，根据这些指示或暗示，被催眠者知道该如何扮演这个角色，该如何去行动。沙宾强调，被催眠者并不是有意装扮某种角色去蒙骗别人，而是渐渐地进入角色，全神贯注于某一狭隘的意识领域以致失去现实的自我意识。被试若想在扮演某一角色方面获得成功，主要基于以下五个因素：

1.角色期望，即他对自己处于被催眠情境下的角色的期望；

2.角色知觉，即对催眠师要求体验的角色行为的理解；

3.角色扮演技能，如丰富的想象力；

4.自我角色一致，即自己的一些行为方式、思想方法与被催眠者的角色相吻合；

5.对角色要求的敏感性，即对催眠这一事实的认识，能对催眠师的暗示做出反应。

沙宾指出，被试不同程度的催眠易感性是上述这些变量的函数。

二、遵从和信任学说

瓦格斯塔夫（1981）写过一本颇为精彩的著作——《催眠：遵从与信任》，他在书中详细阐述了对催眠理论的见解。瓦格斯塔夫用遵从和信任这样的术语解释催眠行为。"遵从"是指被试的外在表现符合催眠师要求的外显行为。不过，这种外显行为并不一定反映被试的内心信念。举例而言，被试可能表现为好像感觉不到疼痛，但其内心可能感受着疼痛。"信任"是指被试的内心信念服从大众行为。例如，当暗示被试的眼皮正变得沉重时，如果他们发觉自己睁不开眼，那么他们就会相信自己正在进入催眠状态。瓦格斯塔夫认为，内心信念与外显行为一样，它们容易受到催眠环境的社会需要的影响。

遵从和信任学说能够很好地解释被试的许多行为。不过，正如费洛（1982）在评述瓦格斯塔夫的著作时所说，我们很难看出，这一学说如何解释人们在催眠易感性上的个体差异，也不清楚它如何把主观体验作为区分不同类型催眠反应的指标。

第六节 放松理论和输入——输出理论

一、放松理论

埃德蒙斯特（1981）认为，催眠与放松两种状态在本质上极为相似。而且，他认为中性催眠仅仅是放松状态的精神生物学条件。他所谓的"中性催眠"是指被试在刚刚接受诱导之后所出现的状态。埃德蒙斯特还列举出大量证据支持自己的观点。

埃德蒙斯特的学说存在许多疑点，其中之一是"清醒催眠"问题。对于一个接受了催眠诱导、服从全部暗示指令并且按要求充分练习的被试，我们怎么可以说他是放松的？埃德蒙斯特从历史的角度对这种置疑做出回答，他说，按照传统的观点，催眠仅仅包括"睡眠型"的放松方法，清醒催眠不是真正的催眠。

无论人们怎样批评放松学说，很多被试看起来并报告说是极度放松的。不过，有人曾让被试对标准放松程序和催眠诱导加放松程序所产生的两种放松进行比较，结果发现，被试报告说他们在两种条件下躯体都处于放松状态，但认知却各不相同。特别是在只使用放松程序的时候，他们报告说大脑清醒；而在使用催眠诱导加放松程序时，他们却感到昏昏欲睡。当然，在埃德蒙斯特的学说中，对于两种放松状态之间是否应该存在认知上的区别，其论说似乎也是含糊其辞。

二、输入—输出理论

输入—输出理论（input—output theory），是巴勃运用信息加工原理对催眠现象的解释。根据输入—输出理论，巴勃认为，被试在催眠状态下所出现的催眠行为（输出反应）与被试原有的状况（输入状况）有着重要的关系。这些输入变量包括被试的个体特征、对催眠的态度、对他人所指定的活动的期望和任务激励，催眠师暗示的语词和音调、暗示的方式方法等，都作为输入条件影响着输出反应（催眠反应），表现出故意耐受疼痛、选择性遗忘、幻视幻听等现象。因而，催眠实际上是一种情境—行为反应。

魏心个人体会

有的技术源于理论，有的技术先于理论。无论怎样，在催眠术中，理论绝不会成为技术的花瓶、挂件。懂得理论，可以深入掌控技术，甚至深化、改造、创造技术。

第五章　催眠的深度及其作用

❖ 本章导读

● 中国本土化催眠深度的三级划分。

● 催眠应用于教育前景广阔，有待进一步开发和普及。

第一节 催眠深度划分与鉴别

催眠的深度有多种划分标准，现从临床应用角度主要介绍两种。

一、中国本土化催眠的三级分法

中国本土化催眠把催眠深度分成三种，即浅度催眠状态、中度催眠状态和深度催眠状态。

1.浅度催眠状态

处于浅度催眠状态的被试，看上去，面部平和，眼睛微闭（有人出现眼睑颤动），眼球可能上下移动。呼吸平稳，肌肉放松。被试自己感到心情平静，大脑宁静，全身放松，不想动，感觉舒服。被试有认知和思维能力，能感知到环境中的一切，解除催眠后能回忆起催眠的全过程。有的被试自己认为没被催眠，但是其确实进入了催眠状态，只是较浅而已。被试这时的心理防卫降低，能说出清醒时不太愿意说的事，可以进行一般的心理咨询。

判断方法：

（1）观察面部、身体肌肉放松程度及呼吸节奏；

（2）监测脑波（α波为主）；

（3）被试解除催眠后自我报告感受。

2.中度催眠状态

处于中度催眠状态的被试，面部肌肉非常放松，眼球可能左右移动，眼睑反射减弱；呼吸加深，时有起伏；对催眠的动作指令反应不良。被试感到自己的意识时而模糊，不能支配肢体运动，也不愿支配。单一观念出现，被试可以对催眠师的引导加倍注意，而对周围环境的影响却充耳不闻。被试的各种感觉功能下降，意识功能减弱，潜意识活动增加。这时候，意识与潜意识搭起了一道桥梁，催眠师可以直接对潜意识下指令，潜意识可以直接把特定的信息送到意识层面。例如，当催眠师下指令说："当我从一数到三时，潜意识会引导你回忆起关键问题。"然后数到三，被试就会回想起被遗忘的关键记忆，甚至重临其境。在咨询室中，大部分催眠治疗都是在中度催眠状态下进行的。

判断方法：

（1）观察面部、身体肌肉放松程度以及呼吸的节奏；

（2）眼睑反射减弱或消失；

（3）监测脑波（θ波出现，时有α波）；

(4) 被试解除催眠后自我报告感受。

3.深度催眠状态

处于深度催眠状态的被试，看上去面部呆板；有人可能眼球上翻时有面部或四肢局部抽动；呼吸深而缓，吸气时较慢且长，呼气相对短促；被试进入自我世界，单一观念非常明显，对催眠师的指令反应良好。催眠师不但可以支配被试的肢体动作，还可以支配其感官功能，乃至其植物神经功能。催眠师可以直接深入到被试的潜意识中，探究其中的内容并可由被试报告出来。这一切，被试在意识层面全然不知，而且解除催眠后，被试是否知道刚才发生了什么，完全取决于催眠师的指令。总之，无论是诊断还是治疗，在深度催眠状态都会收到非常好的效果。

判断方法：

(1) 观察面部、身体肌肉放松程度以及呼吸的节奏；

(2) 眼睑反射消失；

(3) 监测脑波（σ波出现，时有θ波）；

(4) 被试解除催眠后自我报告感受。

在催眠现场，催眠师判断被试的催眠状态，从技术层面上讲是一件很困难的事情，更多的是靠经验和催眠师的感受，所以说催眠也是一门艺术。不同催眠深度及其判定方法可借鉴于表5-1。

表5-1 中国本土化催眠深度判别一览表

	判定项目	催眠深度		
		浅度催眠	中度催眠	深度催眠（静态）
外观	呼吸	呼吸均匀平稳	呼吸加深，有时起伏	吸气深长均匀，呼气相对短促
	眼睑反射	眼睑和清醒时基本相同或略显微弱	眼睑反射微弱或消失	眼睑反射消失
	吞咽动作	有	偶尔有但很弱	无
	面部表现	面部平和	面部肌肉十分放松	呆板
	脑电波	α波为主	θ波和α波	σ波和θ波
自我知觉	意识	意识清醒并能支配动作，但主观不愿动	意识模糊或偶有意识不能支配动作，也不愿意支配动作	意识不清楚或没有意识存在，不能自动支配任何动作，一切听从指令
支配顺序	运动	观念运动存在	对运动指令反应不良	动作完全受指令支配
	痛觉	正常或稍减弱	减弱	消失或敏感
	触觉	正常或稍减弱	减弱	受指令支配

续表

	判定项目	催眠深度		
		浅度催眠	中度催眠	深度催眠（静态）
支配顺序	味、嗅觉	正常或减弱	减弱	受指令支配
	视觉	正常或稍减弱	减弱	受指令支配
	听觉	正常或稍减弱	减弱	受指令支配
	记忆丧失	记忆正常	记忆减弱	可出现记忆丧失
	记忆亢进	记忆正常	无记忆亢进	可出现记忆亢进
	植物神经	削弱植物神经的功能	可随指令略有改变	依指令改变
	人格	与清醒时基本相同	削弱原有人格	可随指令转换

据英国医学催眠学会会长马格内特博士的统计，被试进入不同催眠状态的比例如下：

- 5%不能进入催眠状态；
- 35%可以进入浅度催眠状态；
- 35%可以进入中度催眠状态；
- 25%可以进入深度催眠状态。

我国北派催眠专家赵举德教授认为，被试进入不同催眠状态的比例如下：

- 2~3%不能进入催眠状态；
- 60%可以进入浅度催眠状态；
- 30%可以进入中度催眠状态；
- 7~8%可以进入深度催眠状态。

笔者与赵举德教授的观点基本相同，只是认为被试进入不同催眠状态的比例依环境略有变化。例如，在治疗室进行治疗时，能够进入深度催眠状态的被试比例稍高；若在大庭广众之下进行催眠，初次即可进入深度催眠状态的被试比例甚微，大约为2%。但是，在对被试进行催眠关系训练后，或者进行多次催眠治疗以后，进入不同催眠状态的人数比例有较大的变化：

- 不能进入催眠状态者基本可以忽略；
- 10%只能进入浅度催眠状态；
- 40%可以进入中度催眠状态；
- 50%可以进入深度催眠状态。

不管是哪种程度的催眠状态，都可以进行心理治疗和诊断，只是目的和方法不同。

有人认为，心理治疗常常着重在当事人对于过去经验的重新诠释、人生经验的统整。所以，都需要清醒的意识状态来参与，浅度或中度催眠状态是最合适的。

但是，中国本土化催眠发明了瞬间提取技术，被试在深度催眠状态下处理过并保存在潜意识中的内容，可以在被试解除催眠后，顷刻间将其提升到意识领域，然后，被试可以在清醒的状态下进行详细报告。因此，深度催眠的治疗效果会更好。

二、西方的六级分法

近些年来，在西方把催眠的深度划分为六个阶段。

第一阶段：被试还不觉得自己被催眠，自认为完全清醒。实际上已经被催眠了，但是很轻微，小的肌肉开始受到控制，例如眼皮胶黏反应可以在这一状态下出现。这一催眠状态可用于减肥、戒烟等。

第二阶段：更加放松了，大的肌肉开始可以被控制，例如手臂强直反应（arm catalepsy）。内在的"碎碎念"，心里的叨叨絮絮的念头、跑来跑去的胡思乱想，会开始减弱。

第三阶段：所有的肌肉都可以受到控制了，可以让被试坐在椅子上站不起来，无法走路，不能清晰地数数字，痛觉部分丧失。

舞台秀催眠师常常引导被试进入第三阶段才能配合演出，例如下指令说："你可以动，可是走不出这个圆圈。"他果然走到圆圈边缘时，就无法跨越过去。

第四阶段：开始产生记忆丧失（amnesic），出现更多的催眠现象。被试会真的接受指令而把数字、姓名、地址等等忘掉。

另外一个重点是，痛觉丧失（analgesia），但是触觉还在，可以进行大部分的牙科治疗、外科小手术。被试会感觉到好像有空气吹进伤口，但不觉得痛。

第五阶段：开始梦游（somnambulism），出现完全麻醉现象（anesthesia），既不会觉得痛，也不会觉得被触碰，亦即痛觉与触觉都消失。会出现正性幻觉（positive hallucination），看见实际上不存在的人或事物。

第六阶段：非常深的梦游状态，出现负性幻觉（negative hallucination），看不见实际上存在的人和事物。

西方学者认为，大约有20%的人只能到达第一、第二阶段的催眠深度，60%的人可以到达第三、第四阶段的催眠深度，20%的人可以到第五、第六阶段的催眠深度。

如何区别这六阶段的催眠深度呢？有人提出四个标准：

1. 肌肉强直（Catalepsy）

被催眠者无法自由运动肌肉，在前三阶段逐步增强。

2. 记忆丧失（Amnesia）

这是区分第三与第四阶段的关键，例如催眠师如果要求被试从一数到十时会忘掉七，在第三阶段的被试可能无法清晰发音、数数，在第四阶段则会真的忘掉数字七。

3. 麻醉现象（anesthesia）

这是区辨第四与第五阶段的关键。在第四阶段，会出现痛觉丧失（analgesia），不觉得痛，但会有触碰感，第五阶段时，则出现既不痛也没触觉的麻醉现象（Anesthesia）。

4. 幻觉（hallucination）

在第五阶段会出现正性幻觉（positive hallucination），例如你拿出一瓶装着清水的水晶瓶，暗示对方这是一瓶高级香水，对方一闻，就会感受到香水的芬芳。

第六阶段则出现负性幻觉（negative hallucination），看不见实际上存在的人事物，例如你暗示对方，当你从一数到三，他睁开眼睛时就看不见墙壁上的时钟，然后，他睁开眼睛后，就会发现墙壁上空无一物。

关于负性幻觉，有一个重点是即使学习催眠很久的人都没正确理解的，那就是被试并不是真的没看见，而是他看见了，却当作没看见。换句话说，你必须先看见，才能看不见!

譬如说，你给对方下指令说，等一下睁开眼睛之后，会看不见室内的桌椅，于是，他睁开眼睛后，发现室内都没有桌椅，所以他只好把手上喝水的杯子放到地上。可是，当他在室内走来走去时，却不会被桌子或被椅子绊倒。在被试的心灵深处，有一个"隐藏的观察者"（hidden observer），仍然能看见桌椅。实际上被试看见了，所以不会跌跤。这就是说：必须先看见，才能看不见!

与三级分法相比六级分法虽显详细，但在临床中不及三级划分实用。由于个体差异，被试在催眠状态下的外在表现不一定都按上述规律出现。例如，通常情况下，随着催眠深度进展首先出现的是触觉变化，其次是味觉、嗅觉，最后是视觉、听觉受到支配，但也有人出现了幻觉却没有发生触觉异常。六级划分，被试的外在表现对于催眠师而言难以鉴别，实操性较低。

第二节 催眠的应用

催眠的应用领域非常广泛，在这里我们只介绍以下几个方面。

一、在心理咨询中应用

催眠技术用于心理咨询，可以加快咨询进程提高咨询效果。具体的操作程序如下：

1. 诊断并确定解决的问题

在心理咨询的过程中接待求助者，按照心理评估的程序诊断其问题性质，明确工作对象，制订工作计划，确定工作目标。

2. 排除不适应症

通过催眠帮助求助者和心理咨询的基本原则相同，咨询不适应的案例，催眠也不适应。如精神分裂症发病期、严重的人格障碍、严重的心脏病、高血压等患者不适合做催眠治疗。

3. 先催眠后咨询

建立咨访关系后，先将求助者导入较深的催眠状态，然后暗示放松休息，让其睡一会儿后进行对话。这有利于缓解求助者的紧张情绪，便于交流。

4. 在催眠状态下咨询

将求助者导入浅度催眠状态，在这种状态下，被催眠者的心理防卫渐渐降低，平常不愿意流露的内容在此时放松了警戒，心情也比较平稳，也进一步拉近了咨访关系，此时进行一般的心理咨询会收到较好的效果。

注意：在浅度催眠状态下进行对话，结束时要有唤醒的过程。

二、用于心理诊断

催眠用于心理诊断在于查找病因。在意识领域，患者未必能够清楚自己患病的原因，而在催眠状态下则可以回溯早年的经历或者致病原因。在心理诊断的应用方面，既可以在深度催眠状态下进行，也可在中度、浅度催眠状态下进行。

在临床操作中应该注意的是：利用催眠进行诊断，催眠师必须和来访者建立良好的关系，尤其在浅度催眠状态下的诊断，良好的关系更为重要。

（一）在深度催眠状态下进行诊断

（1）年龄回归

年龄回归是一种非常大众化的催眠技术，具体操作可有多种形式。例如：将被试导入深度催眠状态后，可直接暗示其从现在的年龄逐步向回倒退，现在20岁，向后退到19岁、18岁、17岁……每退1岁都让其报告在这个年龄阶段所发生的事情，直到找到问题发生点为止。也可以将被试导入深度催眠状态后，暗示其站在一小树旁边，前面还有一排树，现在的这棵是第20棵，和你的年龄相同，接着要求其从这棵树跑向第19棵、再跑向第18棵、17棵、16棵……每跑1棵都要边跑边观察路过情境，报告其看到的内容，根据内容透析其象征意义。

（2）搜索重要时间或情节

在临床中为了节省时间、提高效率，也可以用一步到位的方式进行诊断。例如，暗示被试站在第20棵树旁，当听到弹指声时，快速地向第一棵树跑去，但路途中间被试发觉有暴露在外的树根绊了一下脚，这时让被试停下来，看一看其在什么地方被绊了，周围还有什么。

还可以假托其他形式进行一次到位的诊断。例如，在深度催眠状态下，催眠师可以让被试一边探索一边报告，甚至可以直接询问某种问题的真正原因或者事件的经过。这是和潜意识的对话，求助者在意识层面可以一无所知。因此，问题的原因或者过程只有催眠师知晓。

(3) 自己探索

导入深度催眠后给求助者一定的时间，让其在无任何指令的状态下进行搜寻，可以指令其结束后自动醒来，也可以令其自我探索结束后轻轻动一下手指告诉催眠师，然后用唤醒技术使其回到现实状态。这时，求助者对刚刚发生的事一无所知。催眠师要想知道求助者自我探索的结果，可以使用瞬间提取技术。

【专栏】

瞬间提取技术

将被试从深度催眠状态下唤醒后，其自我搜寻过程在意识层面不能回忆。这时，催眠师可将手放在被试头顶让其再次闭上眼睛，想象回到刚才的状态，大约一分钟后（看其表情变化）。选择合适的时机，发出指令："当我的手突然离开你的头顶时，刚才经历的场景和内容就会立即进入你的意识层面，你睁开眼后，能够回忆起经历过的一切。"稍作停顿，手突然离开的同时："睁开眼睛！"之后，被试可以报告出刚才探索过程中发生的一切。（见土豆网视频《魏老师催眠术》之8，网址：http://www.tudou.com/programs/view/8re6NoNsigE/）

这是一件令求助者感到非常惊讶的事情。也许有人怀疑这一过程的真实性，那么，只要问一下求助者对刚刚催眠师如何操作的，外部环境有什么发生，你就会心服口服了。这一现象对于初学者有着十足的魅力，对于诊断也非常有用。因为它比在浅度催眠状态下的对话诊断更详尽、更易操作。

(二) 在浅度催眠状态下进行诊断

在浅度催眠状态下进行诊断是让被试放松后进行联想和咨询。放松后会使心理防卫机制减弱，容易说出平时不敢说或不愿说的内容，同时也容易唤起平时已经忘却了的记忆。有的被试会突然想起多年前的事情，也有的突然体验到某种情绪的再现，还有的对于多年感到疑惑的问题瞬间确定了清晰的答案。这种效果有时会让被试感到很是奇特甚至不可思议。事实上，这种现象是客观存在的。

但是，在浅度催眠状态下进行诊断，一定要在具备良好的咨访关系的前提下才能取得预期的效果。催眠师还要注意，在浅度状态下，无论是进行诊断还是治疗，都要有唤醒的过程。

3.治疗性诊断

这种方法主要针对边缘性精神障碍患者。有些患者有时会出现妄想或幻觉，但同时还有自知力；虽然影响生活质量和工作效率，但还能基本坚持正常生活和工作，既不符合精神病诊断标准，也不是神经症。有的患者多年如此，自感十分痛苦，用药治疗效果不佳。

采用催眠进行治疗性诊断的目的有两个：一是消除症状，减轻痛苦；二是诱发症状，使"隐藏"的症状明显化，便于及早定性和治疗。

三、用于心理治疗

这是催眠术最重要的用途之一（详见第八章）。可在不同催眠深度下进行治疗。

1.在深度催眠状态下治疗

消除病因，或改变当时的状态，或直接改变状态（症状）。

2.在浅度催眠状态下治疗

进行积极暗示，改变状态，还可以进行认知探讨。

不知原因的问题或疾病，不能在意识领域探讨的问题，深度催眠的治疗效果较好。

在意识中存在的固结，运用浅度催眠在意识状态下或在意识与潜意识的交界处进行认知探讨的治疗效果更好。

在不同催眠深度进行治疗，意识与潜意识的参与程度不同，它们互为共轭的动态关系。（见图5-1）

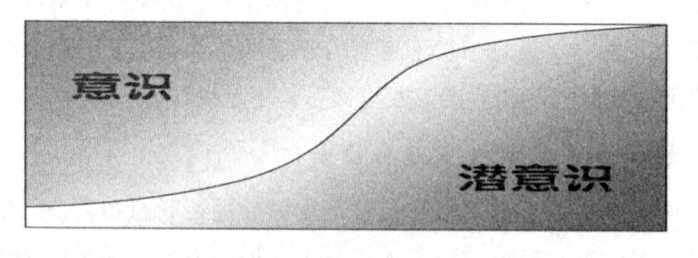

图5-1 意识与潜意识的共轭关系

四、减轻痛苦

通过催眠可以减弱或者消除因手术、生产、癌症等产生的痛苦。

有些人由于对麻醉药物敏感，不能使用药物麻醉，这时候，催眠是值得考虑的方法。在美国的妇产科、牙科或小手术中，有许多催眠止痛的成功案例。催眠的确可以提高我们忍耐疼痛的能力。在深度催眠中，催眠师可以用针去刺被催眠者的手或腿，而对方毫无感觉。一般的药物麻醉，是切断了疼痛的神经信息的传导，大脑没有接收到痛的信息，所以不会觉得疼痛。但是在催眠时，疼痛的神经信息仍然会传到大脑，而被试却没有痛的感觉，说明在我们体内一定产生了某种阻断神经传导的物质。经过监测发现，催眠的确可以调动我们心灵的力量，从而增加大脑内腓肽的分泌，产生局部的麻醉作用。

五、治疗心理创伤

遭受自然灾害、亲人亡故、重大挫折与不幸事件等，会给当事人造成心理创伤，可以采用催眠手段对心理创伤进行治疗。

六、改变生理和心理现状

催眠可以调整生理指标、改变心理状态及习惯等。例如，调整血压、血脂、血糖、体重、进食、行经、呼吸、排泄等；戒烟、戒酒、减肥、增加运动、做事主动、改变生活习惯、调整不良的饮食习惯等。

催眠可以帮助我们放松心情，调节情绪，不再被压力、焦虑、纠结、悲伤、挫折感等各种负面情绪所影响。

有关以上用途的具体操作过程详见第十章。

七、开发潜能及在教育中的应用

中国本土化催眠在运动员训练中的应用着重在：

1.解决一般的心理问题；

2.缓解竞赛焦虑；

3.纠正错误动作。

中国本土化催眠在开发潜能及在教育中的应用，可用于个体和团体形式的干预。其中团体方面包括：缓解考试焦虑、提升考试成绩、缓解交流恐惧、解决幼儿及低学龄儿童问题（具体内容详见第九章、第十一章、第十二章、第十三章）。

八、缓解小学生作文障碍

有些小学生平时和人交往很能"侃大山"，没有人认为这是笨孩子，但写起作文来，能力很差。逻辑混乱，内容贫乏，词不达意，句子不通顺，甚至翻来覆去就是那么几句话。这种孩子的表象形成能力不足，无法形成连贯、可操作的表象，由于形象不是稳定的，无法捕捉，转化成书面语言的数量有限，因而作文内容贫乏。同时逻辑层面的计划能力很差，不能有效地将要表达的内容分清主次和层次，表达的内容让人不知所云。总之，这类学生因反应性强计划性差而导致作文水平不佳，催眠和沙盘训练可提高小学生作文能力，这种训练针对小学3—5年级学生训练效果最好。沙游可解决表象漂移问题，催眠可将其联结起来，两种技术共用可建立表象与计划能力的链接，从而提高写作文的能力。并且，放松和催眠可增强儿童神经功能兴奋和抑制的平衡改善注意力，加强反应性在计划性当中的延续。

九、舞台表演

催眠的舞台表演即催眠秀。催眠表演中的人桥搭建、演奏乐器、把土豆当苹果吃等都非常震撼人心，尤其是快速催眠让人感到催眠师威力巨大，甚至有点可怕。但是，这其中既有真实的演示，也有策划出来的舞台效果。

舞台催眠表演的过程基本都有如下程序：

先让自愿作被试的观众上台。经挑选后，留下所需要的人选。在特殊的氛围中，对留下的被试进行催眠导入。接下来可进行如下操作：

催眠师用特定的方式发出"冷"的信号，会发现被试们相互抱作一团，有的还瑟瑟发抖；

当催眠师发出变"热"的信号时，被试则表现出"很热"的状态，更夸张的被试还在台上脱衣服；

催眠师讲一个笑话，被试跟着笑（有时讲冷笑话也笑）；

催眠师说座位下有你喜欢的乐器，被试则拿起乐器随着音乐演奏起来，还有的载歌载舞；

还有催眠师手拿一土豆，对被试暗示这是一个苹果。被试接过"苹果"津津有味地吃起来；

更有甚者让被试吃葱头，观众发现被试吃得很带劲而无任何不适反应……

以上表演，如果找到合适的被试并按正常的操作程序进行，都可以是真正的催眠过程。即真正进入状态，被试在催眠师的指令下做出的不自主行为，在意识领域完全不知。

但是，在舞台上，很多人，很夸张，行为接近"一致"的表现，多数是在作秀。

我也曾经在公开场合做过这样的表演，都是表演完毕之后立即揭露真相。如果你懂得有关催眠的基本原理，仔细观察"舞台催眠师"的表演则不难发现其虚假。在此不惜得罪某些喜欢作秀的"同行"做一真假辨别剖析，以曝光其中的玄机。

在选被试时，"请"那些具有表演人格特点的上台，在众多观众的强烈期待下,他们会抓住这个时机充分表现,在满足观众好奇心的同时极大地满足了他们自己的表现欲望。可怜的观众,就这样被忽悠了还认为催眠师有神奇的本事。近些年,国内部分地区时有如此表演。其实,这样的表演,不用劳烦催眠师,只要灵光一点的节目主持人,事前小做"准备"完全可以代劳。只是在出场时要有人介绍这是一位"催眠大师"。

读到这里,难免有人要问,被试在台上吃葱头无任何不适反应难道也不是真的?别说吃葱头,就是在切葱头时用眼盯着看也会流泪。为什么"被催眠了的被试"不为所动?道理很简单,其中有"秘诀"。揭秘也不难——选不含挥发油的品种,这样的葱头谁吃都不会有反应。

读者还要问:如果选择"大路"品种的葱头会如何?抱歉,我没对被试做过。但从理论上分析,就像催眠师可以使患者不用麻药做手术而不觉疼痛,催眠师却不能使其在手术中不流血那样,被试可以吃葱头,不流泪是不可能的。

关于对舞台催眠师的评价,催眠界基本持否定态度。在美国大多数舞台催眠表演是被禁止的。因为"舞台催眠师"不是真正的催眠师,无力解决表演可能带来的不良作用,如诱导幻觉、回忆早年的经历等。万一表演中出现问题,他们无力驾驭。对于被试而言,这着实是很恐怖的事件,但他们却全然不顾。

笔者认为,催眠师的舞台表演者是催眠术中的雕虫小技,有些甚至是左道旁门,与催眠的宗旨相悖。

十、催眠在营销中的运用

如果说在营销活动中使用催眠也未尝不可,只不过,这里所用的催眠是指广义催眠而已。例如,在饭店,服务员对准备就餐的客人介绍:"我们这里有花茶、龙井、普尔、铁观音,请问您喝什么茶?"

给你一个选择范围,就很容易在其中选择。这可以是广义的催眠,也是行为控制,还有人把这叫作"类催眠"。

十一、催眠在司法中的运用

一名女律师,一次晚上出门时突然遭到泼硫酸,一闪间,没看清犯罪嫌疑人的长相。导入催眠后,她详细描述了其形象,为破案工作提供了非常重要的线索。

一些文学影视作品把催眠在司法中的作用进行了戏剧性的夸张。其实,催眠没有那么大的影响。固然,在个别案例中催眠可使案件的线索得以清晰。但是,催眠使当事人进行了想象,也增加了破案的虚幻因素。因此,有的国家不允许对当事人进行催眠。至于在审问中试图通过对罪犯的催眠获取更多的有用信息,更为不可信。

在改造罪犯和防止犯罪方面也许催眠的作用更大些,这方面的工作应该归到教育中去。

十二、生物反馈

催眠可用于训练患者控制自己的生理指标,以加快生理指标的控制学习。在临床中,常常将催眠用于提高生物反馈治疗的效果。

第三节　催眠的种类

由于催眠的对象不同、方法各异,且术语繁多,至今仍无统一的分类。现根据不同的施术方式、时间和条件等,把催眠的种类划分如下。

一、按催眠师来分类

1. 自我催眠,即自己为自己进行的催眠。
2. 他人催眠,即由其他催眠师负责施行的催眠。

二、按暗示条件来分类

1. 言语催眠,即运用语言进行暗示进行的催眠。
2. 操作催眠,即非言语性催眠,运用行为、动作、音乐或电流等作为暗示性刺激,以进入催眠状态。

三、按被试的意识状态来分类

1. 觉醒时催眠,即在被试意识清醒时进行暗示性催眠。
2. 睡眠时催眠,即在被试睡眠状态下对其进行催眠。

四、按被试的配合情况来分类

1. 合作者催眠,即对自愿或主动配合的被试进行催眠。
2. 反抗性催眠,即对不合作的被试进行催眠。

五、按被试进入催眠的速度来分类

1. 快速催眠,即在瞬间对被试进行催眠。
2. 慢速催眠,即逐渐使被试进入催眠状态。

六、按被试的人数来分类

1. 个别催眠，即催眠师对单一被试进行催眠。
2. 团体催眠，又称小组催眠，即催眠师对某一群体进行催眠。

七、按距离来分类

1. 近体催眠，即催眠师面对面地为被试催眠。
2. 远离催眠，即催眠师与被试在相距甚远的情况下对其进行催眠，如电话催眠、书信催眠和遥控催眠等。

八、按客观因素来分

1. 自然催眠，即受客观自然条件的影响产生的自然催眠现象，如汽车驾驶员出现的公路催眠等。
2. 人工催眠，由催眠师进行的催眠，即他人催眠。

九、按催眠程度来分类

1. 深度催眠，即被试进入深层催眠状态，如呈强直或梦行状态。
2. 中度催眠，即被试进入中层催眠状态，如呈无力、迷茫状态。
3. 浅度催眠，即被试进入浅层催眠状态，如呈宁静、肌肉松弛状态。

十、按催眠手段来分类

1. 麻醉药物催眠，即用阿米妥钠、硫喷妥钠等麻醉药物，使人进入催眠状态。
2. 非麻醉药物催眠，即用无麻醉作用的葡萄糖酸钙等药物，作为暗示性刺激，使人进入催眠状态。

第四节 中美催眠的差别

在第一章中有过叙述。催眠，对于我国来讲也可以说有着悠久的历史，但只是催眠现象以及在现实中的应用，而作为催眠术却是一个舶来品。我最早接触催眠是在20世纪90年代中期，从美国传来的催眠技术和理论。我参加了美式催眠的培训，学到了一些技术和理论，这对于我以后走上催眠的道路具有启蒙作用。后来在临床应用中慢慢发现，美国的催眠虽然有一定的理论体系和技术手段，在咨询和治疗中也有一定的作用，但是，它解决中国人的问题显得有些力不从心。因为中国人的许多问题在美国是不存在的，美式催眠无法解决中国人特有的问题。催眠与文化背景有关，中国和美国的文化背景大相径庭，美式催眠在中国有一定的局限性也势必当然。从此，我便开始寻找中国本土的催眠理论和技术。后来，有幸访到了北派的催眠专家赵举德教授，从此追随赵老师多年，学到了北派的理论和技术。后来又有机会参加了南派马维祥老师的培训，学到了马老师的技术。于是，我结合西方影响较大的多种心理治疗理论，把中国本土的老一代南、北两派的催眠理论和技术融为一体，使用中医、气功、武术等技法建立了中国本土化的催眠理论和技术体系。

中国本土化催眠的特点和美式催眠相比，在理论基础和应用技术方面，特别是在临床解决问题方面都有很大的差别，这些差别在各章节每每遇到都随时解释。我们在这里只是从催眠的理论假设来解释中国本土化催眠与美式催眠的差别。

中国本土化催眠与美式催眠都以弗洛伊德的潜意识理论为假设。从操作过程看，催眠就是将意识和潜意识进行链接的过程，或者把意识层面的信息植入到潜意识中去，或者将潜意识中的内容挖掘出来进行意识化，这都需要意识和潜意识之间的相互转换。在这个过程中，中国本土化催眠与美式催眠依据的理论假设和采用的技术有所不同。美式催眠认为意识层面的信息通常不能进入潜意识层面，在意识层面和潜意识层面之间有一个批判区，请看右图。

批判区隔离意识和潜意识。如何才能从意识领域进入潜意识呢？可以在意识层面加载信息，当信息超载的时候，批判区

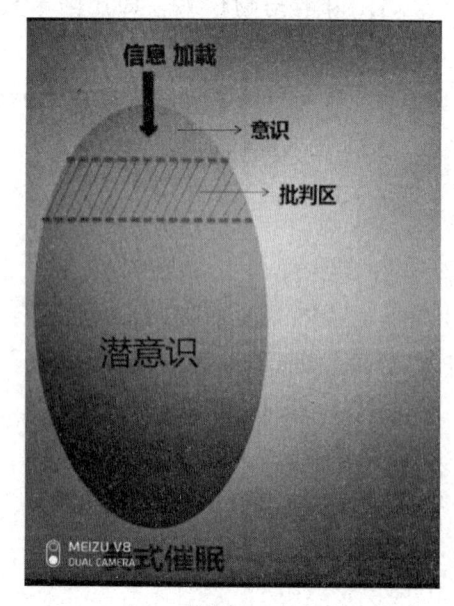

就会失去作用，信息乘其不备长驱直入，进入潜意识，请看下图。

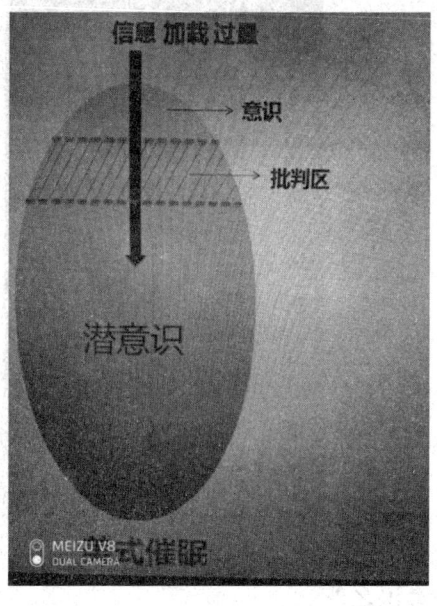

这就是美式催眠的理论解释。

中国本土化催眠认为人的心理状态既受意识的影响也受潜意识的影响，潜意识的作用远远大于意识，如果想使意识层面的信息进入到潜意识当中，通常在清醒状态下是不可能的。因为意识和潜意识之间有一个大门，这个大门通常是关闭的。

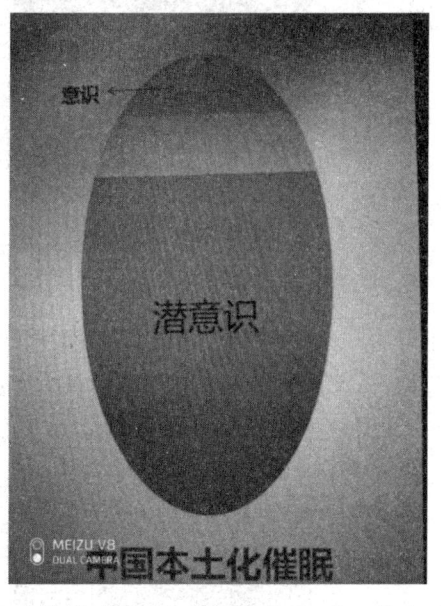

只有设法打开这扇门，使潜意识处于开放状态时，信息才能进入潜意识。根据中国传统医学的身心互感应理论，可以通过深呼吸使全身放松，在放松的状态下，意识和潜意识之间的大门会被慢慢地打开。

中国本土化催眠技术与应用

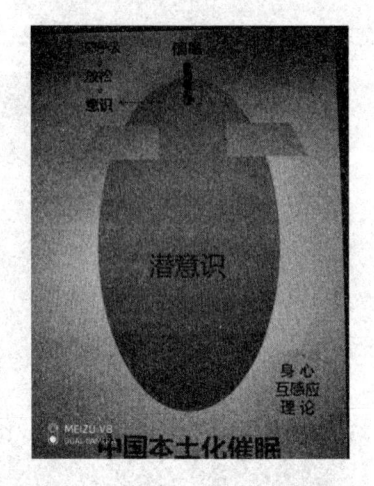

这时候信息可以从意识层面进入潜意识，并且催眠师可以对被试的潜意识进行直接操作。但是，操作的目的必须是被试意识层面接受的，也就是在清醒的状态下允许。假如进入潜意识层面的信息不能被意识接受，那么这个大门会迅速地关闭，将信息挡在潜意识之外。

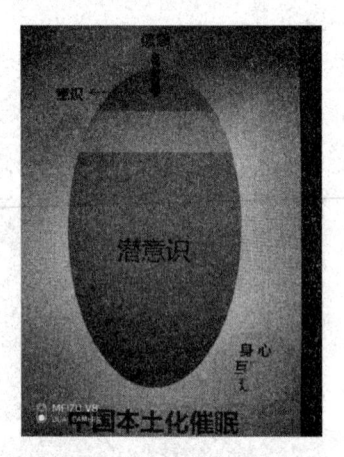

再看下图：

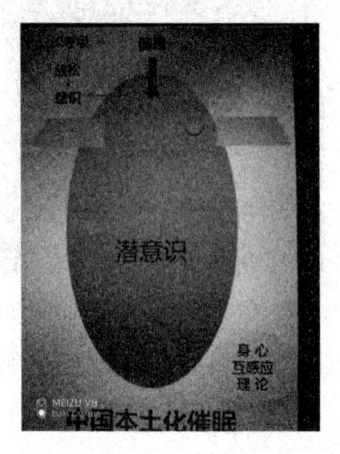

图中右上方的圆形是指探测器（圆形），这个探测器一直在侦讯进来的信息是否被允许。如果不允许，大门会立即关闭。从这个角度讲，中国本土化催眠认为在催眠状态下，甚至在深度催眠状态下，被试都是有警觉的，只要外来的信息对他不利或者说意识层面不允许，就会立即关闭大门在临床应用中所体现的表象是被试会在催眠状态下突然清醒过来。借此推论，催眠师在被试进入催眠状态之后，如果想做对被试不利的事儿是不会成功的。因为被试暗藏着一个探测器，即使在深度催眠状态下（完全失去意识），探测器依然忠于职守。在这一点上，中美的催眠基础理论具有本质的区别。西方（不单是美国也包括欧洲）的催眠，往往认为在催眠状态下，如果催眠师的动机不良可能会对被试做出不利的事情。但是，中国本土化催眠认为这是不可能的。事实证明也是如此，在催眠状态下被骗的案件中是因为案主在意识层面界限不清，催眠为其背锅实乃冤假错案（参见第一章的海德堡事件）。

魏心个人体会

有人认为，催眠深度的三级划分比较老旧，但是，在我看来，经过改造的三级划分更适合于临床应用。

使用催眠技术治疗疾病和解决有关问题的范围，还有很大的拓展空间。

第六章　催眠导入、深化及唤醒

❖ 本章导读

- 催眠导入技术五花八门，初学者要从基本的导入技术学起。中国本土化催眠导入将渐进式放松和南北两派优点整合，是最朴实、稳妥、有效的催眠导入技术。

- 催眠加深的技术，在学习掌握后可以根据需要创新。

- 催眠深度稳定技术对于部分被试不可或缺，安排在下一章里介绍。

- 唤醒前的注意事项要做到位。

第一节　催眠导入

催眠导入的方法很多，不同的学派各自有独特的技术。这里，我们主要介绍近几十年来来，我国大陆在本土上适用的主要方法。

一、中国本土化催眠导入方法

《中国本土化催眠》导入催眠时配有背景音乐《梦之桥》?。

中国本土化催眠导入语

坐式：坐在椅子上，双脚自然踏地，双手放松，搭在腿上，身体要正，含胸拔背，百会朝天。可以坐得离椅背近一些，开始不要靠背，放松后顺其自然，可以靠背，也可以微微前倾。（卧式：找一个你认为舒服的姿势仰卧，双手放松放在身体两侧。）

好，心情静一静，轻轻地闭上眼睛，开始做深呼吸，吸气要均匀缓慢，呼气也要均匀缓慢。想象吸气沉入小腹，呼气从小腹向上托出，并配合收腹。吸气要吸足，呼气要呼净，吸气呼气都要均匀缓慢，以不憋气为准。

好，现在随着我的引导想象，头皮放松，想象随着头皮的放松，头皮下的血液在流动，随着血液的流动，血液中携带的营养滋养着你的每一根头发，你感觉头发很蓬松，很舒适，头皮很放松。

好，现在开始放松你的面部，你感觉到面部的每一块肌肉，每一条韧带，每一根神经全都放松。面部放松后，你感觉面部很舒展，很舒适，很光洁。

好，现在开始放松你的颈部，颈部的骨骼、肌肉、韧带全都放松。

现在你的头皮、面部、颈部全都放松，你的整个头部全都放松。体会一下，随着头部的放松，大脑也放松。大脑放松，感觉大脑像被清水洗过一样，湿润，光滑，清洁，清净，清爽。大脑放松后，感觉大脑很清净，很舒适，很宁静，大脑变得无忧无虑。体会一下，大脑放松，大脑很宁静，心情很平静。好，现在体会一下你整个大脑全都放松，放松得无忧无虑。

好，现在开始放松你的双肩，放松两臂，放松双手，你现在体会一下，伴随着双手的放松，手心微微地发热，微微地冒汗。现在开始放松你的手指，你感觉手指放松后，手指很舒适，手指放松得一动也不想动。好，放松得很好。

好，现在开始放松你的躯干部，背部，腰部，胸部，腹部全都放松。好，随着躯干部的放松，想象随着吸气将空气中的氧气吸入体内，养分在体内随着血液流遍全身，养分滋养着你身体的每一个部位，身体的每一个部位都感觉很舒展，很放松。现在开始想象随着呼气，把体内的废气、浊气、病气、焦虑情绪全都排出体外。体内感觉很清爽、很轻松、很舒适，体会一下这种清爽、舒适、轻松的感觉。内脏放松，所有的内脏全都放松，内脏之间的功能很和谐，很舒适。

好，现在开始放松你的下肢，双腿放松，双脚放松。现在想象随着双脚的放松，脚心微微地发热，脚心微微地冒汗，现在开始放松你的脚趾，脚趾放松后，脚趾感觉很舒适，脚趾一动也不想动，放松得一动也不能动。

好，现在感觉全身上下都很放松，现在随着我的口令想象，想象全身上下从头到脚全都放松，松……松……松……好！现在你整个身体全都放松。放松后，你感觉到整个身体懒洋洋的，一动也不想动。整个身体放松，放松得软绵绵的，一点力气也没有，一动也不能动，想动也动不了。

现在你感觉到外界的声音由大变小，由近变远，外界的声音越来越小，越来越远。现在你感觉到，两眼很累，两眼皮很沉重，不想睁眼。现在你感觉到两眼发酸，两眼犯困，想睡，想睡就睡，你一边睡，潜意识一边接收我的信息。现在听我数数，从一数到三，你就会静静地睡去。一……全身上下全都放松，一动也不想动，一动也不能动，两眼很累，两眼犯困。二……，两眼越来越困，大脑一阵一阵的模糊，越来越模糊；三！你可以静静地睡，静静地睡……好，你睡得很好，静静地睡你感到大脑很宁静，心情很平静。浑身上下一动也不想动，一动也不能动，你可以静静地睡，深深地睡。

进行干预操作，结束后解除催眠状态（催眠唤醒）。

好，你睡得很好。过一会儿我会把你轻轻地叫醒，醒来后你会感觉到神清气爽，精力充沛，学习（工作）效率很高。现在听我数数，从三数到一，你就会慢慢地清醒过来，轻轻地睁开眼睛。三……全身上下开始恢复知觉。二……大脑慢慢地清醒过来。一！轻轻地睁开眼睛。

轻轻地动一动手指，动一动手，然后搓一搓手，搓一搓脸，从下往上，从中间向两边，再往下，三次。好，回到现实中！

中国本土化催眠导入，吸取了北派科学严谨、平实渐进、温和宜人的优点，也集中了南派适度变化、引人入胜、感染力强的特点，同时还加入了中医和气功的技法，使整个过程融自然与严谨于一体。特别是唤醒后加入了中医按摩的过程和气功中收功的环节，使整个过程导入严谨自然，唤醒温和舒适。

二、北派导入方法

北派导入催眠时配有背景音乐《梦之桥》。

赵式催眠导入语

催眠师：安静地坐在凳子上，双脚平行自然踏地，身体坐正（不靠背），双手平放于两腿之上。然后，心情静一静，轻轻地闭上眼睛，开始做腹式呼吸，吸气徐徐沉入小腹，呼气从小腹慢慢向上托出。吸气要吸足，呼气要呼净，用鼻呼吸，吸气、呼气都要均匀缓慢，以不憋气为最佳速度。

催眠师应该注意的要领是，深呼吸5—7次，心情平静下来后，进行渐进式放松。

催眠师：现在心情平静下来，随着我的口令想象，头部放松——头部放松，颈部放松——颈部放松，双肩放松——双肩放松，两臂放松——两臂放松，双手放松——双手放松，背部放松——背部放松，胸部放松——胸部放松，腹部放松——腹部放松，腰部放松——腰部放松，臀部放松——臀部放松，两大腿放松——两大腿放松，膝关节放松——膝关节放松，两小腿放松——两小腿放松，足踝部放松——足踝部放松，双脚放松——双脚放松。

催眠师应该注意的要领是，大约10秒钟发出一次口令，一个部位放松两次，约20秒，再间隔5秒后进行下一个部位的放松。

催眠师随着我的口令开始想象，全身上下从头到脚全部放松—松……松……松……

现在你感觉到浑身上下从头到脚全部放松，放松之后很舒服……很舒服，慢慢体会这种舒服的感觉……

现在你感觉到浑身上下从头到脚，全都放松。放松之后很舒服，一动也不想动……现在你感觉到浑身上下非常松软，一动也不想动。现在你感觉到，外界的声音变的越来越小，越来越遥远。现在你感觉到两眼很累，两眼发酸，两眼皮很沉重，不想睁眼，现在感觉两眼很累很沉重，不想睁眼，想睡。现在你体会到外界的声音越来越小，越来越远，但是你能听到我的声音。现在你感觉浑身上下全都放松，放松得一动也不想动，放松得很舒服，感觉到两眼很累，很困，很想睡，现在听我数数，从一数到三，你就会深深地睡去。一……，浑身上下全都放松，心情很平静，一动也不想动……；二……外界的声音越来越小，越来越远，大脑一阵一阵地模糊，越来越模糊；三！现在大脑不能思考问题了，你可以静静地睡去……

你睡得很安静，很好，睡得很安全，我在你身边，放心地睡，你感觉到很舒服，浑身上下全部放松，你可以安静地睡，外界的任何声音和刺激都不会干扰你，我的声音你听得很清楚……。

北派催眠导入的特点是，步骤严谨，风格朴实，催眠过程中力度较小，导入方式和唤醒方式温和，无肢体接触，被试感到安全舒适，但适用面窄，影响面窄。

三、南派导入方法

南派导入催眠时没有背景音乐。

马式催眠导入语

选一个舒服的姿势坐好，然后进行腹式呼吸。

对，就是用腹式呼吸地方法，首先让自己做三个深呼吸，让自己内心平静下来。很好，我们现在从头到脚开始放松，先放松你的头皮，放松头皮，放松头皮后有一种体验，一种温水往你的头上流的感觉，非常地舒适，非常地宁静。对，很舒适，继续保持深呼吸。呼吸的过程中呼要呼透，吸要吸足，是深深地吸，慢慢地呼，好，很好。

现在我们放松脸部的肌肉，要把脸部的每一块肌肉，每一条经络，每一条血管全部放松，尤其要放松你的上下眼皮，当你的上下眼皮放松后，你的眼睛会感到很沉重，很沉重，慢慢地不想睁开了，慢慢地你就睁不开了，因为闭着眼睛非常非常的舒服，你的内心非常的宁静，继续保持深呼吸。

好，现在我们开始放松下巴和下巴的肌肉，对，放松，现在你的整个头部已经放松了，放松了头部以后，有一种感觉，就是无思无念，无忧无虑，大脑非常清晰与宁静，继续保持深呼吸。

好，我们接着往下放松两个肩膀和两臂的肌肉，放松……尤其要放松你的手指和手掌，当你的手指和手掌放松了，会有一种手指发麻，手掌发热的感觉，要去体验这种感觉，非常好，非常舒适，非常舒适……

接着我们放松胸部的肌肉，要把胸部的每一块肌肉全部放松，放松……随着你的呼吸，一呼一吸，身体会一沉一浮，一沉一浮……好，我们接着放松腹背部的肌肉，放松腹背部的肌肉，随着你的呼吸，你的腹背部的肌肉已经开始放松了，现在你的身体已经放松了……随着你的呼吸，一沉一浮，好，现在放松下肢的肌肉，把两条大腿放松，放松，尤其要放松你的脚趾和脚掌……现在两条大腿非常的沉重，非常的沉重，已经抬不起来了，不想抬起来，慢慢地也就抬不起来了，这时候你可以体验两条大腿非常沉重，脚趾在发麻，脚掌在发热……好，你的全身已经放松了，放松了，你的全身已经放松了……

随着你的呼吸，一呼一吸，当你吸气的时候，你的整个身体有一种往上飘的感觉，越飘越高，越飘越高，当你呼气的时候，你的身体就像泄了气的皮球一样在往下沉，越沉越深，越沉越深，好像沉到水晶宫的感觉，越沉越深，好，你已经睡了，睡得越深越舒服，睡得越深越宁静……

南派催眠导入的特点是，导入语情景描述到位，对人的感染力强，影响面广，技术多样，临床使用广泛，有肢体接触，可在任一催眠深度下进行操作。但唤醒突然，会让部分被人产生不适感。

三、其他的导入方法

1.紧张—放松法

让被试仰卧在床上，双手放在身体两侧。然后催眠师发出指令："紧张，用力！"被试全身肌肉紧张，然后持续几秒钟，主试喊："松！"被试全身放松。这样反复若干次之后，如果被试的体力基本消耗殆尽，感到疲惫，可以就此转入放松后的催眠导入。其中，在操作过程中应该注意的事项："紧张，用力！"发出的指令要明确，果断，开始用力持续的时间较短，随着后面的进展，周期逐渐拉长。到最后，紧张用力持续的时间较长，放松后，让其体会放松的舒适感觉，再转入渐进的催眠导入。

2.专注法

专注法可以用凝神法、思考法、倾听法、数数法。

凝神法是将注意力集中到某个点上，比如，让被试盯住催眠球。主试发出一系列的引导语，如"催眠球发出光亮，催眠球越来越大"等，使其逐渐地进入催眠状态。

专注法的另外一种方法是倾听法，可以让被试听一种单调的声音，比如滴水声、敲击木鱼的声音，逐渐进入催眠状态。

思考法是指让被试围绕着一个问题进行思考，然后逐渐引导其进入催眠状态。

数数法可以让被试从1、2、3……依次数下去，也可以反过来倒数，从1000、999、998……依次数下去，逐渐引导其进入催眠状态。

3.想象法（飘浮）

让被试坐在椅子上，或者躺在床上，闭目，做深呼吸，全身放松，然后催眠师发出指令，引导被试想象："你的身体越来越轻，失去了重量，飘在空中，飘出窗外，飘向白云，躺在白云上，沐浴着和煦的阳光，浑身上下非常放松、舒适，身体随着白云飘，越来越放松，在白云上可以俯瞰山川、河流、森林、花草，整个人感觉到心旷神怡。你向前望去，看到前面有一座山岗，那里有一片森林，现在白云向山岗飘去，离森林越来越近，当白云进入森林的时候，就进入了催眠状态。现在听我数数，你就随着白云进入催眠状态，一……，向森林飘去；二……，离森林越来越近；三！进入森林。你现在已经进入催眠状态，可以静静地睡。一边睡，一边接收我的信息……"

4.摇摆法

让被试坐在沙发上，催眠师可以扶住被试的双肩，一边晃动，一边让被试感觉到整个身体，越来越轻，越来越轻。如此反复几次之后，就可发出指令："睡！"

使被试突然进入催眠状态。注意发出的指令和晃动动作的停止，节奏要同步，接下来再进一步地追加催眠暗示。

5.快速催眠

快速催眠有多种手段，比如，后倒、拍头、失重、大喝一声等。后倒法是让被试站在催眠师前面，催眠师站在被试的后面，双手扶住肩头，对被试下指令："你现在可以闭上眼睛，我在后面保护你，请放心，你是安全的，等我双手离开你的肩的时候，你就会不由自主地向后倒，我会保护你，倒下来之后，你就会进入催眠状态。"在被试倒下时，催眠师要托住被试，慢慢将其放平，然后再追加引导语。快速催眠还可以用"拍头"的方式，让被试坐在椅子上，主试用手，拍被试的头顶，同时告诉他："闭眼，睡！"被试即可进入催眠状态。除此之外，还有失重法、大喝一声等快速催眠的方法。但是，真正能达到快速让被试进入催眠状态的技术不容易掌握，只有当催眠师经历了一些个案之后，掌握了多种导入方法才能够使用，而且需要有前期铺垫。

6.讲故事

这种方法可以用于幼儿。多数幼儿注意持续时间较短，不能很好地配合催眠师，渐进式放松对于幼儿不太合适。讲故事可以吸引幼儿的注意力，是很好的催眠方式。比如，给幼儿讲《龟兔赛跑》的故事："有一天，小乌龟和小白兔要赛跑，小乌龟一步一步地向前跑，很努力，但是小兔子三蹦两蹦就超过了乌龟，小兔子超过乌龟之后，就还是奋力向前跑，跑呀，跑呀，跑出了很远。小兔子回头看了一眼，没有看到小乌龟的影子，小兔子也跑累了，想找个合适的地方，休息一下，小兔子找了个合适的地方，慢慢地闭上了眼睛，闭上了眼睛……"这样，幼儿就会根据故事的情节，体验到兔子的感受，慢慢地闭上眼睛，进入催眠状态。

7.做游戏

做游戏的方法主要针对注意力不集中、不太配合的幼儿。游戏有很多种，比如说，催眠师可以陪着幼儿，和幼儿一起做青蛙跳，跳一会儿以后，幼儿会感觉到累，可以再引导幼儿爬，爬一会儿以后可以引导幼儿并和幼儿一起装睡，装睡后对其继续引导，使其进入催眠状态。

8.意念催眠

可以让被试坐在椅子上，催眠师也坐在椅子上，距离被试1米到1.5米远。然后对被试说："你盯住我的眼睛"，这时，催眠师可以目不转睛的注视被试的眼睛，一般情况下，4、5分钟以后，被试的眼睛会感觉到很累，可以告诉他："如果你感觉很累就可以闭上眼睛。"这时就进入了催眠状态。除此之外，催眠师还可以在被试的身后，让他闭上眼睛，告诉他，我现在对你的大脑发意念，会使你大脑的精力集中在意念上，准备好之后，催眠师果断地说："开始！"一般3—5分钟，被试可以进入催眠状态。

要注意，后续需追加暗示和引导。

第二节 催眠深化

催眠的深化有很多种方法，我们在这里介绍几种常用的方法。

1.想象走进某个地方

催眠师引导被试想象走进某个地方，比如，走进院落，走进森林，走入草原，进入房间等都可以。

当被试进入催眠状态之后，可以引导其"想象你的前面有一片草原，现在我们沿着一条崎岖的小路向草原走去，当进入草原的时候，你会睡得更深，进入更深的催眠状态。现在我们沿着小路再走，离草原越来越近，越来越近。现在我们已经离草原很近了，我喊1、2、3！你就会进入草原，进入更深的催眠状态。好，1……离草原越来越近；2……很近了；3！走进去！现在你睡得更深了……"

2.下楼梯法

让被试在催眠状态中想象走下楼梯是一种很常用的催眠加深方法。例如，被试在催眠状态中，催眠师可以发出指令、"现在你在楼上，从楼上沿着楼梯向下走，现在你在第十级台阶，从上往下走，你的催眠状态会逐渐加深，等走下去到达一级台阶的时候，你就会睡得更深，就进入了更深的催眠状态。好，现在听我的口令，往下走……第九级台阶，你的睡眠逐渐加深；八，更深；七，越来越深；六……；五……；四……；三，越来越深；二，已经很深了；一！深到底！你现在进入了很深的催眠状态。

3.点穴下沉

被试在催眠状态下，催眠师可以发出指令："当我点你中府穴（见图6-1）的时候，你能感觉到身体的下沉。随着身体的下沉，你睡眠得深度会越来越深。现在开始点穴，沉，再沉，沉到底！你进入了很深的催眠状态。"

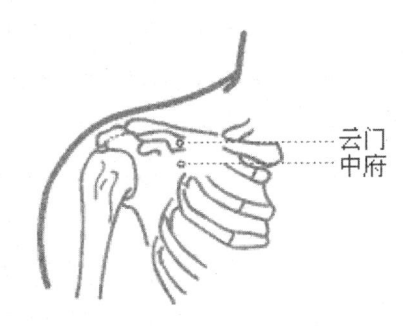

图 6-1 中府穴

4. 发出指令

发出指令可以作为一种深化催眠的手段，被试在催眠状态中，主试下一个指令，例如，"当听到我的弹指声，你的催眠深度就会进一步加深"，开始弹指，"啪""加深！""啪""再加深！"

5. 空闲时间

被试在催眠状态时，催眠师发出指令、"过一段时间，我不再给你指令，不给你任何指令，这期间，你的睡眠会逐渐地加深。好，现在开始。"至于这一段时间有多长，由催眠师根据自己的经验确定。一般来说，2—3分钟为宜。时间过长，被试有可能会醒来，或睡过去；时间过短，被试可能没有深化到位。所以，对这个时间的长短掌握要恰到好处。

6. 可依情景自己创造可行的方法

当催眠师工作经验较多，处理过一定的案例，掌握了相关的理论之后，可以自行创造一些催眠加深的方法。可以说，催眠加深的空间很大，方法很多，一切在于催眠师的聪明才智。

第三节　催眠的唤醒

催眠唤醒是指将被试导入催眠状态进行干预（治疗、表演、实验）后，再将被试从催眠状态唤醒使其回到现实中来。催眠唤醒的程序和注意事项如下。

一、催眠唤醒的程序

中国本土化催眠在一般情况下，采用倒数的方法唤醒。

催眠师：好，你睡得很好。过一会儿我会把你轻轻地叫醒，醒来后你感觉神清气爽，精力充沛，学习（工作）效率很高。现在听我数数，从三数到一，你就会慢慢地醒来，轻轻地睁开眼睛。三……全身上下开始恢复知觉；二……大脑慢慢地清醒过来；一！轻轻地睁开眼睛。轻轻地动一动手指，动一动手，然后搓一搓手，搓一搓脸，从下往上，从中间向两边，再往下，三次。好，回到现实中！

这种方法唤醒过程温和、缓慢、顺畅，被试感到舒适、自然，容易接受。这是中国本土化催眠使用的操作步骤。

因学派不同，唤醒技术还有其他方法，如北派的温和方法，南派的突然击掌瞬间唤醒。

北派的温和方法：

导入催眠，经过干预后

催眠师："你睡得很好。你可以再静静地睡一会儿，过一会儿我会把你慢慢地从催眠状态叫醒，你会随着我的引导慢慢地清醒过来。如果第一遍不能完全清醒，当我再次引导时你就会完全彻底地清醒过来。现在听我数数，从三数到一，你就会慢慢地醒来，轻轻地睁开眼睛。三……全身上下开始恢复知觉；二……大脑慢慢地清醒过来；一！轻轻地睁开眼睛。

如果没醒过来，可以再重复一遍：现在听我数数，从三数到一，你就会慢慢地醒来，轻轻地睁开眼睛。三……全身上下开始恢复知觉；二……大脑慢慢地清醒过来；一！轻轻地睁开眼睛。

南派的突然击掌瞬间唤醒：

导入催眠，经过干预后。

催眠师：睡吧，睡得越深越舒服，过一会儿我用特殊的方法把你叫醒，继续保持深呼吸，睡吧，睡吧，睡得越深越好，非常的舒服，睡吧睡吧，睡得越深越舒服，睡得越深越宁静，睡吧，你睡吧，一会儿我会用特殊的方法把你叫醒，当你醒来以后你会感觉到心情舒畅，精神饱满，有一种豁然开朗，心旷神怡的感觉，继续睡，睡得越深越舒服，睡吧睡吧，睡得越深越舒服，好，你已经体验到催眠的舒服感觉，现在我将从睡眠中把你唤醒，当你听到我击掌时你会突然醒来。

同时"啪！"的一声击掌。

这一操作，显得很突然，很多被试会感到惊吓，但对于特殊需要时，可以在短时间内让清醒后的被试立刻精神抖擞。

二、唤醒的注意事项

无论哪个学派，唤醒前都应注意以下事项：

1. 在干预过后可再让被试进入较深催眠状态；
2. 暗示放松、休息、缓解疲劳、增加能量、恢复功能；
3. 暗示醒后保持治疗效果，状态良好；
4. 关闭潜意识，回到现实中。

总之，唤醒前要对被试进行积极暗示。

从催眠的程序看，导入、深化、干预、唤醒是一个完整的过程，出于教学的需要我们分步讲授。希望刚刚接触催眠技术的同道，学完整个程序再行操作，以免出现催眠偏差。为了稳妥起见，建议初学者采用中国本土化或者北派的唤醒技术。使用熟练以后，出于特殊需要时再行使用南派的唤醒方法。

魏心个人体会

令人眩目的催眠导入技术常常使初学者为之震撼，但是，一不留神就会误入歧途。最可靠的途径是一步一个脚印，下功夫学好基本的导入技术将受益无穷。所谓"快速催眠"内有玄机，绝非新来乍到即可问鼎。导入深化是催眠师的基本功，需要功夫，速成不得。

第七章 催眠程序与催眠偏差

❖ **本章导读**

● 催眠的五个步骤是基础。

● 搞清催眠的目的也是必需的。

● 催眠偏差是应该引起注意的,同时也应该进行有效地预防和处理。

第一节　催眠程序

催眠的程序分成五个步骤。

一、前期铺垫阶段

在前期铺垫阶段，催眠师需要了解被试的动机与需求，询问他们对催眠的看法，回答他们有关催眠的疑惑，确定他们是否知道催眠过程中会发生哪些事情，有没有不合理的期待。在这一阶段，催眠师还需要根据情况向被试做催眠简介，因为大多数人对催眠的了解甚少，而在这很少的了解中又有一部分是对催眠的误解。催眠师接下来还要测试被试的催眠易感性，确定被试的催眠可能性、催眠反应性以及对催眠师的信任程度，并进行催眠关系训练。

总之，这个阶段的主要任务是：了解情况、询问解疑、建立关系、培养动机。

【专栏】

催眠关系训练

在进行第一次催眠之前，催眠师要舍得花费时间对被试进行催眠关系训练。训练的内容包括三个方面：一是通过沟通了解被试有关信息，并答疑解惑，双方能够取得共识；二是进行信任训练，可采用后倒法，目的是让被试从意识层面和潜意识层面消除戒备；三是进行指令回应训练，可用紧张—放松的方法，目的是提高被试的催眠反应性。

二、催眠导入阶段

在催眠导入阶段，催眠师可运用语言引导、肢体接触或者其他方法引导被试进入催眠状态。一般而言，选择何种方法要依据被试的特点和具体情况而定。我们认为，通常情况下，对于绝大多数被试可采用中国本土化催眠导入方法。这种方法比较容易为被试接受，成功率高。当然，根据具体情况也可采用其他方法，如：深呼吸法、想象引导、手臂上浮法、紧张—放松法、专注法（凝神法、倾听、思考、数数）、想象法（漂浮）、摇摆法、快速催眠（后倒、拍头、失重、大喝）、讲故事（龟兔赛跑）、做游戏（跳、爬、装睡）、意念催眠等方法。一般而言，选择何种方法要依据被试的特点和具体情况而定。

三、深化稳定阶段

在深化稳定阶段，催眠师可引导被试从浅度催眠状态进入更深的催眠状态，并使被试的催眠状态相对稳定。常用的深化技巧有手臂下降法、数数法、下楼梯法、搭电梯法、过隧道法、穿云层、过森林、进草原等，除了这些常用技巧，这个阶段常常随机应变，即席创制新招。催眠师有多少想象力，就有多少新的技巧问世。

多数被试进入催眠状态后常有状态的起伏，这是正常现象，如果起伏较大则需要催眠师稳定状态。催眠状态的稳定技术请参见专栏。

【专栏】

催眠状态的稳定技术

将被试导入催眠状态，进行加深，之后进行状态稳定。可以采用直接下达指令的方法："当你进入深度催眠状态后，会一直保持在这一状态中，没有我的指令不能改变状态。"

还可以采用间接的方式："也许你有感到催眠状态受到外界的干扰出现波动，没关系，你可以顺其自然，每次波动都会加强你的稳定性，使你的催眠状态越来越稳定，会稳定在较深的催眠状态之中。"

经过催眠稳定后再进行干预操作，会提高干预效果。

四、干预操作阶段

依催眠的目的和被试的需求进行干预操作，如体验、表演、治疗、咨询等。以治疗为例，催眠师需要相当好的心理治疗与精神病理学背景，清楚患者所处的本土文化，最好在宗教、哲学层面也有所涉猎。这个阶段是催眠治疗的重心，也是最迷人的地方，你永远都不会知道个案会抛出什么球给你，催眠师必须既有整体意识和长远规划也要具备随机应变的处置能力。

五、解除催眠阶段

解除催眠阶段是指让被试从催眠状态回到平常的意识状态，需要对被试做以下操作：保留或消除催眠暗示指令；给予催眠后暗示，强化治疗效果，要确保他对整个治疗过程的完整性；同时，还要给予良性暗示，改善其生理心理状态，使其在结束催眠后感觉很好。然后以倒序数数的方式结束催眠，清醒后引导被试搓搓手、搓搓脸（三次）。

第二节 实操步骤

催眠的操作过程首先要进行以下几个方面的工作：

1. 确定催眠目的：是临床治疗、还是表演、还是进行催眠研究；
2. 确定催眠的形式：面对个体还是团体；
3. 讲清要领：被试及在场人员如何配合、人员的分工、注意事项；
4. 确定被试的催眠可能性。

一、在团体中选被试进行催眠表演

在团体中选被试进行催眠表演遵循的程序和应该注意的事项：

（1）和全体在场人员讨论对催眠的看法和顾虑。针对情况进行科学和通俗的解释，消除顾虑，做出保证：不让被试出丑、泄密、受伤害；并告知以前的经验：催眠后大多数被试会有很舒服的体验并精力充沛、体力充沛。

（2）向全体成员询问，谁认为自己容易被催眠，谁不能，并将其分开就坐，以便观察。

（3）催眠易感性测试，并对自认为能被催眠的人群应多加注意。

（4）选出催眠易感性强的被试进行催眠前谈话。问其是否愿意接受催眠，了解其接受催眠的动机是什么，有何顾虑，有何期待。力度大的表演，需单独问被试有无内伤及骨科问题，再问被试喜欢什么及害怕什么情境。

（5）安排被试就位后问其感受，所选位置要方便表演，还要考虑到观众的视线等。然后，根据情况进行调整：坐位、朝向、灯光、风力、衣着等。

如果被试感到有些紧张或不自然，可采用屏蔽技术进行处理。

【专栏】

屏蔽技术

在催眠前，按照催眠放松的要求，让被试坐在催眠椅上。"闭上眼睛，想象有一个金属屏蔽罩把自己保护起来。这个罩可以通透空气，可以传递催眠师的声音，但同时也能屏蔽来自外部的一切影响。"让被试想象一会儿后，问其心情如何、感受如何。如果被试感到平静，即可开始催眠操作。

1. 接下来按照催眠的程序和步骤展开：催眠导入、深化稳定、干预操作、解除催眠。

2. 醒后交谈：让被试谈感受，催眠师对其进行催眠效果强化。

3. 对有不适反应者消除其不适感（见催眠偏差）。

二、对临床个体进行催眠

（1）讨论对催眠的看法。

（2）问其目的与期望。

（3）进行催眠易感性测试（分别选鉴别力强的和容易通过的测试。如：想象法，催眠师心中有数；钩手、手指间隙等，使其自己认为接受催眠能力较好）。

（4）催眠前交谈。问其是否愿意接受催眠，了解催眠的动机是什么，有何顾虑，有何期待。

（5）搞清有肢体接触和无肢体接触，哪种更容易为被试接受，哪种体位（坐式或卧式）合适。

（6）按催眠程序进行操作：导入、深化、唤醒。

（7）醒后交谈：让被试谈感受，催眠师对其进行催眠效果强化。

（8）对有不适反应者消除其不适感（见催眠偏差）。

三、对团体催眠

（1）讨论对催眠的看法。

（2）合理安排座位，在整个催眠过程中主试应该能触及到每一成员（若有特殊情况便于及时处理）。

（3）可以测感受性（主试心中有数），正式催眠前一般要试做放松以便让被试适应（部分被试第一次做催眠难免会有特殊的感受甚至发笑而影响效果）。对极力配合但仍不放松者，告知技巧（顺其自然，对引导语不追、不抓、不捉）。

（4）告知所有被试，如有不适应者可中途停止，自动醒来，请不要出声和乱动，以免干扰他人。

（5）进行催眠

按催眠程序进行操作：导入、深化、唤醒。

（6）醒后交谈

让被试谈感受，催眠师对其进行催眠效果强化。

（7）对有不适反应者消除其不适感（见催眠偏差）。

以上各种场合下的催眠，在必要时都可配合点穴手法，在进行个体治疗时有选择地进行经络穴位点按会收到很好的效果。欲知原理请参见专栏。

【专栏】

中医经络及穴位点按原理

　　经络是经脉和络脉的总称，古人发现人体上有一些纵贯全身的路线，称之为经脉，"经"，有路径的含义，是经络系统中的主干；又发现这些大干线上有一些分支，在分支上又有更细小的分枝，古人称这些分支为络脉，"络"，有网络的含义，是经脉的分支。两者纵横交错，遍布全身，是气血运行的通道。所以经络的生理功能，主要表现在沟通内外，联络上下，将人体各部组织器官联结成为一个有机的整体，通过经络的调节作用，将气血津液等维持生命活动的必要物质运送到全身，使机体获得充足的营养，保持着人体正常生理活动的平衡协调。

　　经络学说是祖国医学基础理论的核心之一，源于远古，服务至今。《黄帝内经》认为"经脉者，所以能决生死，除百病，调虚实，不可不通"，还阐述了经络的功能，即运行气血、平衡阴阳、濡养筋骨、滑利关节、联络脏腑和表里上下以及传递病邪等。

　　在正常生理情况下，经络有运行气血，感应传导的作用。所以在发生病变时，经络就可能成为传递病邪和反映病变的途径。《素问·皮部论》认为："邪客于皮则腠理开，开则入客于络脉，络脉满则注于经脉，经脉满则入舍于脏腑也。"经络系统遍布全身，气、血、津液主要靠经络为其运行途径，才能输布人体各部，发挥其濡养、温煦作用。脏腑之间，脏腑与人体各部分之间，也是通过经络维持其密切联系，使其各自发挥正常的功能。

　　三种古老的医疗手段之一，导引术施用时就是通过经脉这一途径的；常用的中医治疗手段点穴按摩也是借助于经络实施。

　　临床发现，在催眠状态下点穴按摩，效果远远好于普通的中医按摩。其原理可如下解释：把人体的经络比喻成一座现代的超大城市的街区交通网络，经脉是主干道，络脉是街区和胡同小路。平时纵横交错，熙熙攘攘，车水马龙，南来北往。如果一辆满载给养的汽车要横穿市区会颇费周折，十分艰难。但是，如果出于特殊需要，实行交通管制或戒严为给养车让路，道路不但宽敞无任何障碍，而且还一路绿灯，可加大油门开足马力狂奔直达目的地。

　　通常的中医点穴按摩就像前者，而催眠状态下的点穴治疗就相当于交通管制或戒严后的路况，工作效率能不高吗？

　　也就是，催眠使经络加快了能量传递速度，加大了信息传递量。其治疗效果也就更好。

　　杭建梅（2014）的研究发现，催眠可加快神经传导速度。

第三节　催眠偏差

催眠偏差是指在催眠过程中或催眠过后被试出现催眠师不希望的不良反应或副作用。催眠偏差包括真性催眠偏差和假性催眠偏差，其中假性催眠偏差又可分为主动自觉的催眠偏差和被动不自觉的催眠偏差。

一、真性催眠偏差

真性催眠偏差也就是催眠的不良反应或有害结果。

关于催眠出现的不良反应或有害结果，国内尚未见到报道，在有关催眠学术著作或催眠培训班中也没有人谈及此事。究其原因可能有：①没有人真正发现。或者是没有足够的临床经验，还未达到出现不良反应的程度；或者是曾经出现过，但由于经验不足不知道是什么问题，未能引起催眠师的重视而被忽略。②没有人有效处理。我国近些年的学术倾向是报道成功的案例，或许有人在临床中发现过，但由于不具备处理这类问题的能力，未能妥善处理，故此不便公开讨论。③出于技术的保守。在临床中催眠师虽然发现，也能有效处置，但由于技术方面的考虑不肯公之于众。总之，不管何种原因，国内这方面的文献资料一直为空白。在英国有报道，认为催眠存在可能的危险或有害的效果（Kleinhautz&Eli，1984，1987）（《心理催眠术》[英]迈克尔·赫普温迪·德雪顿编，2007）。我认为书中所呈现的事实不是催眠技术本身存在什么"危险的后遗症"，而是由于催眠师不正确的诊断及催眠技术的误用造成的。

任何技术都可能存在错用、误用、恶意使用而带来负面影响的问题，这不能证明该技术就是错误的或者危险的。在使用催眠术进行临床治疗的过程中，低估催眠的风险是一件可怕的事情。这里所说的风险并不是催眠技术本身的问题，而是催眠技术的使用者——催眠师的问题。例如，对于一名未做出明确医学诊断，表现出躯体局部疼痛的患者进行催眠以减轻其痛苦感，是一种非常不负责任的行为。因为，万一患者的疼痛是某种重大疾病早期出现的生理预警，缓解疼痛的催眠术岂不延误了最佳的治疗时机？再有，如果患者疼痛是严重抑郁的假象，倘若用催眠的方法减轻或消除疼痛则可能会使严重的抑郁表现出来进而出现自杀的企图或行为。这样的结果很容易被认为是催眠技术存在的后遗症，换言之，被认为催眠导致了患者自杀。其实，大谬不然，催眠术蒙受了不白之冤。催眠技术本身既没有贻误病情也非导致自杀的元凶，这一切都是使用不当造成的。故此，高明的催眠师不但催眠技术精湛，而且要具有基本的生理医学修养和较深厚的变态心理学及精神病理学的理论，在临床中能够对患者做出及时、正确的诊断。我一向认为在选择治疗方案和实施治疗之前，没有什么比做出合适的诊断更为重要的了。因此，在临床中，无论是催眠治疗，还是心理咨询，对病人、求助者进行诊断总是第一要务。我在多年的催眠生涯中没有出现因催眠的严重不良反应而造成恶果，应该说与始终不懈地坚持这一信条有密切关系。

的确，在催眠治疗或放松训练中出现轻微的不适是难免的，也是正常的。如催眠后头晕、头痛、恶心、精神恍惚、四肢酸软、浑身出汗、发冷等时有出现。对此，催眠师不必大惊小怪，在放松状态下对于这些被试加以暗示会立刻好转。还有的被试在催眠过程中或催眠后出现恐惧，这多是由于被试过于紧张或担心造成的，只要在下次治疗过程中消除该因素即可避免这些症状再次出现。如有的被试座位离门口太近、坐在被试团体的外围（也有坐在团体中心恐惧的）、室外的噪音过大、突然出现干扰、唯恐自己不能进入状态、所选的催眠时间不合适（有人饭后或晚睡前易出现不适感）等。如因外界声音或不能预测、无法控制的动静影响了被试，可采取屏蔽技术或无干扰暗示，也可借机采取深化技术。

笔者在团体放松训练中曾数次遇到过被试出现不良反应，这些不良反应都出现在放松训练五六次之后，表现为持续的恐惧不安（夜晚尤甚），警觉增强，感觉阈值下降（在这期间的日常生活中，对视、听、触、嗅觉过敏），还有的出现一过性的幻觉（听、视幻觉偏多）、关系妄想等。从少量的病例发现这些人在开始进行放松训练前，其焦虑程度较高，做事认真，刻苦执着。他们虽然在放松过程中竭尽全力配合，但实难真正放松下来。在整个过程中不断和自己较劲，名曰放松，实际上反倒增加了他们的紧张程度。对待这些人只要告诉他们在放松过程中本着"不追、不抓、不捉"，"一切顺其自然，能松则松，松不下来也不必强求的态度"，多数人经过现场调整后好转，少数人不能好转的可让其停止两到三次的放松训练，基本上都能恢复常态，个别情况需要借助催眠偏差调整技术来处理。

催眠偏差调整技术有：注入技术、排出技术和稳定技术。

1. 注入技术

通过给被试注入能量、热量、信心、勇气、胆量、清凉、清水、思想等来消除催眠偏差。请看下列案例：

（1）以被试催眠后感到身冷、发抖为例，要求被试放松闭眼，催眠师手心抚在被试头顶，暗示"有一股暖流从头传入，传遍全身，你会感到全身上下十分温暖，越来越温暖"。让被试体验一两分钟后再暗示"当我的手离开你的头部时，一切都恢复正常。""好，正常！"迅速离开，并令其睁开眼睛。

（2）如果被试催眠后感到周身无力，可用点穴的方法注入能量，可选择关元穴（见图7-1）。要求被试放松闭眼平躺，催眠师用食指点在关元穴暗示，并同时用力"我现在点你的关元穴，你会感觉到有一股能量从这里进入腹腔。"再适度用力"你体会一下,这股能量在体内扩散,传遍全身。你感到全身上下充满力量。"然后,再按催眠唤醒程序慢慢唤醒。

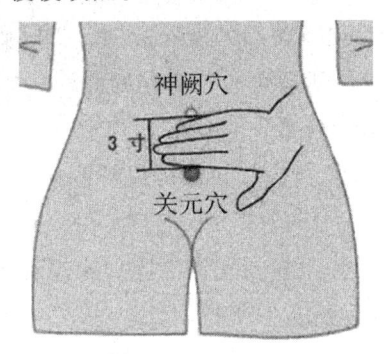

图 7-1 关元穴

2. 排出技术

通过给被试排出焦虑、恐惧、烦恼、病气、燥热、寒冷等来消除催眠偏差。请看下列案例:

(1) 以被试催眠后感到恐惧为例,要求被试放松闭眼,催眠师食指点被试百会穴(见图 7-2),暗示"有一股暖流从你的百会穴传入,这股暖流从头部传入,向下慢慢传遍全身,驱赶你的恐惧,你的恐惧会逐渐向下走,慢慢从脚趾排出。"让被试体验一两分钟后再暗示"你会感到全身上下十分温暖,随着温暖的感觉越来越多,恐惧越来越少"。

"当我的手离开你的头部时,一切都恢复正常。""好,正常!"迅速离开。"可以睁开眼睛。"

(2) 如果被试焦虑程度较高,可点四聪穴(见图 7-2):"现在我点你的四聪穴,点四聪穴之后,你体内的焦虑会随着排出。""排出!""排出!""排净!"排三次以后,让被试放松休息片刻,然后按解除催眠的步骤操作。

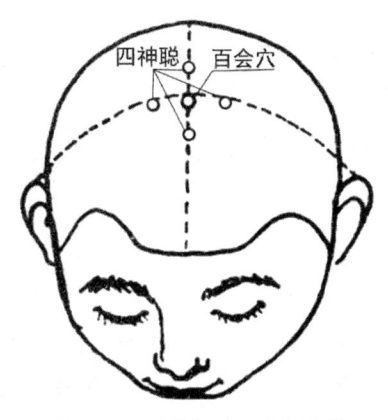

图 7-2 百会穴、四神聪

3. 稳定技术

通过采用使被试安静、平衡的手段使其平静下来，以消除催眠偏差。

方法：如果被试催眠后出现强烈的情绪反应，催眠师要先陪伴被试。催眠师可用手抚被试的头、肩、背、手等部位，等稍安静些再加以暗示："平静下来，情绪稳定，宣泄后你感到体内很舒适"，稍停顿："好，深深地吐一口气。体会一下，你的心情好多了，越来越平静……"，"你可以静静地休息一会儿……"。然后按解除催眠的步骤操作。

消除催眠偏差有三种时间选择：立即消除；在现场再做一次催眠；下次催眠或治疗时再消除。

（1）立即解决催眠偏差的方法最好，因为被试当时出现的状态需要保护、帮助、安慰，这时被试对催眠师的指令反应也最敏感。同时，催眠师还可以借力给力，对被试的问题进行深入的诊断和治疗。如果现场条件允许，还可以让被试适度宣泄。

（2）如果采用在现场再做一次催眠的方法消除催眠偏差，催眠师特别要注意防止被试在放松时留下阴影，可在放松过程中加入清除不良反应的指令。

（3）如果不得已，催眠师可选择在下次催眠或治疗时再消除催眠偏差。那么，在下一次治疗时，治疗的时间不但应该延长，还要清除留存在被试潜意识的内容。

有时被试出现的不适应是深层心理问题或生理问题的反应。特别是某些边缘性精神病症问题，催眠可使症状表现得更明确，便于确认及早进行有针对性的治疗，在这种情况下出现的"问题"不是催眠偏差，是催眠师想要的结果（如隐匿型抑郁、边缘型精神病等）。

应该说明的是，有人因练习自我催眠发生了问题，这类问题不属于催眠偏差范畴。练自我催眠之前，必须做过催眠被试并经过催眠师指导，或者学过催眠技术并掌握到一定水平才可以，否则可能发生多种问题。如果问题已经发生，应该寻求治疗。

二、假性催眠偏差

假性催眠偏差是指被试经过催眠出现不良反应或负作用在时间上与催眠有联系，但其原因却在催眠之外。假性催眠偏差包括主动自觉的假性催眠偏差和被动不自觉的假性催眠偏差。

1. 主动自觉的假性催眠偏差

一名大一男生，作为被试，在课堂上现场演示催眠现象，该生催眠易感性很好，进入状态较快，很深。经过催眠展示后，按通常的方式解除催眠状态。解除后他突然趴在桌子上不起，不管采用任何唤醒技术均不回应。当时催眠师双手大拇指点在他的肾俞穴用力下压,他"噢"的一声跳起来说:"我没事!"催眠师说:"我知道你没事,但必须躺下再来一次唤醒的过程,否则过一会你会难受。"于是,让其他同学把他平放在地上,按要求重演唤醒步骤。只是在这次增加了几个较为敏感的穴位,在操作过程中,边用力点穴边暗示:"如果这次效果不好,下次加倍点穴。"结果顺利唤醒,无任何催眠偏差迹象出现。

事后了解男生的个性,开朗、活泼、与人相处较好,有几分聪明,倚仗聪颖的天资常常在生活中喜欢恶搞。此次催眠,他虽无恶意,但是活泼的性格和几分顽皮的可爱制造一场催眠偏差的假象。其实,刚刚唤醒时他很正常地醒来,醒后顽性一动便生出"事端"。催眠师亦顺水推舟,以"恶"制"恶"。这对于满足他的"表演"欲望和震场起到戏剧性作用。这一切都是他主动搞起的,因此叫作:"主动自觉的假性催眠偏差",实际上根本没有产生任何偏差。

处理这类问题,催眠师要镇定自若,不能乱方寸,要有应付手段,并逐步稳妥实施,引导得当可产生剧场效果。

2. 被动不自觉的假性催眠偏差

一名11岁男孩,小学五年级。家长反映,每到考试前发烧医治无效,进行催眠治疗后好转。当催眠师告诉他以后不会再犯病时,他突然大哭大闹,家长以为出了什么不得了的事,吓得不知所措,可催眠师却自有想法。

催眠师告诉家长,作为催眠治疗的结束并不意味着心理咨询的结束。孩子之所以哭闹,不是催眠术用之不当,一定另有原因。经了解,在三年级以前孩子很乖,学习成绩较好(考试成绩),从未出现过高烧医治无效的问题。三年级后,有一次考试不理想,回家后遭到训斥。以后每次考试都害怕,越害怕越考不好,家长的责罚也就变本加厉,后来由训斥升级为打骂、罚抄等。孩子越来越害怕考试。有一次考试前偶遇天气突变,孩子着凉感冒发烧。本来担心孩子考试成绩的父母,这下可慌了手脚,给孩子看病买药,做好吃的,陪孩子玩。平时只看考试结果无暇顾及孩子的父母一反常态,对孩子备加呵护,孩子终于得到了久违的满足。不几天,孩子病情转好,生活学习一切正常。哪里知道,孩子下次考试前又发烧了,父母以为又感冒了,精心照顾,孩子再次好转。接连几次,如出一辙。每次都耽误考试,而且考试期间医治无效,考试过后不治自愈。这种"怪病"生理医生束手无策,父母为此发愁。可孩子却得到了解脱——避免挨打,还有好吃的。对孩子而言,"发烧"成为他的保护伞,现在催眠师将孩子的这一王牌夺走了,他自然会哭闹不停。

孩子的哭闹行为不是催眠导致的偏差。在外行人看来,催眠治疗与孩子哭闹有前后联系,似乎是催眠引起的偏差。其实不然,哭闹与催眠治疗固然有关,但不是催眠偏差,故称之为假性偏差。催眠治好了"发烧",但引出了问题,这个问题也是需要解决的。但孩子自己意识不到是什么问题，更不知道如何表达，故以哭闹的形式引起咨询师和家长的注意，这一切都是不自觉的。因此，这类偏差应该叫作被动不自觉的假性催眠偏差。

解决这类偏差的方式方法是继续进行心理咨询，处理家庭关系，改变教育理念。从精神分析的角度看，本例被动不自觉的假性偏差原理来自于机能性的行为失调。偶尔发烧给孩子带来好处，使他"学会了"使用这一工具，用发烧来达到自己的"目的"。当催眠治疗后，孩子手中的王牌失去了，自然会表现出抗议、不满，即哭闹。父母只有改变教育方法，改善亲子关系，孩子的问题才能彻底得到解决。这一案例也说明，作为催眠师，不但要有精湛的催眠技术，同时还要掌握深厚的心理咨询和心理治疗理论，才能使催眠治疗发挥出应有的作用。

魏心个人体会

前期铺垫工作要舍得花时间，这是催眠成功的基础。催眠的程序依目的不同而不同，设计和操作都要仔细，细节决定成功的说法在这里是至理名言。催眠偏差是一个新概念，既要学会预防，也要学会解除。有责任心的催眠师，应该力图每次都使被试万无一失。

第八章　催眠的临床应用与干预案例

❖ 本章导读

● 对求助者的诊断是第一要务。催眠师一定要搞清你的工作对象是谁，不属于你的工作范围千万不要僭越，这既是对来访者（患者）负责，也是自我保护。

● 运用催眠技术进行诊断和治疗需要深厚的心理学理论、精神病学知识和基本的医学常识。

● 中国本土化催眠更需要基本的中医理论，特别是经络穴位知识。

● 本章中几个病种对于现代医学而言是难题，用中国本土化催眠理论和技术治疗具有独到之处。

第一节　催眠的临床应用

一、催眠治疗神经症

按照《中国精神疾病分类方案与诊断标准》（CCMD-2），神经症的常见类型有神经衰弱、焦虑性神经症、恐怖性神经症、强迫性神经症、抑郁性神经症、疑病性神经症、癔症等。但在2001年4月出版的第三版《中国精神疾病分类方案与诊断标准》（CCMD-3）中，将抑郁性神经症、癔症从神经症中分出并另外分类。其中，抑郁性神经症改名为"恶劣心境"，与抑郁发作、躁狂发作、双相障碍、环性心境障碍一同归为"心境障碍"一类，而癔症则成为一个单独分类，分为癔症躯体性障碍和癔症精神性障碍两种（旧称"转换障碍"和"解离障碍"）。另外，疑病症降级为一个亚型，与躯体化障碍、躯体形式自主神经紊乱、躯体形式疼痛障碍一同归入躯体形式障碍列于神经症分类中。因此，目前神经症的分类主要有：神经衰弱、焦虑症、恐怖症、强迫症、躯体形式障碍、其他或待分类的神经症。

我国大陆心理咨询师的考试教材还把抑郁性神经症列入神经症范畴（2011年新版教材）。

神经官能症的临床表现可以分为神经系统本身的和躯体性的两类，但以神经系统的症状为主。

1.神经系统常见症状：头晕、头痛、失眠、多梦、疲乏无力、记忆减退、情感障碍等。头痛和头晕常相伴出现，部位不清，有时间性，用脑后加重，休息后减轻。记忆减退并非是器质性改变，主要遗忘的是日常琐事，对自身的疾病和对自己刻骨铭心的事却不会忘记。患者由于对疾病认识不足，过分关注自身，导致情绪不稳，焦虑不安；当久病不愈时，更是猜疑、恐惧、悲观失望，容易激动，这是神经官能症患者常有的表现。

2.躯体症状经常表现为：耳鸣、眼花、心慌、气短、消化不良、恶心呕吐、腹胀便秘、出汗、肢体震颤、遗精、阳痿、月经不调等。这些症状常相伴神经系统症状出现。如果是器质性病变造成的，则还有相应的原发病表现。以上这些症状皆可采用催眠进行治疗。

以神经症中的失眠症状为例，催眠治疗效果较好，有时有奇效。

许多失眠的人源于太紧张，身、心、大脑都不能很好地放松，甚至于越想睡着，反而越睡不着。催眠首先可以帮助患者寻找内心不能放松的真正原因，进而解决；催眠同时可以帮助我们很快放松身体与大脑，自然而然地进入睡眠状态。

有些人习惯吃安眠药来帮助入睡，但是，药物并不能帮助人放松心理，所以并不能让人睡得很熟很沉，往往睡了很久，第二天醒来还是有劳累感，再加上药物成瘾的机制，使得药物剂量越来越大，副作用会越来越明显，最终损害了人的身心。而使用催眠来帮助睡眠，既无副作用，效果又好，还不会上瘾。

催眠治疗神经症从以下几个方面入手：

（1）配合其他心理治疗手段，进行放松或一般的治疗；

（2）针对神经症患者的症状，通过催眠消除生理和心理症状、减轻主观痛苦感；

（3）通过催眠技术寻找神经症的病因，进行病因治疗；

（4）通过催眠对潜意识进行修改，解决人格成长中的障碍。

二、催眠治疗心身疾病

所谓心身疾病，就是由心理因素引起的生理疾病。患有心身疾病的人，长年累月用药，但病情不能彻底治愈，甚至时好时坏、日趋加重。张伯源教授认为，心身疾病的范围包括以下病种：

（1）原发性高血压：最终可能导致心脏、肾脏或脑血管损害。

（2）偏头痛：剧烈的一侧或双侧乃至整个头部疼痛，可伴有恶心呕吐。

（3）心绞痛（冠心病）：由于冠状动脉血管暂时不能充分地供应心肌以氧的血液，引起突然的胸部剧烈疼痛。

（4）心动过速：心率骤然地加快且无节律（每分钟100次以上）。

（5）消化性溃疡：在十二指肠或胃壁上产生溃疡病灶，严重时造成出血。

（6）溃疡性结肠炎：结肠或大肠上出现炎症，造成腹泻、便秘、疼痛，严重时造成出血，贫血。

（7）神经性厌食症：进食不足，消瘦，严重时可导致死亡。

（8）排尿障碍：遗尿、尿频、尿痛或尿失禁。

（9）阳萎：男性阴茎不能勃起或勃起时间过短。

（10）阴冷：女性缺乏性欲或不能达到性乐高潮。

（11）月经失调痛经：月经来潮的周期紊乱或失去规律性，以及行经时疼痛。

（12）甲状腺机能障碍：甲状腺激素分泌过多（即甲亢），引起易激动、烦躁、消瘦、眼球外突等症状；甲状腺激素分泌不足（即甲减低）则引起呆滞、肥胖和疲乏无力等。

（13）糖尿病：糖代谢障碍，血糖和尿糖含量均增高，引起过分口渴、虚弱无力和体重减轻等症状。

（14）支气管哮喘：发作性呼吸过深和喘息，严重时造成眩晕和昏厥。

（15）慢性呃逆：横隔肌痉挛发作，可造成呕吐或失眠和疲惫。

（16）荨麻疹：发红、发痒、隆起的和条状的皮肤病变，通常成批地出现。

（17）斑秃（俗称鬼剃头）：头发部分地（一撮一撮地）或全部地脱落，通常是突然地发生。

（18）神经性皮炎：身体某些部位的皮肤发生炎症，出现发红、发痒的斑快。

（19）周身疼痛症：背、腰、肩、颈、四肢及头部肌肉的紧张和疼痛。

（20）类风湿性关节炎：关节疼痛和肿胀。

治疗心身病需要心理治疗、医学治疗、催眠治疗等多种角度配合治疗。

催眠治疗心身病，可以在深度不同的催眠状态下进行治疗：

1. 在深度催眠状态下治疗

可以消除病因，或改变当时的状态，或直接改变状态（症状）。

2. 在浅度催眠状态下治疗

可以进行积极暗示，改变状态。

病因不明的疾病，不能在意识领域探讨的问题，深度催眠的治疗效果较好。在意识中存在的固结，运用浅度催眠在意识与潜意识的交界处进行认知探讨的治疗效果更好。

第二节　失眠治疗

根据世界卫生组织统计，全球睡眠障碍率达27%。而据中国睡眠研究会2016年公布的睡眠调查结果显示，中国成年人失眠发生率高达38.2%，超过3亿中国人有睡眠障碍，且这个数据仍在逐年攀升中。《2017中国人睡眠质量白皮书》中指出，在年龄18—25岁的人中，有54.7%的人晚于零点睡觉。有将近24%的中国人患有失眠症，并且受影响的青少年人数正在上升，在13—35岁的人群另被发现患有失眠症的人越来越多。此外，6成以上90后觉得睡眠时间不足，6成以上青少年儿童睡眠时间不足8小时。根据中国医师协会睡眠医学专业委员会2018年发布的相关数据，90后睡眠时间平均值为7.5小时，低于健康睡眠时间，6成以上觉得睡眠时间不足。其中，31.1%的人属于"晚睡晚起"作息习惯，30.9%的被访者属于"晚睡早起"，能保持早睡早起型作息的只占17.5%。中国睡眠研究会发布的《2019中国青少年儿童睡眠指数白皮书》显示，中国6—17周岁的青少年儿童中，睡眠不足8小时的占比达到62.9%。

一、睡眠原理及功能

芝加哥大学的研究人员，在对几千名志愿者进行睡眠时的脑电波记录后，揭示了人体的睡眠周期（见图 8-1）：正常睡眠分为两个时相，慢波睡眠（slow-wave sleep，SWS）和快波睡眠（rapid eye movement，REM）。

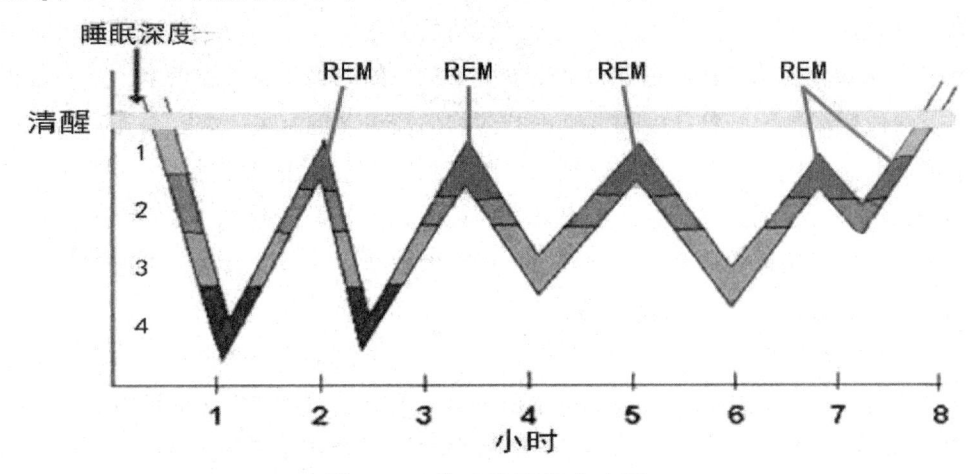

图 8-1 正常睡眠周期分布图

慢波睡眠 又称为正相睡眠或慢速动眼睡眠，由浅至深又可分为四阶段（S1—S4 阶段）。第一、二阶段称浅睡阶段，第三、四阶段称深睡阶段。在第一阶段，头脑清醒，各种感知功能良好，意识清晰，自己觉得没有入睡。但是，脑电波显示 α 波，自己感到大脑宁静、心情平静、身心舒适，这时也起到休息缓解身心疲劳的作用。进入第二阶段，各种感知不完整，断断续续，时有时无，意识开始恍惚朦胧，若即若离，这时的脑电波显示 θ 波出现，我们可以看到被试打瞌睡。第一阶段和第二阶段，都属于浅睡阶段。到第三阶段进入深睡阶段，各种感知逐渐消失，思维记忆停止工作，意识消失，δ 波出现。到第四阶段身体深度放松，腺体分泌化学物质的功能加强，无论是肌肉还是大脑神经都得到深度的休息。第三阶段和第四阶段为深度睡眠，这个阶段以副交感神经活动占优势，可引起心率减慢，血压降低，胃肠活动增加，全身肌肉松弛，没有张力和活力。脑电特征是高振幅、低频率的同步化的慢波（δ 波），此时人的意识消失，心率、呼吸、体温、血压、尿量、代谢率等全部降低。各种感觉功能减退、消失，骨骼肌反射活动和肌紧张减退，自主神经功能普遍下降，胃液分泌和发汗功能增强。特别是到了第四阶段，腺体分泌增加，未成年人生长素分泌明显增多，对恢复精神、体力及青少年的成长具有重要价值。

慢波睡眠中的深睡眠有利于促进生长和恢复体力，对肌肉和身体各个系统疲劳进行调整，对青少年生长发育有很大意义。深睡还有清除脑内代谢物的功能，特别是 β-白蛋白，这是一种毒性蛋白，对大脑有害，需要在深睡阶段通过脑脊液排出。如果年轻时经常缺少深睡，到老年可能患阿尔茨海默症。

快波睡眠 又称异相睡眠或快速动眼睡眠。此睡眠时相的脑电图特征是呈现去同步化的快波。以交感神经活动占优势，可出现眼球快速运动、部分肢体抽动、心率变快、血压升高、呼吸加快等表现。快波睡眠期间，脑内蛋白质合成增加，新的突触联系建立，这有利于幼儿神经系统的成熟、促进学习记忆活动和精力的恢复。如果在快波睡眠时相，将被试唤醒，80%的人报告说正在做梦，所以做梦也是快波睡眠的一个特征。快波睡眠与人脑的高级功能有关，处理白天百思不得其解的复杂思维问题和剪不断、理还乱的情感问题。回想中学时代大多数人有这样的经历：一个晚上冥思苦想不得其解的难题，第二天早上醒来却唾手可得；成年人也常常有这样的体会：一觉醒来，以前的纠结、烦恼烟消云散。这都是快速动眼睡眠的功劳。

根据实验研究证明，快动眼睡眠和脑干内5-羟色胺、乙酰胆碱、去甲肾上腺素递质有关。借此推断，快速动眼睡眠减少，可能增加焦虑抑郁的风险。我的临床咨询发现许多失眠患者及神经症患者发病前曾有长期睡眠不足的经历。

健康成人睡眠开始后首先进入慢波睡眠，持续80-120分钟后转入快波睡眠，持续约20—30分钟。然后又转入慢波睡眠，如此互相交替，一夜反复4—5次即完成睡眠过程。典型睡眠节律按以下程序进行：觉醒→S1→S2→S3→S4→S3→S2→第一次快波睡眠→S2→S3→S4→S3→S2→第二次快波睡眠……

慢波睡眠和快波睡眠均可以直接转入觉醒状态，但两种状态下醒后的感受差别巨大。如果在慢波睡眠的深睡阶段醒来就会认为自己一夜无梦，还有人在清醒之后，觉得没睡够，意识模糊，精神不振。如果在快波睡眠阶段醒来，绝大多数人会报告做了生动的梦，并会感觉睡得相当充足，精力充沛。换句话说，如果睡眠时间不长，醒来却仍然感觉精力充沛的人，大多是在快波睡眠的阶段中醒过来。

睡眠剥夺 睡眠是维持正常人认知功能的重要条件。睡眠剥夺，特别是慢波睡眠剥夺，可导致正常人认知功能障碍，如学习记忆障碍。研究发现，慢波睡眠异常亦可损害认知功能状态。剥夺快速动眼睡眠传导致快速动眼睡眠增加，也就是增加做梦时间。由此可以推断，一睡觉就进入梦乡的人是睡眠欠缺或有睡眠障碍。如果一个健康人压缩睡眠时间，首先被减少的是快速动眼睡眠，导致思维迟钝、心境消极。如果长期睡眠不足会形成快速动眼睡眠不足的模式。高中生或成年人一旦恢复正常睡眠时间，可能复从前的正常睡眠模式。如果在初中阶段减少睡眠时间，形成快速动眼睡眠减少的模式，即使以后有了足够的睡眠时间也不能恢复正常的模式。也就是说，如果初中生长期睡眠不足，他们就会变笨且情绪糟糕，这种状态会持续终生。

睡眠与做梦 每个人都会做梦，因此每个人都想知道，梦究竟是怎么回事？频繁做梦对人体健康有益还是有害？简单地说，人人有梦，夜夜必梦，做梦是健康的标志。每个人每天至少要做2—6个梦，这是现代心理生理学得出的科学结论。

也就是说，尽管你今早起来大脑中空空如也，以为自己一夜无梦，实际上，梦已经悄悄地来过，又悄悄地走了，没有在你的意识中留下痕迹。这是因为你在慢波睡眠中醒来。如果一个人完全不做梦，那就说明他的右脑出了问题，临床发现植物人和痴呆症患者是不做梦的。英国的研究发现，当一些病人头昏头痛，并称好久没做梦时，发现他们的大脑有轻度脑出血或长肿瘤了。此外，美国研究指出，人在做梦时，会产生一种预防疾病的物质。日本研究表明，梦多的人，体内会产生让人延年益寿的化学物质。但是，如果老是噩梦连连，那就是身体有病的信号了。比如患胆囊炎的人，可能会梦到心脏病发作；有肺病的人，常常梦见胸部受压；有心血管疾病的人，容易梦见被追赶；如果老年人梦见有人追逐，自己身体歪斜扭曲、醒后心有余悸，可能与心脑供血不足有关；青年人梦见吃饭、饮酒，可能是溃疡病的先兆；压力太大的人，常梦见自己走路困难、迈不动腿；有分离焦虑的人则会梦见找不到家门。

入睡与起床 中国老百姓都知道的健康常识——"早睡早起身体好"，这符合朴素的自然规律。人类从动物演化过来，经历了数万年，甚至上亿年的进化过程，形成了日出而作，日落而息的生物钟。进入现代社会，开始改变我们的生活方式。但是，在我们骨子里的基因仍然更适应随着自然规律的运转作息。从中国传统医学的理论看，子时的觉非常重要。那就是说，晚上11点进入深睡是最佳的时间，认为这个时候是最重要的深度睡眠的时刻。我们再看美国的研究，在睡眠的第一个周期，深度睡眠的时间最长；第二个周期，深度睡眠的时间稍短。到第三个周期，第四阶段的深度睡眠就不存在了，只能进入慢波睡眠的第三个阶段。这说明了无论是中医的理论，还是西方的脑科学的研究，得出来的结论是一致的，殊途同归，都主张晚上11点以前入睡，是健康的生活方式。至于起床，我们说早睡早起，含义是迎着太阳起床，这是我们朴素的自然生活经验。如果从科学的角度研究，美国国家睡眠协会根据自然科学、医学的研究结果，要跟着太阳起落，尽可能的在太阳升起的时候起床，或者在起床时点一盏很亮的灯，明亮的光线会让人体生物钟调整到最佳状态。每天在晨光中晒一个小时的太阳，会觉得精神奕奕，到晚上也会更容易入睡。

综上所述，我们可以知道，睡眠是一个复杂的生理过程，有着重要的生理、心理功能，不能简单地理解为只是休息。研究发现在睡觉时大脑消耗的能量比清醒时还多10%，成为至今让科学界无法解释的现实。

二、失眠的界定

失眠（sleeplessness）即睡眠失常，是指由各种原因引起的入睡困难、睡眠深度或频度过短、早醒及睡眠时间不足或质量差等。

《中国精神疾病分类方案与诊断标准》（CCMD-3）：失眠症是一种以失眠为主的睡眠质量不满意状态，其他症状均继发于失眠。

症状标准：（1）几乎以失眠为唯一的症状，包括难以入睡、睡眠不深、多梦、早醒、或醒后不易再睡，醒后不适感、疲乏，或白天困倦等。（2）具有失眠和极度关注失眠结果的优势观念。

严重标准：对睡眠数量、质量的不满引起明显的苦恼和社会功能受损。

病程标准：至少每周发生3次，并至少已1个月。

排除标准：排除躯体疾病或精神障碍导致的继发性失眠。

三、失眠的表现

失眠者常常表现出下列症状：入睡困难；不能熟睡，睡眠时间减少；早醒、醒后无法再入睡；自感整夜都在做噩梦；容易被声音或光线惊醒，醒后仍感全身疲乏；白天工作瞌睡连天，夜间入睡浮想联翩。由于患者对睡眠的强烈期待和对失眠的强烈恐惧同时并存，因此对睡眠特别重视，总试图通过自身努力而尽快入睡，而事实却每每与期待相反，越是努力越不能入睡，越不能及时入睡越是要执着努力，精神交互作用开始发酵。

四、失眠的危害

失眠的危害很多，主要有以下几个方面。

1. 失眠使人的记忆力、注意力和思维判断力下降、脑功能减退；

2. 失眠可能引起焦虑、抑郁或恐惧症状，并导致精神活动效率下降，妨碍社会功能；

3. 脑垂体分泌生长激素多在睡眠状态中进行，失眠或睡眠质量差，都会影响生长素的分泌，对儿童生长发育造成不良影响；

4. 失眠可降低人体的免疫力，从而使人体抵抗力下降，易患多种疾病，还可使性腺功能降低，引起机体过早衰老；

5. 失眠会增加心脏和脑血管负荷，诱发心脑血管疾病。

五、失眠的药物治疗

多数失眠患者解决失眠问题采用西药治疗，在短期内有一定的效果。但是，镇静药多有副作用，长期或高剂量服用还会产生耐药性、药物依赖等，同时还有代谢物产生的问题，依靠肝脏解毒、肾脏排毒，对于肝肾功能有伤害作用。一旦停用还会出现戒断反应、反跳性失眠。即使忽略以上问题，镇静药物的作用也只能使失眠患者维持慢波睡眠的第一、二阶段，减少第三、四阶段睡眠和快速动眼睡眠。因此，用药者感到似乎睡了不少时间但仍不解乏，原理就在于此。参见正常睡眠周期分布图8—1。

六、失眠的中医解释

中医对失眠的具体解读，因学派不同，切入角度不同，解释十分复杂和细微。但都不脱离两个基本原则：经络不畅和阴阳失衡。

七、失眠的催眠治疗

中国本土化催眠治疗失眠，分层次、对症状、对病因治疗，有以下几种手段：

1. 放松训练

这是最简便易行、适应面广的方法。具体操作：患者可坐、可卧，然后按放松训练要求去做（详见第二章）。

经验表明，这种方法对失眠有改善和治疗作用，更适合患者在家中进行自我治疗，长期使用效果更好。

临床发现，放松训练对于少数失眠患者具有奇效。

案例一：一天晚上，给120多名大一学生进行团体放松。放松过程中没有任何治疗指令。一周后，一女生反馈，这一周来睡得特别好。以前一直失眠，而且多方医治效果不佳。自己想来想去，没找到这期间的其他原因，只是做了放松。过后，又给她做几次催眠，使其睡眠彻底改善。

案例二：一天上午，家长带一小学三年级学生前来咨询，妈妈说孩子从小严重失眠，夜间入睡很慢，睡眠时间很少，中午从来不能入睡，不得医治。经初步诊断后进行放松训练，进入状态很好。下午4点，家长打来电话说，孩子回家吃完中午饭就睡了一个多小时。

案例三：2015年初，在海口开展催眠讲座，在现场对前来听讲的所有人员进行了体验性的放松训练。其中一名50多岁的男性听众，说自己长期失眠，特别难以入睡，睡觉时要求周围环境特别安静才行，刚刚放松时，不知不觉地睡着了，自己颇感意外，此刻觉得心情很好、精力很好。

放松训练收到奇效的比例虽然很低，但对于多数人确有效果。加之此法简单易行，便于家中自用，故此常常作为首选之法。

2. 病因治疗

顽固性失眠往往由于心理因素所致，其中大多数是心理创伤所引起，临床主要表现为入睡困难及维持睡眠困难，日间疲倦感，夜晚越想尽快入睡越难以入睡，加重心理冲突，产生紧张焦虑、情绪不稳、过度担心，自觉痛苦更导致失眠，形成恶性循环。

催眠师通过催眠进入患者的潜意识了解病因，同时通过改写技术消除病因。病因消除后，失眠的症状往往会渐渐消退。

3. 标本兼治

标本兼治是指根据中医理论和心理治疗理论，既解决病因问题，也同时解决失眠存在的症状。

将患者导入催眠状态，浅度催眠即可治疗（当然，中度或深度状态更好）："现在你体会一下，你的大脑彻底放松，两眼犯困……越来越困……心情很平静，大脑模模糊糊，外界的声音全都消失，你的内心只想平静地睡……我现在点你的印堂穴，点了印堂穴以后你就会睡得更深（点穴）。现在你睡得很好，你一边睡，你的潜意识一边接收我的信息。现在我点你的安眠穴，点安眠穴时你会感到有一股信息传入你的大脑，并且会保存在你的大脑之中，这股信息在以后的日常生活中对你的大脑起调节作用。好，现在有一股信息从安眠穴进入大脑（点穴）！平时你可以正常地生活，感觉不到这股信息的存在。但是，它会自动地调节你的神经功能，使你大脑的兴奋和抑制功能趋于平衡。白天工作学习时能够充分地兴奋，夜间睡觉时转入抑制。工作时有精力，睡觉时睡得很深。好，现在给你一段时间，在这段时间内我不发出任何指令，这股信息会在你的大脑内部进行自动调整，调整你的神经平衡。好，现在开始！（3—5分钟不发指令）。

"好，经过调整，你的大脑功能恢复正常，兴奋和抑制功能变得正常。现在，全身放松（点百会穴），可以继续睡……一边睡一边接收我的指令。现在我点你的风池穴，点了风池穴以后，你的大脑会把刚才的所有信息自动储存在潜意识之中，在以后的日常生活中，自动调节大脑神经，使你的大脑功能越来越健康。记住我的指令（同时点风池穴）！好，现在你可以深深地睡，过一会儿儿我会把你轻轻地叫醒……"

接下来按正常唤醒程序操作。

根据中医的理论，认为失眠有虚证和实证。虚则补之，实则泻之。具体分析，有以下几种：

（1）心火失眠

在前面催眠程序的基础上，加入点穴：神门、内关（见图8—2）。"现在点你的内关穴，点内关时你会感觉到心胞里的火气顺着内关穴排出（点内关）。我现在再点你的神门穴，点神门穴的同时，你会感到有一股清凉液体从神门进入你的胸腔，使你的内心感到非常清凉透彻（点神门）。现在你体会一下，你的内心火气消除被清凉滋润，感到内心安祥平静，好想深深地睡一觉……"

（2）肝热失眠

导入催眠状态后，加入点穴：太冲、行间（见图8—3）。这两个穴位属同一经，距离很近，作用基本相同，但二者相配可以相得益彰，起到加强泄火清热作用。

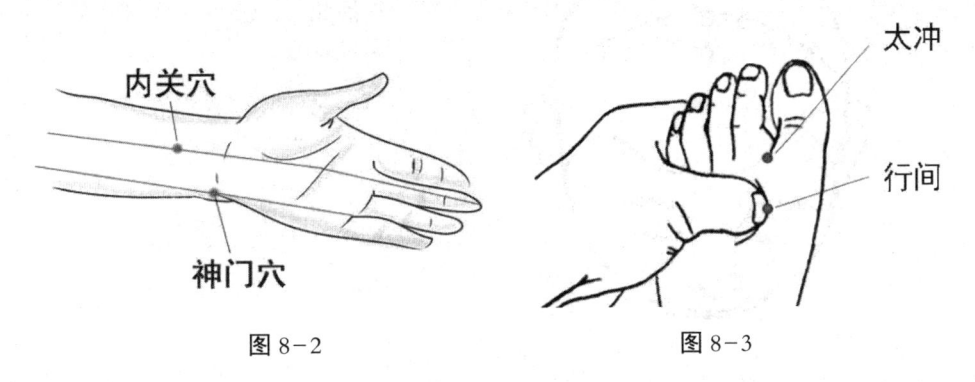

图8-2

图8-3

"现在我点你的太冲穴，点太冲穴之后你会感到腹腔内有一股热气从太冲穴排出，腹腔肉感到舒适（点太冲）。现在再点你的行间穴，你会感到整个腹腔被一股清凉充满，腹内凉爽，手心脚心变得凉爽透亮，怒气消除，情绪平静，整个身体从内到外都很平静、清爽、舒适（点行间）。"

（3）脾虚失眠

脾虚者加足三里、三阴交（见图8-4），特别对于脾虚胃寒者效果尤佳。

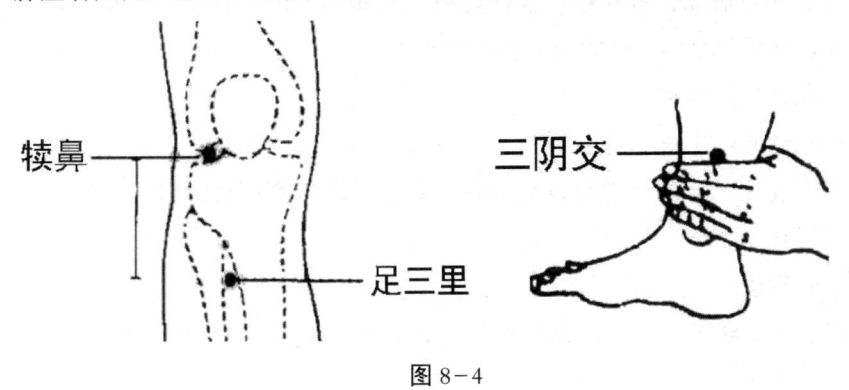

图8-4

"现在我点你的足三里穴（点穴），点穴后你会感觉到有一股暖流进入你的胃部，使你的胃变得暖暖的，慢慢地，这股暖流扩散到整个腹部，扩散到四肢，双手双脚都感到暖暖的，浑身上下都很舒适，都很放松，全身放松很想暖暖地睡一会儿……再点你的三阴交（点穴），你感到刚刚的热流加强了，并且持续下去。在以后的日常生活中，你都会体会到胃部及全身的温暖，晚上睡觉时你会在温暖中入睡，会睡得很香。"

（4）气虚失眠

气虚者加点百会、关元（见图8—5）。这是壮阳补气穴位，气虚失眠者，壮阳补气后，失眠会自然缓解。

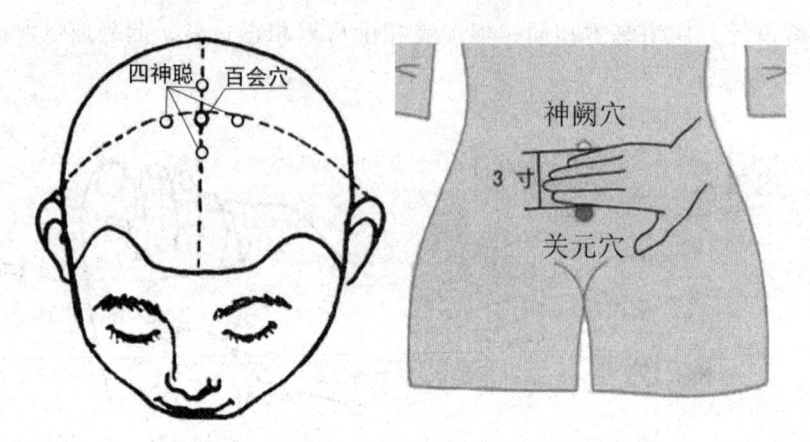

图 8-5

"现在点你的百会穴（点百会穴），点穴时你配合想象，有一股能量从你的头顶进入，通过脖颈传入体内，传遍全身的每一个角落。现在你感到全身上下充满能量，体内很充盈。现在你可以全身放松，体会能量的传送……

"现在点你的关元穴（点穴），你会感到有能量从关元穴进入你的小腹，感觉腹内底气十足。这些能量和底气会在日常生活中伴随你，白天精力充沛，晚上安然入睡。"

除以上几种情况，另外还有各种类型：头痛加太阳，胃痛加中脘，肾虚加肾俞，湿气重加阴陵泉等，根据患者体征状况选择穴位。

4. 失眠的自我治疗

以失眠的入睡困难、易醒为例，可以用不同的方法进行自我治疗。入睡困难者可试用专注法、自然法进行自我治疗；易醒，醒后难以再睡者，可用自我暗示的方法进行自我治疗。

（1）专注法

失眠者的思绪千头万绪，如果能沿一个主题想下去也会入睡，不妨一试。

（2）自然法

睡不着，顺其自然，有睡意则睡，无睡意则不睡，一切顺其自然。很多失眠者做不到这一点，如果真做到了，也就在不知不觉中睡着了。有一位患者，20多年来，睡前必服安眠药，否则就会通宵不寐。一次出差，到达目的地后已是晚上，吃完饭即准备睡觉，发现未带每天必服的安眠药！出去买？一个小镇，药店早已打烊。无可奈何，痛苦万分，倚在床上内心盘算，只能彻夜"值班"了。没料想，当他睁开眼睛时已经阳光明媚、朝霞灿烂。这一夜睡得很深、很沉，是20多年来最舒服的一次。从此，他悟出了道理，和安眠药说"再见"了。

其实，很多事情可以通过主观努力去解决，但是，唯独睡眠不行，越努力越睡不着。静下来想一下就会发现，这个案例使我们悟出一个道理：通常情况下，心里有事睡不着是正常的，心里没事睡不着是因为太"想睡"，心里没事睡着了是没有"想睡"。

（3）自我暗示法

易醒，醒后难以再睡者，可进行下列自我暗示：

①我的大脑很模糊，会在模模糊糊中再次入睡；

②夜间中途醒来也没事，任何原因使我醒来，都会很快再次入睡。躺在床上，大脑在迷迷糊糊中睡去。

5. 综合治疗

从生理和心理的角度看失眠可分三种情况。

（1）躯体症状性失眠

疼痛、骚痒、酸楚、饱胀、饥渴、憋闷、晕、呕、堵等症状，都会影响正常睡眠。

（2）体内化学物质失衡性失眠

内分泌失调、用药不当、饮食、停药、维生素B缺乏等，也会导致失眠。

（3）情绪性失眠

情绪激动引起的失眠有过分高兴、兴奋、生气、愤怒、郁闷、烦恼、紧张、恐惧、焦虑、疑惑、纠结、惆怅等。

催眠治疗主要针对情绪性失眠，虽然前两个方面的失眠使用催眠也可调节，但是，使用药物或改变生活方式会来得更便捷。

由于情绪导致大脑的兴奋抑制不平衡而引发的失眠，用催眠方法治疗有时会产生奇效。其实道理很简单，通过催眠使大脑神经实现从兴奋到抑制的转换，兴奋与抑制自然逐渐趋于平衡，失眠问题便解决了。操作方法很简单，将患者导入催眠状态即可，做几次后，多数人都能达到神经兴奋与抑制的平衡状态。催眠师也可教患者进行自我催眠。对于因思虑过重而难以入睡者，可先调整其认知，使之形成对睡眠的正确态度与观念，然后再进行催眠治疗效果更好。

另外，失眠恐惧者也可自行使用生理睡眠法。

【专栏】

生理睡眠法

失眠者恐惧失眠会加重失眠。如果闭目静卧调整呼吸，即可逐渐达到心情平静的自然状态，这就是"生理睡眠"，也就是睡眠的第一期，从脑电看呈 α 波。这是许多失眠者的认识误区，以为这样没有睡觉，其实不然，这样下去也能收到睡眠的效果，只是深度不够而已。多数人如果接受这种睡眠，往往会在不知不觉中进入更深的睡眠。

总之，根据不同的失眠者采用药物、针灸、理疗、体疗、食疗、心理治疗、催眠疗法等适合的治疗方法，或者采用综合方法会收到更好的效果。

对于有心理创伤或早年养护缺失者可进行潜意识改写。

第三节　治疗偏头痛

催眠治疗偏头痛的第一要务是做出准确的诊断。关于偏头痛的诊断虽然在神经内科中也有论述，但是，那种诊断描述不是从催眠的思路提出的，对催眠治疗的指导意义稍显不足。尤其，未能和中医理论结合，对于催眠状态下的点穴治疗没有任何帮助。因此，采用中西结合并配合催眠思路对偏头痛进行全面诊断与排除是必需的。

一、偏头痛的临床症状

1. 偏头痛及其相关因素

偏头痛是一类比紧张性头痛更为强烈的慢性头痛，主要表现为由于血管舒缩运动不稳定而引起的一侧跳动性、复发性头痛。常见的是单侧前额，一侧太阳穴或眼眶周围，也可累及双侧。发作期间，可伴有恶心、呕吐、眩晕、出汗、视力模糊、视物闪烁、视野狭窄、管状视野、偏盲等，对光和声响极端过敏及情绪变化等。

偏头痛病人有明显的家族史，约50%的病人报告其父母有偏头疼病史，可能与遗传因素有一定关系。奶酪、巧克力和啤酒等可引起发病，酪胺能引起血管收缩内分泌释放神经激汰激发了偏头痛。

偏头痛可能是多因素导致的临床综合征。血管的异常收缩和舒张导致偏头痛，是生理活动的重要过程。心理应激、情绪紧张是重要的诱发因素，如考试失败、工作中的挫折、事业上的不成功、人际关系紧张、家庭不和睦等，由此产生的焦虑和怨恨，或长时期脑力劳动后的疲劳等，都能引起偏头痛发作。

偏头痛患者的常见人格特征是敏感多疑，过分的自我要求，经常感到不满足；嫉妒、压抑、谨小慎微、固执己见、尽善尽美、不安全感。心理动力学认为，偏头痛是公开表达自己的愤怒、不满和怨恨等情感的一种转换方式。

2. 偏头痛的前驱症状

有60%的偏头痛患者在头痛开始前数小时至数天出现前驱症状。前驱症状并非先兆，不论是有先兆偏头痛，还是无先兆偏头痛均可出现前驱症状，可表现为精神、心理改变，如精神抑郁、疲乏无力、懒散、昏昏欲睡，也可出现情绪激动、易激惹、焦虑、心烦或欣快感等。尚可表现为自主神经症状，如面色苍白、发冷、厌食或明显的饥饿感、口渴、尿少、尿频、排尿费力、打哈欠、颈项发硬、恶心、肠蠕动增加、腹痛、腹泻、心慌、气短、心率加快、对气味过度敏感等。不同患者前驱症状具有很大的差异，但每例患者每次发作的前驱症状具有相对稳定性。这些前驱症状可在前驱期出现，也可于头痛发作中、甚至持续到头痛发作后成为后续症状。

3. 偏头痛的先兆症状

约有20%的偏头痛患者出现先兆症状。大多数病例先兆持续5—20分钟。也有的患者于头痛期间出现先兆性症状。有伴迁延性先兆的偏头痛，其先兆不仅始于头痛之前，尚可持续到头痛后数小时至7天。

先兆可为视觉性的、运动性的、感觉性的，也可表现为脑干或小脑性功能障碍。最常见的先兆为视觉性先兆，约占先兆的90%，如闪电、暗点、单眼黑矇、双眼黑矇、视物变形、视野外空白等。闪光可为锯齿样、城垛样或闪电样闪光。视网膜动脉型偏头痛患者眼底可见视网膜水肿，偶可见樱红色黄斑。仅次于视觉现象的常见先兆为麻痹。典型的是影响一侧手和面部，也可出现偏瘫。如果优势半球受累，可出现失语。数十分钟后出现对侧或同侧头痛，多在儿童期发病。这称为偏瘫型偏头痛。偏瘫型偏头痛患者的局灶性体征可持续7天以上，甚至在影像学上发现脑梗死。偏头痛伴迁延性先兆和偏头痛性偏瘫以前曾被划入"复杂性偏头痛"。偏头痛反复发作后出现眼球运动障碍称为眼肌麻痹型偏头痛，多为动眼神经麻痹所致，其次为滑车神经和展神经麻痹。多有无先兆偏头痛病史，反复发作者麻痹可经久不愈。如果先兆涉及脑干或小脑，则这种状况被称为基底型偏头痛，又称基底动脉型偏头痛。可出现头昏、眩晕、耳鸣、听力障碍、共济失调、复视，视觉症状包括闪光、暗点、黑矇、视野缺损、视物变形。双侧损害可出现意识抑制，后者尤见于儿童。尚可出现感觉迟钝，偏侧感觉障碍等。

4. 偏头痛发作时的症状

头痛可出现于围绕头或颈部的任何部位，可位颞侧、额部、眶部。多为单侧痛，也可为双侧痛，甚至发展为全头痛，其中单侧痛者约占2/3。头痛性质往往为拨动性疼痛，但也有的患者描述为钻痛。疼痛程度往往为中、重度痛，甚至难以忍受。往往是晨起后发病，逐渐发展，达高峰后逐渐缓解。也有的患者于下午或晚上起病。成人头痛大多历时4小时到3天，而儿童头痛多历时2小时到2天。尚有持续时间更长者，可持续数周，此类较为少见。

头痛期间不少患者伴随出现恶心、呕吐、视物不清、视物闪烁、视野狭窄、畏光、畏声等。恶心为最常见伴随症状，达一半以上，且常为中、重度恶心。恶心可先于头痛发作，也可于头痛发作中或发作后出现。近一半的患者出现呕吐，有些患者的经验是呕吐后头痛明显缓解。其他自主神经功能障碍也可出现，如尿频、排尿障碍、鼻塞、心慌、高血压、低血压、甚至可出现心律失常。发作累及脑干或小脑者可出现眩晕、共济失调、复视、听力下降、耳鸣、意识障碍。

5. 偏头痛的后续症状

为数不少的患者于头痛缓解后出现一系列后续症状。表现怠倦、困钝、昏昏欲睡。有的感到精疲力竭、饥饿感或厌食、多尿、头皮压痛、肌肉酸痛，还有的但遇咳嗽或打喷嚏时感到脑内血管阵痛，也可出现精神、心理改变，如烦躁、易怒、心境高涨或情绪低落、少语、少动等。

6. 儿童偏头痛

儿童偏头痛是儿童期头痛的常见类型。儿童偏头痛的临床表现与成人偏头痛在一些方面有所不同。性别方面，发生于青春期以前的偏头痛，男女患者比例大致相等，而成人期偏头痛，女性比例大大增加，约为男性的3倍。

儿童偏头痛的诱发及加重因素有很多与成人偏头痛一致，如劳累和情绪紧张可诱发或加重头痛，为数不少的儿童可因运动而诱发头痛，儿童偏头痛患者可有睡眠障碍。与成人相比，儿童上呼吸道感染及其他发热性疾病更易使头痛加重。

在症状方面，儿童偏头痛与成人偏头痛亦有区别，儿童偏头痛持续时间常较成人短。

二、偏头痛等位症

偏头痛先兆可不伴头痛出现，称为偏头痛等位症。多见于儿童偏头痛。有时见于中年以后，先兆可为偏头痛发作的主要临床表现而头痛很轻或无头痛，也可与头痛发作交替出现，可表现为闪光、暗点、腹痛、腹泻、恶心、呕吐、复发性眩晕、偏瘫、偏身麻木及精神心理改变。如儿童良性发作性眩晕、前庭性美尼尔病、成人良性复发性眩晕。有跟踪研究显示，为数不少的以往诊断为美尼尔综合征的患者，其症状大多数与偏头痛有关。有报道描述了一组成人良性复发性眩晕患者，年龄在7—55岁，晨起发病症状表现为反复发作的头晕、恶心、呕吐及大汗，持续数分钟至3—4天不等。发作开始及末期表现为位置性眩晕，发作期间无听觉症状。发作间期几乎所有患者均无症状，这些患者眩晕发作与偏头痛有着几个共同的特征，包括可因酒精、睡眠不足、情绪紧张造成及加重，女性多发，常见于经期。

1. 良性发作眩晕

有些偏头痛儿童尚可仅出现反复发作性眩晕，而无头痛发作。一个平时表现完全正常的儿童可突然恐惧、大叫、面色苍白、大汗、步态蹒跚、眩晕、旋转感，并出现眼球震颤，数分钟后可完全缓解，恢复如常，称之为儿童良性发作性眩晕，属于一种偏头痛等位症。这种眩晕发作典型地始于4岁以前，可每天数次发作，其后发作次数逐渐减少，多数于7—8岁以后不再发作。

2. 腹型偏头痛等位症

与成人不同，儿童偏头痛的前驱症状常为腹痛，有时可无偏头痛发作而代之以腹痛、恶心、呕吐、腹泻，称为腹型偏头痛等位症。在偏头痛的伴随症状中，儿童偏头痛出现呕吐较成人更加常见。

三、偏头痛的治疗方法

治疗偏头痛，宜采用综合措施，以增强血管运动中枢的稳定性。药物治疗和心理治疗都有重要的作用，如消除可能触发偏头痛的心理应激因素，使用行为疗法、生物反馈训练，还可采用西药治疗、中药治疗、针灸治疗、物理治疗等手段，这些手段有的可以起到暂时缓解的作用，但治疗效果基本上都不甚理想。用中国本土化催眠技术治疗偏头痛，每周一次，连续三次基本可以治愈。经临床发现，只有少数患者，需要治后一两个月再补治一次。

催眠治疗的总体思路：导入状态后点穴按摩加暗示，其实施步骤如下。

1.讲解答疑；

2.放松适应；

3.浅度导入；

4.点穴按摩；

5.加深催眠；

6.点穴按摩；

7.解除催眠。

所选穴位包括：太冲穴、行间穴（见图8-3）、角孙穴、风池穴（见图8-6）等。角孙穴与风池穴之间有许多穴位，进行推揉会收到非常好的效果。

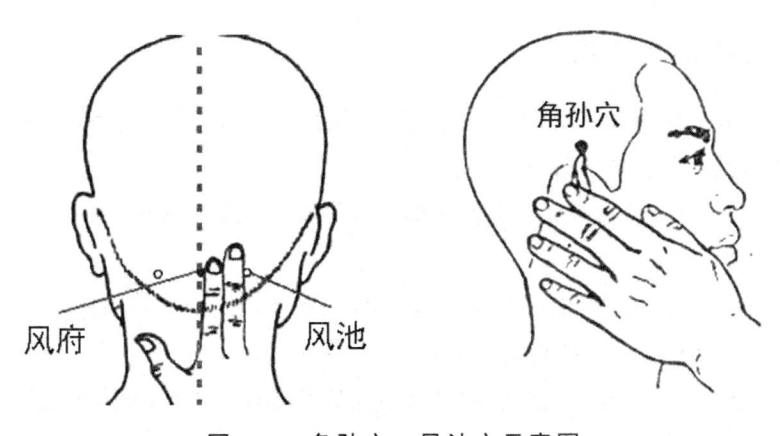

图8-6 角孙穴、风池穴示意图

第一次治疗：按催眠程序操作（见前文）。催眠师将患者导入催眠状态后，进行催眠治疗和催眠下的点穴治疗。①点揉角孙穴、风池穴，稍有力度，以能够忍受疼痛为佳，先顺时针36次，再逆时针36次。②从角孙穴向风池穴之间进行推揉36次。点穴时，暗示患者有一股清凉之气进入脑内，使大脑、脑神经以及联结脑神经的韧带和脑血管放松。这个指令会储存在潜意识中，在日常生活中自动使大脑放松。

第二次治疗：在催眠状态下点穴，重复第一次操作，在点穴时让其体验意识可以支配脑内血管和韧带进行放松，随时可以支配（这是最为重要的一步，可以重复操作）。

第三次治疗：扫清残余症状，强化治疗效果。

关于催眠治疗偏头痛的指导语，因患者的类型、症状不同，差别较大，需要催眠师依具体情况按照以上基本治疗原则、步骤自己组织。

四、有待探讨的问题

在临床工作中，会能遇到患者有时表现为紧张性头痛、有时表现为偏头痛性质的头痛。国内外也有学者认为，紧张性头痛和偏头痛并不截然分开，在临床上确实存在着重叠，故有学者提出：二者既可能有不同的病理表现，又可能是一个连续的统一体。对此，我们仍需探讨。

第四节 治疗紧张性头痛

紧张性头痛（tension headache）又称为肌收缩性头痛。一种头部的紧束、受压或钝痛感，更典型的是具有束带感。作为一过性障碍，紧张性头痛多与日常生活中的应激有关，但如持续存在，则可能是焦虑症或抑郁症的特征性症状之一。

一、排除其他头痛

要确定紧张性头痛需要排除其他头痛。从病因、病理生理和解剖结构，把头痛分为15大类（张伯源，1996）。

1. 偏头痛型血管性头痛，即偏头痛。这类头痛无论在强度、频率和持续时间方面都很严重。

2. 肌肉收缩性或情绪性头痛，即紧张性头痛或神经性（心因性）头痛，是头痛中最普遍的一种，一般持续时间较长。

3. 混合性头痛，既有肌肉收缩，又有血管性头痛，发作时血管肿胀，导致患者肌肉僵硬。

4. 鼻腔不适（鼻黏膜肿胀、化脓等）引起的头痛，只局限于头部或脸的前部。

5. 精神病源性头痛，由抑郁症、疑病妄想、转换性癔病等引起。

6. 非偏头痛型血管性头痛。

7. 牵扯性头痛，由化学物质（如一氧化碳中毒、缺氧或脑震荡等）导致血管扩张引起。

8. 颅内、外感染性头痛，颅内头痛一般由脑膜炎、动静脉炎及颅外血管及组织炎症引起。

9. 眼病引起的头痛。

10. 耳病引起的头痛。

11. 鼻和副鼻窦异常引起的头痛。

12. 牙齿结构异常引起的头痛。

13. 由于其他颅骨及颈椎结构异常而引起的头痛。

14. 颅神经炎症产生的头痛。

15. 颅神经痛性头痛，如三叉神经痛等。

当然，要对所有头痛进行分类是很困难的，因为作为一种症状，头痛产生的原因十分复杂，而且它本身可能就是一种疾病。不过，我们一般把头痛分成两大类，即器质性头痛和功能性头痛。

上述1、2、3、5类头痛一般没有器质损害的基础，应归属于功能性的头痛。其发病机制是多因素的。不仅与生理因素有关，而且往往与心理社会因素有关，那些对挫折的耐受力较差，又具有焦虑和强迫性倾向的人较容易出现功能性头痛。在临床最常见的功能性头痛是紧张性头痛和偏头痛，一般女性多于男性，男女比为1∶2。

二、紧张性头痛的临床表现

1.头痛多位于前额及枕、颈部，呈持续性钝痛，病人常诉说头部有紧箍感和重压感，不伴有恶心和呕吐。

2.头痛可于晨间醒来时或起床后不久出现，可逐渐加重或整天不变，病人常声称头痛多年来未缓解过。

紧张性头痛是由于头部与颈部肌肉持久收缩所致，而引起这种收缩的原因有三：

（1）焦虑、忧郁及伴随精神紧张的结果；

（2）其他原因的头痛或身体其他部位疼痛的一种继发症状；

（3）由头、颈、肩胛带姿势不良所引起。

紧张性头痛在临床上极为常见，以女性为多，多在其30岁前后发病，心理治疗往往能收到良好的效果。

导致紧张性头痛的原因主要有繁重的学习和工作压力造成的精神紧张、情绪异常以及睡眠严重不足等使人体的脑血管供血发生异常，引起脑血管痉挛，从而导致头痛。痛楚的范围通常是对称的，由后枕延伸到前额，头痛维持大约数小时，病发期间，头痛每日发作，患者通常不会察觉到头痛与精神紧张有关，但当经过仔细查问，不难发现患者的紧张情绪与头痛有直接关系。澳洲医学权威默塔（J. Murtagh）博士在1994年出版的相关著作中指出，除了精神因素以外，颈脊椎的功能失常也是引致紧张性头痛的主要成因。

针对紧张性头痛，可进行药物和非药物治疗。

使用药物治疗，多采用温和的非麻醉性止痛药减轻症状，比如，使用非类固醇性抗炎类药物。其他药物包括适量的肌松药和轻型的镇静药，抗抑郁药也常根据病情应用，一般以口服方式给药并且只限于短期应用，以免引起毒副作用。

此外，根据我国中医理论进行针刺及按摩治疗均有一定的疗效。近年来国内相继整理开发一些中医药物并已应用于临床其特点系根据中医学理论对头痛的认识，辨证用药，可防可治且毒副作用较少。不论单独应用中药或与西药联合治疗，药物治疗只是起暂时缓解作用，如果采用心理治疗和催眠治疗可获得良好的疗效。

中医认为，头痛的不同部位与相应的经络有关，可供选经、穴时参考，见专栏。

【专栏】

头痛部位与经络

痛在前额者，多与阳明经有关；痛在两侧者，多与少阳经有关；痛在后头部及项部者，多与太阳经有关；痛在巅顶者，多与厥阴经有关。

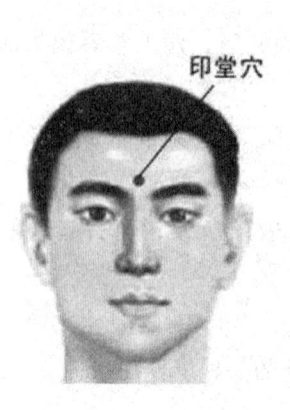

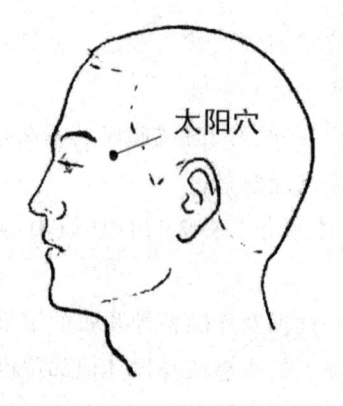

图 8-7

三、紧张性头痛的催眠治疗

（一）排除焦虑

导入催眠状态，点四神聪穴排除焦虑。

四神聪穴的位置在头顶。（见图8-5）

（二）点穴按摩

在催眠状态下点穴并揉按相关部位。

印堂、太阳（见图8-7）、角孙、风池（见图8-6）、阿氏穴等。暗示头皮肌肉韧带放松。

第五节　治疗痛经

痛经是指在经期及其前后，出现的小腹或腰部甚至痛及腰骶疼痛。每随月经周期而发，严重者可伴恶心呕吐、冷汗淋漓、手足厥冷，甚至昏厥，给工作及生活带来影响。目前临床常将其分为原发性和继发性两种，原发性痛经指经妇科临床检查未能发现生殖器官有明显异常者或病变者，故又称功能性痛经，多见于青春期、未婚及已婚未育者。此种痛经在正常分娩后疼痛多可缓解或消失。继发性痛经指生殖器官有明显病变者，如子宫内膜异位症、盆腔炎、肿瘤等病变所致。

经期或行经前后，周期性发生下腹部胀痛、冷痛、灼痛、刺痛、隐痛、坠痛、绞痛、痉挛性疼痛、撕裂性疼痛，疼痛蔓延至骶腰背部，甚至涉及大腿及足部，常伴有全身症状：乳房胀痛、肛门坠胀、胸闷烦躁、悲伤易怒、心惊失眠、头痛头晕、恶心呕吐、胃痛腹泻、倦怠乏力、面色苍白、四肢冰凉、冷汗淋漓、虚脱昏厥等症状。其发病之高、范围之广、周期之近、痛苦之大，严重影响了工作和学习，降低了生活的质量。

一、中医的分类与催眠治疗要点

（一）气滞血瘀

主证：每于经前一、二日或经期小腹胀痛、拒按，经血量少，或排出不畅，经色紫暗有块，血块排出则疼痛减轻，胸胁乳房作胀，舌质紫暗，舌边或有瘀点，脉沉弦。

分析：冲任气血郁滞，气血运行欠畅通，故经前或经期少腹胀痛、拒按，经量少或排出不畅；经血瘀滞，故色暗有块；块下瘀滞稍通，故疼痛暂减；瘀滞随经血而外泄，故经后疼痛自消。但若郁滞之因未除，则下次经期腹痛复发。舌质紫暗，脉沉弦，均为气滞血瘀之象。

催眠治疗：导入状态后，先揉、推小腹，再点按穴位。再用揉、拨的手法暗示子宫放松。

可点按的穴位：章门（见图8-7）、中极（见图8-8）、血海（见图8-9）。

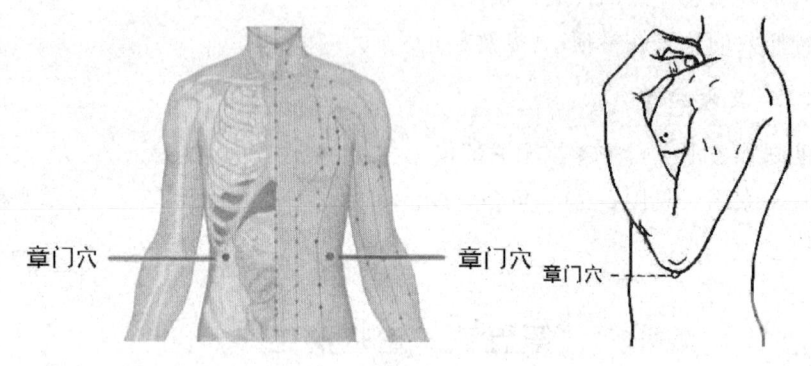

图8-7

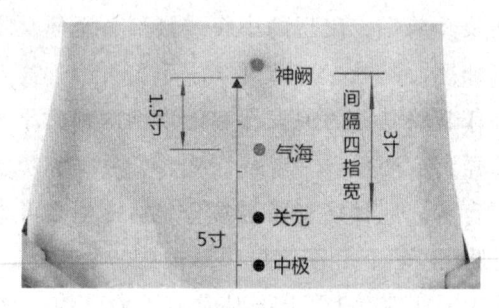

图8-8

图8-9

肝胆热者加太冲（见图8-3）。

2. 阳虚内寒

主证：经期或经后小腹冷痛、喜按，得热痛减，经量少，色暗淡，腰腿酸软，小便清长，苔白润，脉沉。

分析：肾阳虚弱，冲任、胞宫先煦，虚寒滞血，故经期或经后小腹冷痛，经少色暗淡；寒得热化，故得热痛减；非实寒凝血，故喜按。余症均为肾阳不足之象。

催眠治疗：导入状态后，先揉、推小腹，再点按穴位。再用揉、拨的手法暗示子宫放松。

可点按的穴位：关元、中极（见图8-8）、足三里（见图8-4）。

点按关元时，暗示注入热量，效果尤佳。

胃寒者加中脘（见图8-10）。

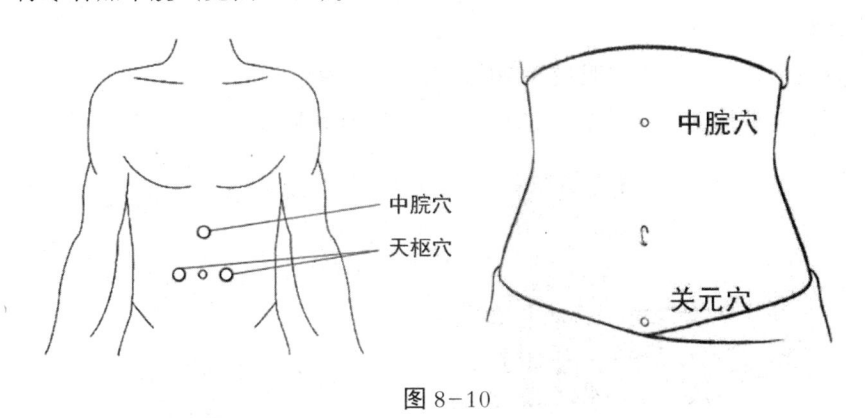

图 8-10

3. 寒湿凝滞

主证：经前或经期小腹冷痛，得热痛减，按之痛甚，经量少，色暗黑有块，恶心呕吐，畏寒，便溏，苔白腻，脉沉紧。

分析：寒湿之邪伤及下焦，客于胞中，血被寒凝，行而不畅，因而作痛，经血色暗黑而有块；寒湿中阻，阳气被遏，水湿不运，则畏寒便溏，恶心呕吐。余症均为寒湿阻滞所致。

催眠治疗：导入状态后，先揉、推小腹，再点按穴位。再用揉、拨的手法暗示子宫放松。

可点按的穴位：关元、中极（见图8-8）、阴陵泉（见图8-11）。

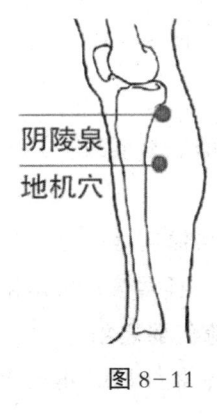

图 8-11

4. 湿热下注

主证：经前、经期少腹胀痛，经量多，色红，质稠或有块，平日带下色黄或有秽臭，舌红苔黄腻，脉弦数。

分析：外感或内蕴湿热，流注冲任，阻滞气血，经行不畅，故经来腹痛；热扰冲任，则量多色红有块；热灼津液，则经水质稠；湿热下注，伤及任带，则平日带下色黄或有秽臭。舌脉均为湿热内盛之象。

催眠治疗：导入状态后，先揉、推小腹，再点按穴位。再用揉、拨的手法暗示子宫放松。

可点按的穴位：天枢（见图8-10）、中极、太冲。

大便不爽者加支沟（见图8-12），五心烦热者加照海（见图8-13）。

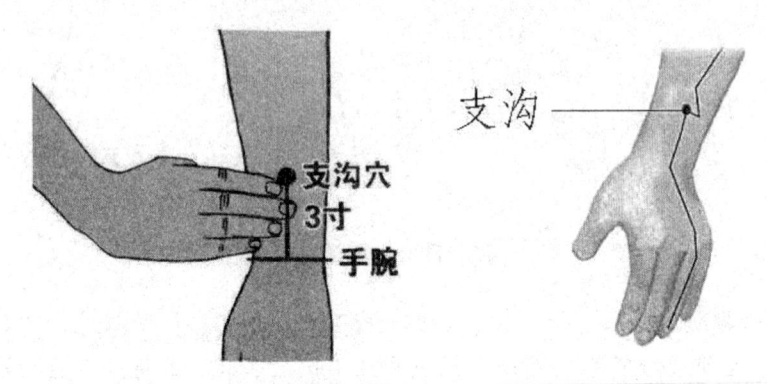

图8-12

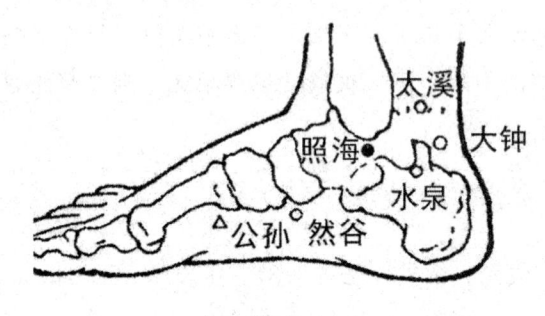

图8-13

5. 气血虚弱

主证：经期或经净后，小腹隐痛、喜揉按，月经色淡量少，质稀，伴神疲乏力，面色苍白，舌淡苔薄，脉虚细。

分析：体虚气血不足，经行后血海空虚，胞脉失养，或体虚阳气不振，运血无力，故见经期或经净后小腹隐痛，喜揉按；气虚阳气不充，血虚精血不荣，故经血色淡量少，质稀。余症亦为血虚气弱之象。

催眠治疗：导入状态后，先揉、推小腹，再点按穴位。再用揉、拨的手法暗示子宫放松。

可点按的穴位：关元、血海、三阴交、足三里。

6. 肝肾亏虚

主证，经净后小腹隐痛、腰酸，经血量少而质薄，经色暗淡，或有头晕耳鸣，小腹空坠不温，舌质淡，苔薄白，脉沉细。

分析：肝肾亏虚，冲任俱虚，精血不足，行经之后，血海更虚，胞脉失养，故经净后小腹隐痛；精亏血少，阴损及阳，经量少而色淡质薄，小腹空坠不温；肾虚精亏，清窍失养，故头晕耳鸣；腰为肾之府，肾虚则腰酸。

催眠治疗：导入状态后，先揉、推小腹，再点按穴位。再用揉、拨的手法暗示子宫放松。

可点按的穴位：关元、血海、三阴交。

应该说明的是，以上仅是中医的基本分类方式，在临床中患者表现出来的症状可能是不止一类，或兼而有之，或寒热交织，中医辨证非常复杂。我们只能依据基本原理进行综合治疗。

痛经会使阴道内表层细胞数和分泌液逐渐减少，引起阴道萎缩、干燥不适，产生痛苦的性生活。据临床统计，60%的痛经女性，婚后易出现性欲低下、性能力差、性生活后盆腔酸胀感、子宫炎等症状，这直接导致夫妻性生活不和谐。

痛经总会给女性带来许多烦恼，严重的会直接影响正常工作和生活。而且与不孕的确有着十分密切的关系。临床观察，不孕患者中约有半数以上伴有轻重程度不同的痛经。

寒冷的冬季，女性月经延后、痛经的情况比其他季节多发，且多为二三十岁女性，主要症状为痛经和月经量减少。一些女性天冷还穿短裙受寒着凉，导致子宫、下腹部血液循环不畅、子宫肌痉挛是痛经的主要原因。而此病与肾阳虚相关，肾阳虚引起宫寒，进一步引起月经后期、血滞、冲盈失调，血块不能按时排出子宫。下半身着凉会直接导致女性宫寒，而宫寒造成的淤血，会使白带增多，阴道内卫生环境下降，从而引发盆腔炎等疾病。

冬季多见于寒湿凝滞型痛经，因此在冬季寒冷的天气里，一定要注意经期保暖，保持身体暖和将加速血液循环，并松弛肌肉，尤其是痉挛及充血的盆腔部位。而只要做好下半身的保暖工作，女性就可以避免许多妇科疾病。

总之，痛经治疗可以采用催眠治疗，还可针灸、中药治疗，并注重食疗、保温。

二、高考前痛经治疗案例

女，17岁，高考前15天。

主诉：每次行经都非常疼痛，不能正常饮食，不能坚持学习，卧床两天。以往经多方医治，均未见效。按日期计算，下次行经正值高考期间。

诊断：属于气滞血瘀型，子宫虚寒、肝胆有热，并伴有焦虑。

经过催眠前交谈，建立关系，导入催眠状态（略）。大约17分钟后点穴加深：

随着身体的下沉，睡眠的深度越来越深，越来越深，再沉，沉到底。你现在睡得很沉，睡得很深，只想静静地睡，睡得很沉，睡得很舒服。浑身上下很舒服，浑身上下，从内到外很舒服。彻底地放松，放松后，感觉心情很平静，好，你睡得很好，睡得很舒服，睡得很舒服，睡得很沉，现在你只想静静地睡，只想静静地睡，好，睡得很好。

现在我点你的四聪穴（见图7—3），点了四聪穴之后，你的焦虑情绪就会从四聪穴排出，随着点你的四聪穴，你的焦虑情绪就会从四聪穴排出，排，再排，排尽！好，深深地睡，再沉，沉到底。好，你睡得很好，现在可以静静地睡，深深地睡，睡得很深，整个身体全都放松，放松得一动也不想动，一动也不能动，一动也不能动，只想静静地睡，静静地睡，只想静静地睡，好，睡得很好，睡得很舒服。现在你的大脑变得无忧无虑，整个身体变得很放松，很舒适。内脏也很放松。现在点你的印堂穴，点了印堂穴之后，你就彻底地失去意识，失去意识，失去意识。现在点你的颊车穴，点了颊车穴之后，你的面部就失去了知觉，任何刺激都不会做出反应，面部失去知觉，任何刺激都不会做出反应。好，失去意识，好，好，可以静静地睡，深深地睡。

现在想象你躺在松软的草坪上，躺在松软的草坪上，沐浴着和煦的阳光，微风吹在你身上。现在你感觉身体很温暖，很舒适。躺在草坪上，你闻到了花草的芳香，闻到了花草的芳香，听到了鸟叫蝉鸣，听到了鸟叫蝉鸣，感受到了，在草坪上躺着，在草坪上全身放松，你感觉浑身上下放松得很舒适。花草的芳香沁人心脾，感觉到浑身上下全都非常舒适。心情变得很平静，大脑变得很宁静，你可以看到湖边的垂柳，也可以看到湖面的水，静静的、平平的、清清的。可以看到湖水下的沙石，水草，湖水下的小鱼在游动，在沙石，水草间游动，有各种各样的大鱼，小鱼，还有各种颜色的鱼，非常自在地游动，它们是那么的轻松，那么的逍遥自在……

现在微风吹来，柳枝在轻轻的摆动，随着柳枝的摆动，柳枝垂到湖面上，柳枝微微地波动湖面的水，湖面的水激起一圈圈的水波，一圈圈水波，在慢慢向外扩散，向外扩散，一圈圈水波在向外扩散，越扩散越大，当水波扩散到很远的时候，它就会消失。随着水波的消失，你的睡眠深度就会进入很深的状态。水波一圈圈扩散，越扩散越远，越扩散越远，几乎慢慢的消失，越来越深，水波消失了，你的意识也消失了。意识彻底消失。好，现在整个身体全都放松，现在从上到下，从头到脚，从内到外，从内脏到四肢全都放松，整个身体都失去了知觉，失去了知觉。任何刺激都不会做出反应，只听从我的指令，面部失去知觉，好，面部失去知觉。

好，现在想象，你的整个身体和心情全都放松，虽然临近高考，但是你仍能镇定自若，按照你正常的学习和生活计划，一步一步地进行，你对高考充满了信心，你的焦虑情绪全都从四聪穴排出，（点穴）排，再排，排净！现在你对自己充满信心，不再为任何焦虑困扰，你可以按部就班地复习、考试，并且你体内的生理调整，信息的加工能够顺利进行，整个身体的内在调整顺利进行，任何意外都不会干扰你的考试。你把这些指令存储在你的潜意识当中，把这些指令存储在潜意识当中，它会指挥你日常的生活调节。存储起来！

你的整个身体全都放松，全身上下全都放松，松，整个身体下沉，再沉，沉到底。好，现在想象整个身体放松，从内到外全都放松。感觉到天空中有一缕阳光照射到你的身上，透过肌肤，照射进你的腹部。这股阳光进入到你的腹部，感觉你的腹部，内脏，全都变得很温暖，很舒适。感受一下这缕阳光照射进你的腹部，透过肌肤，进入内脏，很温暖，很舒适，整个内脏都很温暖，很舒适。

现在我点你的关元穴，点了关元穴之后，你会感觉有一股能量直接进入你的小腹，直接进入小腹，这股能量使你的腹中子宫及其附件变得极其温暖，现在你感觉你的小腹很舒适。小腹中的内脏很舒适。特别是子宫及其附件变得很舒适。这个热流在你的小腹中起作用，而且它有很强的推动力，可以使你小腹中的内脏和小腹的肌肉全都放松，小腹的肌肉和内脏全都放松，全都放松，好，全都放松，所有的肌肉，所有的小腹中的内脏全都放松。并且在以后每一次来例假你能够有意识地放松你的内脏，可以使它彻底放松。只要你想到，它就可以放松。好，体会一下这种能量的作用，这种能量触及到你的子宫及其周围的附件，促进你放松，特别是每一次来月经，都可以彻底放松，放松之后，你感觉很舒适。

好，现在我点你的中极穴，点了中极穴之后，这种放松的能量你可以体会到，放松，继续放松，这种动力使你的小腹彻底放松。好，你现在全身上下全都放松，放松之后感觉很舒适，你可以静静地睡，静静地睡……你感觉很舒服，静静地睡……你感觉到很舒适。

好，现在我点你的双脚太冲穴，点了太冲穴之后，从这个点直接进入肝经，使你的肝火彻底通过这个点排泄出来。直接通向你的内脏，直接通向你的肝脏，使你的肝火从这一点彻底排出，彻底排出，你能感受到你的肝火从这一点彻底排出。随着肝火的排出，你能感觉到内脏很舒服。心情很平静，从此以后，不再着急，不再烦躁，情绪很平静。

好，现在我再点你的血海穴，点了血海穴之后，血海穴这一点通向你的小腹，通向内脏，通向子宫。点血海穴之后，你会感觉像电流一样，刺激你的内脏，刺激内脏，从此以后，你的月经正常，而且每次来月经，子宫极及附件感到很轻松，进入内脏，使内脏彻底放松，子宫及附件，彻底放松，非常舒适，像电流一样刺激进你的内脏。好，从此以后，每一次来月经，你都会感觉到你的小腹和内脏都会很放松、很轻松。

好，现在我点你的风池穴，点了风池穴之后，这种指令就会存储在你的潜意识之中，存储在潜意识当中，存储在潜意识当中。好，全身上下彻底放松，放松得很深，再深，深到底，浑身上下彻底放松，放松，放松得很舒适。你感觉到整个内脏彻底放松，彻底放松，继续睡，继续睡，你的疲劳消失，精力、体力得到恢复，体内充满了能量。

当你醒来之后，你感觉到精力充沛，体力充足，神清气爽。晚上睡眠效率很好，学习精力集中，好，你睡得很好，睡得很舒服，过一会儿我会把你轻轻地叫醒，醒来之后，你会感觉到神清气爽，心情愉快，晚上的学习效率很高，而且不会再担心痛经，因为你的痛经已经消除。

好，现在听我数数，从三数到一，你就会慢慢地醒来，轻轻地睁开眼睛。三……浑身上下开始恢复知觉；二……大脑慢慢地清醒过来，大脑慢慢地清醒过来；一！可以轻轻地睁开眼睛，可以轻轻地睁开眼睛。好，轻微地动一下，手指动一动，搓搓手，搓搓脸，从下向上，从中间向两边，三次，好，回到现实中。

注意事项：醒后与患者交谈，强化治疗效果。

信息反馈：高考期间行经正常，未出现疼痛，高考顺利，发挥正常。患者本人及家长非常满意。

第六节 治疗便秘

便秘是临床常见的复杂症状，而不是一种疾病，主要是指排便次数减少、粪便量减少、粪便干结、排便费力等。

这里的催眠治疗，不但包括如上所说的便秘，还包括大便不爽。大便不爽的症状表现：没有便意，即使主动大便，量也很少，大便不干、黏、涩、热、不成型、便不完、擦不净，肚子总觉得很胀，感觉上下不通。

一、便秘的危害

便秘除了带来恶心、腹胀、口臭、食纳不良、皮肤色素沉着、心情烦燥、易激惹、注意力不集中等。还可能引起下列并发症：

1. 引起肛肠疾患。便秘时，排便困难，排便过于用力使肛管黏膜向外凸出，静脉回流不畅，久而久之形成痔疮；粪便划破肛管，形成溃疡与创口，就会形成肛裂。

2. 胃肠神经功能紊乱。便秘时，粪便潴留，有害物质吸收可引起胃肠神经功能紊乱而致食欲不振、腹部胀满、嗳气、口苦、肛门排气多等表现。

3. 损害肝脏功能：大便长期积于肠道，有毒物质被重新吸收入肝脏，作为解毒器官的肝脏负担加重，长此以往，就会损害到肝脏功能。

4. 形成粪便溃疡。较硬的粪块压迫肠腔使肠腔狭窄及盆腔周围结构，阻碍了结肠扩张，使直肠或结肠受压而形成粪便溃疡，严重者可引起肠穿孔。

5. 患结肠癌。可能是因便秘而使肠内致癌物长时间不能排除所致，据资料表明，严重便秘者约10%患结肠癌。

6. 诱发心脑血管疾病发作。临床上关于因便秘而用力增加腹压，屏气使劲排便造成的心脑血管疾病发作有逐年增多趋势如诱发心绞痛、心肌梗死、脑出血、中风、猝死等。

7. 引起性生活障碍。便秘会引起女性盆腔下坠、痛经、性欲减退、尿频尿急，将妨碍性生活的和谐。

8. 易使妇女发生痛经，阴道痉挛，并产生尿潴留，尿路感染等症状。

二、便秘的生活原因

1. 饮食组成不良：如米面过于精细，食量过少，食用含粗纤维特别是不消化纤维的蔬菜、水果、粮食过少，油脂太缺，饮水不足等。

2. 排便习惯不良：有便意时不及时排便，抑制便意。习惯排便时看书，不积极排便。依赖泻药排便或滥用泻药，使肠道排出敏感性降低。

3. 生活起居无规律，每日排便无定时，睡眠不足或久睡不起。长途旅行或因工作繁忙（如空乘）未养成按时排便习惯。

4. 老年体衰排便无力，多胎妊娠全身体力过弱，膈肌、腹肌、肠壁平滑肌无力等，均可造成排便困难。

三、便秘的常规治疗

常规治疗的方法有以下几种：

1. 西药治疗，服用果导片，每晚睡前服用，但一般服用期不应超过1周。如果长期服用，会产生药物依赖性，诱发便秘加重，并且会导致内分泌紊乱，未老先衰，形成"核桃脸"。

2. 中药治疗，取大黄、芦荟或番泻叶其中任一种，每日1—2克，泡水服用，效果比较明显。由于这些中药药性苦寒，易伤胃气，使得消化吸收功能下降，这些中药口味差，难喝，会直接影响食欲，造成营养不良，并且表现出胃部怕凉、隐隐作痛，尤其对体弱者及老年人的影响更为明显，停用后会使便秘加重。

3. 食疗，像蜂蜜、香蕉、香油、芝麻、核桃、韭菜等食物作用是比较好的，但并非每每奏效。

四、便秘的催眠治疗

（一）通用的方法

（1）增加肠蠕动

不论哪种类型的便秘的治疗都离不开增加肠蠕动。

催眠师将患者导入催眠状态，而后按如下步骤操作。

第一步：轻轻推揉小腹。

第二步：点按天枢穴（见图8-10）并暗示增加肠蠕动。

第三步：沿顺时针推结肠（见图8-14），同时暗示粪便随之由升结肠进入横结肠再进入降结肠。

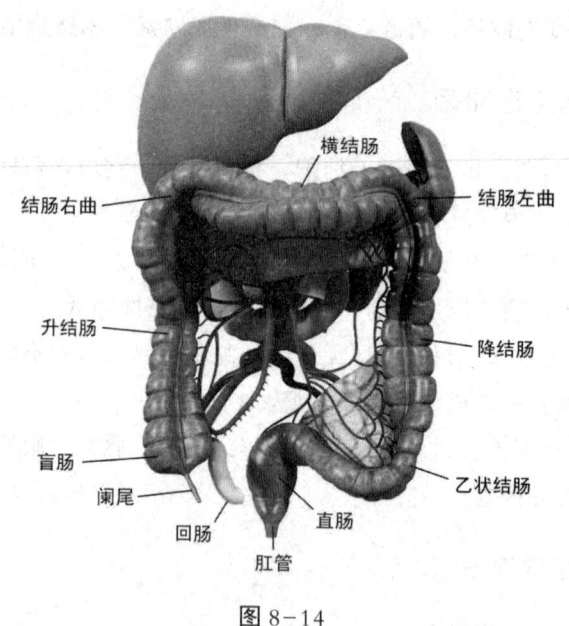

图 8-14

此三步可交替反复进行。

（2）粪便下行法

催眠中将患者导入催眠状态，经过深化和稳定后，发出指令："现在体会一下随着吸气把空气中的氧气吸进体内，养分随着血液流遍全身，养分滋养着身体每一个部位，感觉身体的每一个部位都非常的舒适，体会一下这种舒适。好，现在体会一下，随着呼气把体内的废弃，浊气，病气，焦虑情绪全都排除体外。体内的浊气，病气，焦虑情绪，废气全都排除体外，感觉到内脏很清洁，很舒适，体会一下这种舒适。好，内脏的这种舒适，你感觉到肠蠕动加快，粪便从小肠进入大肠，体会一下肠蠕动加快。粪便从小肠进入大肠，进入大肠，小肠的肠蠕动推动粪便进入大肠（随后，沿结肠走向推按），从小肠进入升结肠进入横结肠，再进入降结肠，进入直肠。当直肠充满粪便后会有便意，现在体会一下，粪便从小肠进入大肠，体会一下这个过程。好，现在感觉到肠蠕动加快，粪便从小肠进入大肠，进入升结肠，进入横结肠，进入降结肠，进入直肠。当直肠充满粪便之后，就会产生便意，就会去解大便。好，现在全身放松，全身放松。体会一下全身放松后，感觉很舒服。好，现在放松两腿，放松双脚。现在浑身上下全都放松，松……松……体会一下浑身上下全都放松，放松得很舒适，放松得很舒适。浑身上下放松后，感觉到浑身上下，从头到脚很松软。浑身上下很软、很懒、浑身上下一动也不想动，一动也不能动。好，继续放松，继续放松，好，好，放松得很好。"

治疗结束后按催眠程序唤醒。

（二）针对病因治疗

除如上所述通用的方法之外，还可以从大便形状窥测脏腑功能，进行病因治疗。

（1）大便量少形状呈细条——心火。

针对有心火的患者，可加点内关穴、神门穴，并暗示："清凉从胸到腹。"

（2）自感腹胀、堵、矢气不畅、大便黏涩不成形——脾有湿热。

脾有湿热，催眠点穴治疗加足三里（见图8-17）、丰隆（见图8-15）、阴陵泉（见图8-16）、中脘、天枢（见图8-10）。暗示："体内清凉干爽。"

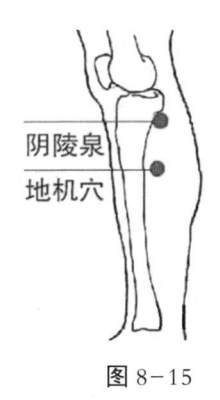

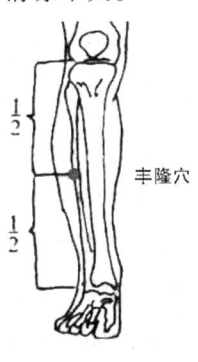

图 8-15

图 8-16

（3）有口气，大便形状呈羊粪球状——胃火。

针对有胃火的患者，催眠点穴治疗加合谷（见图8-16）、足三里、内庭（见

图 8-17)、照海（见图 8-18）。暗示："喝进冰水直通大肠。"

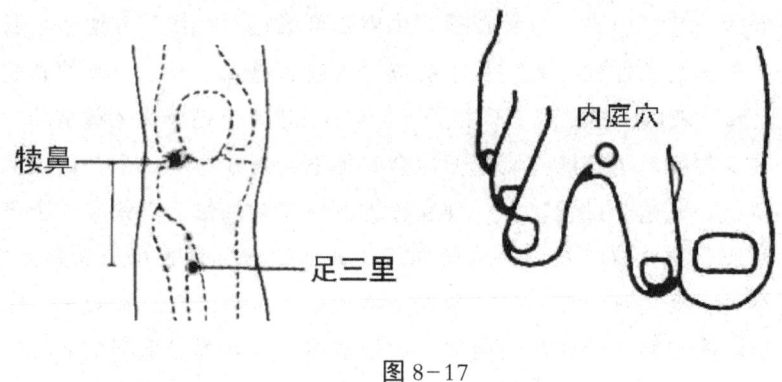

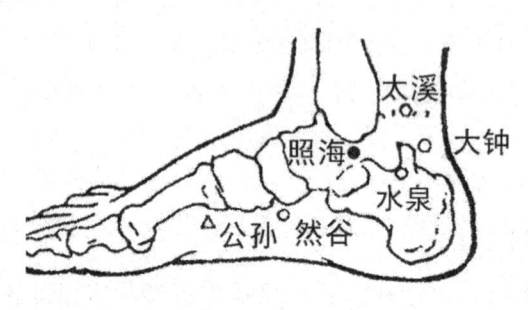

图 8-17

图 8-18

（4）大便形状干、硬、成形——大肠有火。

针对大肠有火的患者，催眠点穴治疗加支沟（见图 8-12）、合谷、足三里。暗示："结肠内分泌液体。"

五、便秘的日常预防

1. 首先要注意饮食的量，只有足够的量，才足以刺激肠蠕动，使粪便正常通行和排出体外。特别是早饭要吃饱，早餐进食达到一定的量才能刺激结肠进行集团运动产生便意。

2. 饮食中必须有适量的纤维素；主食要粗细搭配不要过于精细，要适当多吃些粗粮；适量喝水；每天要吃一定量的蔬菜与水果。

3. 有病及时治疗。如果患有和便秘有关的疾病要及时诊治。

4. 进行适当的体力活动，加强体育锻炼。保持心情舒畅生活要有规律，按时作息，养成按时出恭的习惯，杜绝忍便。

5. 慎重用泻药。通常，便秘患者是迫不得已才用泻药，用过一次泻得很彻底，结果是几天、甚至一周不再有便意，使便秘问题更为严重。

6. 配合中医手段进行治疗和调理。如心热便秘可服用滋心阴口服液、安神补心丸、莲心茶等；如果肝热可用加味逍遥（丸、散）、决明子茶；大肠热可用五仁润肠丸、麻仁润肠丸；胃火可用牛黄清胃丸，也可吃香蕉或猪皮冻食疗；脾虚便秘可用香砂养胃丸。当然，这些药物需要经有经验的中医辨证后才能准确使用。

六、便秘的自我催眠治疗

1.自我催眠治疗便秘的操作步骤

（1）选择适当时间。催眠治疗便秘的时间适宜选在早晨起床之前，因为这个时间之后肠蠕动开始加快，同时也是机体没有完全兴奋的时间，这时候下达的指令，会更利于潜意识接收。

（2）安静地仰卧在床上，闭上眼睛，调整呼吸，做好自我催眠准备。之后，双手从两侧的章门穴推向天枢穴反复6次。然后，双手从剑骨向下用力推按直到耻骨，反复6次。在这个过程中，同时下达肠蠕动开始加快的意念指令。

（3）双手平放在身体两侧，进行深呼吸。随着呼气同时下达意念指令："有一股力量从膈肌向下推动"。同时体会肠蠕动在加快。每天持续10分钟。

（4）起床后慢慢喝温开水200—300ml（约一杯），开始一天的正常活动。

2.自我催眠治疗便秘的注意事项

（1）自我催眠治疗便秘，坚持持久是最重要的。也许有人用此方法见效很快，但不坚持则不能持久；也许有人见效较迟，坚持就会收到效果。治疗慢性病及调整生理状态是一个循序渐进的过程，坚持必有好处。再者说，坚持下去，让它成为你生活中的一个环节，也不是什么难事。

（2）没有经历过催眠的患者，应该先找催眠师进行催眠治疗，然后由催眠师制定自我催眠计划并授以自我催眠技巧。

第七节 治疗高血压

高血压（hypertensive disease）是一种以动脉血压持续升高为主要表现的慢性疾病，常引起心、脑、肾等重要器官的病变。

按照世界卫生组织（WHO）建议使用的血压标准是：凡正常成人收缩压应小于或等于140mmHg（18.6kPa），舒张压小于或等于90mmHg（12kPa）。收缩压在141—159mmHg（18.9—21.2kPa）之间，舒张压在91—94mmHg（12.1—12.5kPa）之间，为临界高血压。

据流行病学调查，全世界有10%的成年人有高血压病。工业发达国家高于发展中国家，城市高于农村。

高血压发病的原因很多，从病源学上看，高血压病可分为遗传和环境两个方面。

一、高血压的分类

1.原发性高血压：病理变化是全身细小动脉在初期发生痉挛，在后期发生硬化。原发性高血压约占高血压病人总数的90%。

2.继发性高血压：又称症状性高血压，是由于其他有关疾病（如肾脏病、甲亢、血管疾病、神经系统疾病、妊娠中毒等）所造成的高血压病，占总数的10%左右。

继发性高血压是继发于肾、内分泌和神经系统疾病的高血压，多为暂时的，在原发的疾病治疗好了以后，高血压就会慢慢消失。

肾性高血压，主要是由于肾脏实质性病变和肾动脉病变引起的血压升高，在症状性高血压中称为肾性高血压。其发病机理与病理特点：一是肾实质病的病理特点表现为肾小球玻璃样变性、间质组织和结缔组织增生、肾小管萎缩、肾细小动脉狭窄，造成了肾脏既有实质性损害，也有血液供应不足。二是肾动脉壁的中层黏液性肌纤维增生，形成多数小动脉瘤，使肾小动脉内壁呈穿珠样突出，造成肾动脉呈节段性狭窄。三是非特异性大动脉炎，引起肾脏血流灌注不足。

二、与高血压关系密切的因素

（一）遗传因素

研究发现，父母一方为高血压患者，子女的发病率约为20—25%。

（二）食盐摄入量

流行病学调查发现，食盐摄入量过高的地区高血压的发病率也高。我国北方地区食盐摄入量较高，高血压的发病率高于南方。

（三）吸烟

烟草中所含尼古丁刺激血管收缩，加大血管压力，使血压升高。没有吸烟嗜好的人，吸烟后收缩压可升高1.33—1.6kPa。

（四）年龄因素

据全国90个城市中的确130多万人的调查统计资料报道，30岁以下的人群高血压发病率不超过1.5%，40岁的发病率为3.06%，50岁为5.65%，60岁为9.54%，65岁达到10.95%。

（五）肥胖因素

肥胖人群高血压发病率是正常体重人群的2—6倍。有许多体重正常的人也可能患有高血压病。

（六）心理—社会应激因素

研究表明，心理—社会应激因素是造成高血压病的重要原因。

三、高血压引发的疾病

1. 心脏问题：冠心病、心绞痛、心肌梗死、心律紊乱。
2. 脑部：脑供血不足、脑梗死、脑血栓、脑出血等。
3. 肾脏：蛋白尿、肾炎、慢性肾衰。
4. 眼睛：视力下降、眼底出血、白内障、失明。
5. 多脏器功能衰竭、死亡。

四、高血压易感人群

1. 父母、兄弟、姐妹等家属有高血压病史者；
2. 肥胖者；
3. 过分摄取盐分者；
4. 过度饮酒者。

五、高血压的中医解释治疗

中医对原发性高血压的辨证分型有多种方式，目前较为统一的观点是，病之本为阴阳失调，病之标为内生之风、痰、瘀血。临床上将其分为肝阳上亢型、阴虚阳亢型、肝肾阴虚型及阴阳两虚型4个证型。

（一）肝阳上亢型

证见头痛头涨，眩晕耳鸣，面红赤，口苦心烦，舌红，脉弦有力。治疗宜平肝潜阳，清火熄风。

治则：平肝潜阳。

催眠点穴处方：取足厥阴、少阳经穴为主，如太冲、风池、光明、阳陵泉、侠溪（见图8-19）等穴。

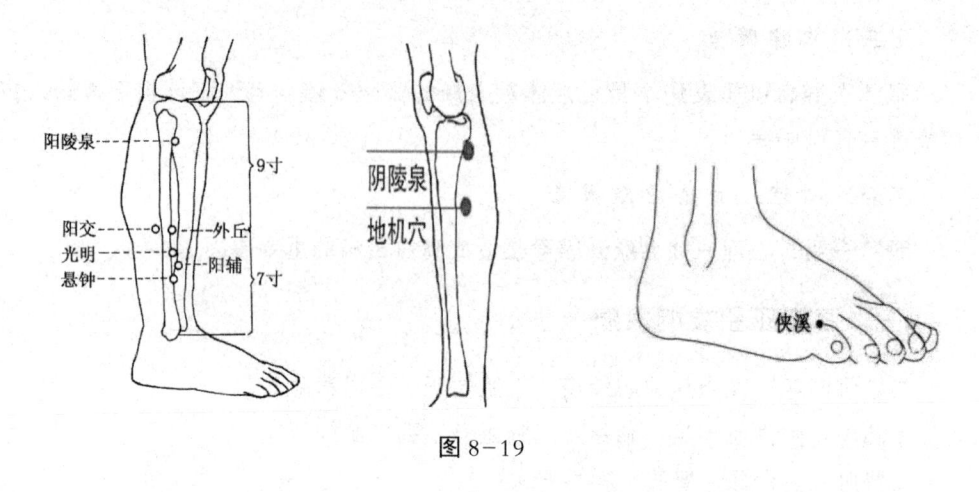

图 8-19

（二）阴虚阳亢型

主要症状除具有一般阳亢症状外，还有心悸，怔忡，失眠，健忘，脉弦细而数，舌苔黄，舌质绛红。治疗宜滋肾养肝为主。

治则：滋阴潜阳。

催眠点穴处方：取足厥阴、少阳、少阴经穴为主，如肾俞（见图 8-20）、太溪、行间、太冲、三阴交等穴。

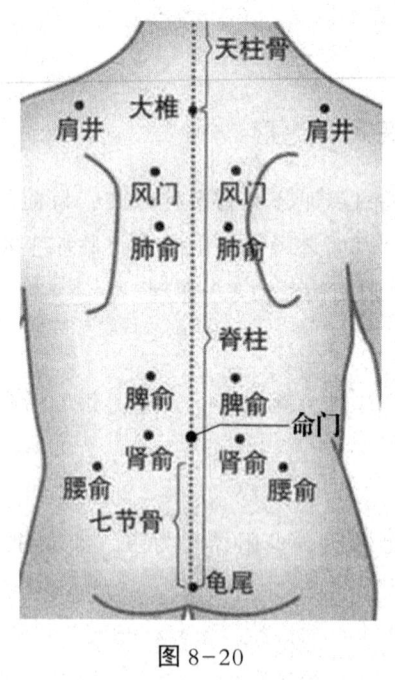

图 8-20

（三）肝肾阴虚型

证见头晕目眩，腰酸腿软，五心烦热，失眠，耳鸣，舌质干红少苔或无苔，脉弦细。治疗宜以滋肾养肝为主。

治则：滋补肝肾。

催眠点穴处方：以足厥阴、足少阴经穴为主，如复溜、太溪穴（见图8-21）属足少阴肾经，可补益肾阴，滋水涵木；足厥阴经的太冲穴相配，起平肝降逆作用。

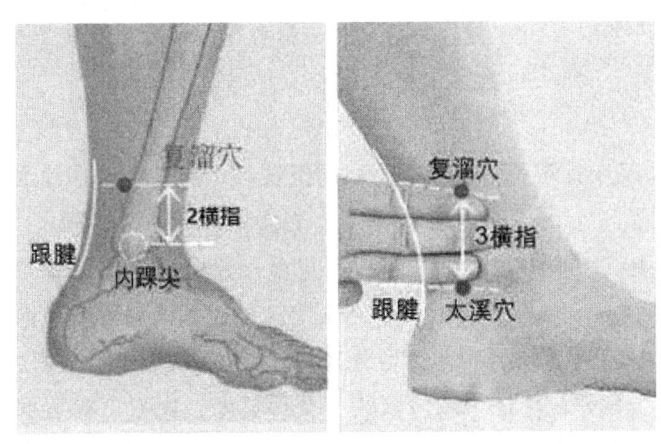

图 8-21

（四）阴阳两虚型

证见四肢不温伴乏力，腰酸，头痛，耳鸣，心悸，舌淡苔白，脉弦细。治疗宜育阴助阳为主。

治则：滋阴温阳。

催眠点穴处方：取足厥阴、足阳明经穴、任督经穴为主，如太冲、足三里、命门（见图8-20）、气海、关元等穴。

在高血压的催眠点穴治疗中，除了以上辨证施治以外，有些则可以不按辨证取穴，如取穴风池、合谷、阳陵泉、足三里（见图8-22）等，临床实践证明，也会收到较好的效果。

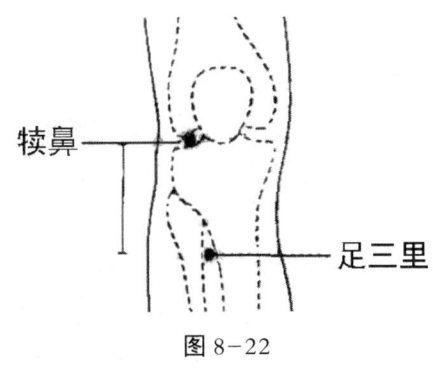

图 8-22

使用催眠方法治疗高血压时还应注意以下几点。

(1) 当患者过于饥饿、疲劳、精神过度紧张时不宜治疗；

(2) 年老体弱者，尽量让患者采取卧位；

(3) 每次治疗血压下降不宜超过10mmHg。

六、催眠在高血压治疗中的作用

下面是运用催眠点穴方法对一名高血压患者连续治疗三次的案例。

求助者：男，50岁，高血压。

第一次

催眠师："现在我需要了解你对疾病的态度。比如疾病从某种意义上来讲，具有一定的生物学意义、心理学意义和社会学意义，所以说疾病不一定都是坏事。从社会学意义上讲，疾病可以让你暂时不用承担社会责任，比如'我病了，我可以不做事，我可以不上班'。从心理学意义上来讲呢，疾病可以使你心安理得地休息，你可以想'我病了，我不工作是合理的'。但是如果你不生病，你不去工作，内心会过不去。另外，你还可以从疾病中获得益处，比如'我病了，我不但可以休息，我还可以得到关照'，尤其是享受病人待遇，如得到别人的安慰等。这也是疾病的心理学意义。我们再说一说疾病的生物学意义，比如说发烧。发烧的意义在于令体温升高杀死细菌和病毒。其实发烧是一种自己治疗的过程，这是它的生物学意义。"

催眠师："至于高血压，它有什么意义？你想过吗？"

求助者："没有想过。"

催眠师："从生理学意义上来讲，血液在血管内循环，血管有一定的容积。当血管容积缩小的时候，血液的量相对增加了，血液增加血管压力就大。什么时候血管容积缩小呢？紧张的时候，血管就收缩。血管收缩会引起毛细血管痉挛。

从另一个角度来讲，人体内需要一定的营养。血液输送营养，由于毛细血管痉挛血液流通不畅或血液减少，全身的养分就少，要维持机体的正常功能该怎么办呢？就要加足马力，向四肢输送血液，输送营养。在这个过程中，心脏就要加快跳动的次数，从而加速血液循环。所以高血压到一定的程度，就会出现心跳加快甚至心动过速的现象。可见，高血压是和心脏问题连在一起的。高血压也好，心动过速也好，都是生物功能和生理功能适应机体需要做出的调整，是一种适应的过程。根据这个原理，我们解决高血压的目标就是，让毛细血管放松，痉挛的这一部分舒张开，毛细血管舒张以后血压就平稳了。而要达到这一目的，可以通过很多种方法，体育锻炼也行，用药也行。咱们现在是用一种放松催眠的方法，让你的毛细血管放松下来，舒张开来，以达到让血压降低或者平稳的目的。把这种放松催眠的方法练好了，学会了，可以自己做，也能达到这种效果。一般来说，要先让催眠师引导做几次催眠,等掌握要领后再自己做。有些催眠易感性比较好,或者领悟能力比较强、动机比较强的患者,可能一次就能达到自我放松的程度。多数人在做几次以后,也可以把全身放松到位,这样血压也就下来了。"

催眠师:"你喜欢什么样的情景,或者讨厌什么样的情景?"

求助者:"喜欢静。"

催眠师:"除了静,环境是什么样的?什么样的自然环境,你比较喜欢?"

求助者:"周围有山、有水、有鸟等各种飞禽走兽。我还喜欢大海。"

催眠师:"你讨厌或者害怕什么情景?"

求助者:"害怕噪声以及嘈杂的环境。"

通过催眠前交谈(约15分钟),催眠师开始进行催眠导入。

导入催眠状态:"想象自己躺在松软的草坪上,沐浴着温暖的阳光,微风拂面,你感觉浑身很温暖、很舒适。浑身上下全都放松,你闻到了花草的芳香,听到了鸟叫蝉鸣。你向湖面望去,平静的湖面像镜子一样,湖水很清、很透亮,你可以看到湖底,可以看到湖底的水草、沙石。现在微风吹来,湖边的垂柳随着微风轻轻摆动,柳枝垂到湖面。随着柳枝的摆动,划起了一道道水波,水波一圈圈扩散,一圈一圈扩散着。水波越扩散越大,越扩散越远。随着水波的扩散,你的心情越来越平静,大脑越来越清净。湖的对面有一艘小船,小船在慢慢地飘动。仔细看去,上面有一些游客,几名游客逍遥自在地划动着小船,欣赏着湖光美景。小船慢慢地向对岸划去,几名游客走上岸,沿着崎岖的小路,向对面的山岗走去。现在你也在这些游客之中,跟他们一起向对面的山岗走去。走上山岗,然后又往前走,看见前面有一个山洞,进去看一看,洞壁很光滑、湿润。山洞顶上不停地在滴水,咚咚地响,滴水的声音,咚……咚……咚……山洞的地上,中间有一块长方形的大石头,很平整、很干净。摸一摸,手感很好,感觉很舒适。现在你走累了,想躺在大石头上休息,就想躺在大石头上休息。休息得很舒服,你很放松。全身上下,全都放松,心情也放松,放松得非常舒适,全身放松。你的心情很平静。整个身体融入到这里,整个身体都非常放松,非常放松。现在你感觉到体内的血液在流动。整个身体放松后,体内的血液流动得很顺畅,非常顺畅。现在你感觉到你的整个身体,从里到外全都放松,整个肢体全都放松,四肢全都放松。整个身体全都融入大自然,全都放松。现在我点你的百会穴,点完之后,你感觉你的整个身体全都彻底放松。松……松……好,现在整个身体全都放松,整个身体放松后,你感觉体内的血液循环非常顺畅。体会一下,你感觉体内很舒适,体内很舒适……

"四肢放松,四肢放松,感觉四肢很轻,轻飘飘的,轻飘飘的。四肢很轻,四肢放松,几乎失去了知觉。四肢放松,你感觉四肢的血液很顺畅。四肢的所有毛细血管都舒展开来，舒展开来。好，四肢的所有毛细血管全都舒展开来。

"现在我点你的肩髃穴，点了肩髃穴，你感觉两肩很放松，毛细血管舒展开来。两臂放松，两臂的毛细血管全都舒展开来。

"好，现在点你的阴陵泉，点了阴陵泉之后，你感觉你的双腿全都放松，两腿的毛细血管全都舒展开来。两腿放松，两腿的毛细血管全都舒展开来。

"好，现在体会一下。血液循环很顺畅，整个身体的血液循环很顺畅，非常顺畅，非常顺畅，非常顺畅。浑身上下很舒服。躯干、四肢，血液循环很顺畅。你感觉到所有的毛细血管全都舒展开来，所有的毛细血管全都舒展开来。体会一下血液循环的顺畅。现在你体会到心情很平静，大脑很宁静，情绪很平静。体会一下这种感受，体会一下这种感受。这种感受非常好，非常舒适。体会一下这种感受。好，这种感受使你的身体放松，使你的大脑宁静，心情很平静。这种感受很好，这种感受很好……好，把这种感受带到你的日常生活中，会在日常生活中起作用。现在我点你的风池穴，点了风池穴之后，你会把这种感受储存在潜意识中，以后在日常生活中可以体验这种感受。储存在潜意识中（点穴），在日常生活中就可以随时体验这种感受。

"好，现在你静静地休息，全身心放松。静静地休息，心情很平静。全身上下全都放松，放松得很舒适，放松得一动也不想动，一动也不想动。好，好，放松得很好，放松得很舒服。好，你休息得很好，放松得很好。这样的放松，你的整个身体都得到了休息，你的整个身体得到了休息。体内的血液循环变得很流畅、很顺畅、很舒适。经过休息，你的体力得到了恢复，精力得到了恢复。

"过一会儿，我会把你轻轻地叫醒，醒来之后，你感觉到整个身体充满活力，心情很舒畅，精力很充沛，浑身上下充满活力。好，现在，听我数数，我从'三'数到'一'，你就会慢慢地醒来，回到现实中。三……浑身上下开始恢复知觉，二……大脑慢慢地清醒过来，一！可以轻轻地睁开眼睛。轻轻地动一下手指，动一动手，搓搓手，搓搓脸，从下向上，从中间向两边，重复三次，好。回到现实中！"

催眠师："有什么感觉？"

求助者："我觉得浑身上下发热，特别通畅。主要是大脑特别空，特别静。"

第二次

催眠师："这类催眠基本上做三次就可以学会了。第一次是放松，第二次是在催眠的状态下点穴，可以加强穴位的作用。从中医的角度解释，你的高血压，属于肝热，或者是水不涵木，也就是水少。第二次催眠并点穴，取肝经和肾经上这几个穴位，肝经上的穴位取太冲和行间，肾经穴位取照海。催眠状态下的点穴比平时效果要好得多。有的病人在治疗时感觉到，一点穴，整个经络都通了。催眠的效果，可以加强点穴的治疗作用。今天做第二次，到第三次治疗，在放松、点穴的基础上，加上全身毛细血管的疏通。这样三次之后，再自己练，或者是继续做，几次以后，就会有明显的效果。如果学会自我催眠会有长期的作用，血压会降下来，而且稳定，治疗效果更好。"

按催眠程序将救助者导入催眠状态："大脑不能思考问题了，只想静静地睡。体会一下静静地睡，心情很平静，大脑很宁静。浑身上下很舒适。静静地睡，你感觉最舒服。你可以静静地睡，或许外界的声音，你可以听得到，或许听不到，这都没有关系。心情平静，大脑宁静。静静睡的感觉很好，体会一下，静静地睡的感觉。静静地睡，你感觉浑身上下全都放松。静静地睡，你的整个身体从内到外，从上到下都很舒适，整个身体都很舒适。现在浑身上下全都放松，浑身上下全都放松。好，体会一下这种放松，这种舒适。

好，现在点你的百会穴，点你的百会穴之后，你会感觉浑身上下全都放松。松……，松……，这种放松感觉到非常舒适，松……，松……，好，浑身上下全都放松。好，现在点你的中府穴，点了中府穴之后，你感觉到整个身体全都下沉。随着身体的下沉，你睡眠的深度会进一步加深。沉……，再沉……，沉到底。好，你现在睡得越来越深，放松得很舒适，放松得很舒适，浑身上下都很舒适。

"好，浑身上下全都放松，随着身体的放松，你的内脏也放松。你感觉内脏放松，内脏放松之后，你感觉内脏很舒适，很舒适，很舒适。内脏放松之后，你的内脏功能慢慢地进行自我调整，肝火、心火逐渐下降，逐渐下降。

"好，我现在点你的太冲穴，点了太冲穴之后，你感觉你的肝火顺着肝经从太冲排出去，你的肝火会沿着肝经从太冲穴排出，从太冲穴排出，肝火从太冲穴排出。好，体会一下，你的肝火从太冲穴排出，排出之后，感觉到内脏很舒适，内脏很舒适，内脏很平静，内脏很平静。随着肝火的排出，血压变得越来越平稳，血压趋向于正常。体会一下，你的这种舒适就使血压趋向于正常。好，好，现在体会一下，我再点你的照海穴，点了照海穴之后，你会感觉到有一股清凉透彻的液体顺着你的肾经进入你的内脏，进入你的内脏。滋养着你的肝脏和心脏，使你的肝火下降，心火下降。现在点你的照海穴，点了照海穴之后，你会感觉到有一股清凉的液体从肾经进入内脏，这股清凉的液体降低了肝火和心火，沿着肾经进入内脏，进入内脏，降低了肝火和心火。

"好，现在体会一下，浑身上下全都放松，肝火下降，心火下降。心情变得很平静，大脑变得很宁静。整个内脏很舒适，内脏功能很协调。内脏功能很协调，水火相宜，内脏的功能很平衡。随着内脏的平衡，血压也变得很稳定，血压趋于正常，趋于正常。好，好，好，现在感觉到浑身上下很舒适，整个身体全都放松。感觉到大脑的宁静，心情的平静，身体的舒适。在这种放松的状态下，你的内脏功能发挥得很好，内脏功能趋于平衡，趋于平衡。随着内脏功能的平衡，身体感觉到越来越舒适，整个身心变得很平静，很放松，很舒适。好，浑身上下都很舒适，你可以体验一下这种舒适，自己体验一下这种舒适。这种舒适的感觉可以带到你日常生活中，你的内脏功能在日常生活中，也会变得很平衡。血压会平稳，血压会逐渐地趋于正常，趋于正常。整个身体会越来越舒适。在日常的生活中，会不由自主地调整血压，调整血压。从此以后，在日常生活中你会感觉到心情很平静，肝火、心火全都下降。整个内脏，整个身体都变得很舒适，很舒适。好，当我点你的穴位时你就把这些信息储存在潜意识中，这些信息在日常生活中会发挥作用，不知不觉地发挥作用。

"好，现在我点你的风池穴，点了风池穴之后，你就会把这些储存在你的潜意识之中。储存在潜意识之中（点穴）！

"好，好，现在你可以全身放松，静静地休息。你休息得很好，你放松得很好，整个身体全都放松，心情很平静，大脑很宁静。经过休息，你的内在生理指标得到调整，整个身体得到休息，体力得到恢复，精力得到恢复，整个身体感觉很好，感觉很舒适。这种舒适会带到你日常生活中。

"过一会儿，我会把你轻轻地叫醒，醒来之后，精力体力得到恢复，浑身上下充满活力，心情很愉快，内脏很舒适，血压很平稳。好，你放松得很好。现在我要把你叫醒了，我从'三'数到'一'，你就会慢慢地醒来，回到现实中。三……浑身上下开始恢复知觉，二……大脑慢慢地清醒过来，一！可以轻轻地睁开眼睛。轻轻地动一下手指，动一动手，搓搓手，搓搓脸，从下向上，从中间向两边，重复三次，好。回到现实中！"

醒来后进行交谈，强化治疗效果。

第三次

按催眠程序将患者导入催眠状态："现在你一动也不能动，整个身体融入大自然。心情很平静，大脑很宁静。身体的感觉消失，意识也消失。只想睡，只想静静地睡，静静地睡很舒服，静静地睡……你感觉整个身体和内脏全都放松，彻底放松。全身上下的血液流通非常的顺畅。感受一下，全身上下血液流通非常的顺畅，非常顺畅。浑身上下随着血液的流动，感觉很舒适，很舒适。好，很舒适。

现在你开始想象，躺在松软的草坪上，微风吹来，你感觉浑身上下非常地舒适。你闻到了花草的芳香，听到了鸟叫蝉鸣。看到了湖边的垂柳。湖水的水面非常地平静，水面像镜子一样平静。湖水很清澈，你可以看见水底的水草，沙石，有鱼在水草和沙石之间游动，有大，有小，有各种颜色的，在慢慢地、自由地游动，自由地游动，慢慢地游动，鱼在游动，你感觉到鱼的逍遥自在，很放松，很舒适。

"现在，你看到湖边的垂柳，柳枝垂向湖面。微风吹来，柳枝微微摆动，柳枝波动湖面的水，泛起一圈圈水波。水波慢慢地向外周扩散，水波越来越远，水波扩散的圈越来越大，越来越远。随着水波的扩散，离你越来越远，越来越模糊。随着扩散，水波会在视野中慢慢地消失。当水波消失的时候，你会进入很深度的催眠状态。你看到一圈圈的水波，慢慢地扩散，越来越远，越来越远……。现在慢慢的从你的视野中消失，现在看不到水波，湖面很平静。你的心情和湖面一样平静，大脑像湖面一样平静。你可以深深地睡，深深地睡。

"好，你睡得很深，睡得很舒服，睡得很放松，深深地睡……全身上下很放松，深深地睡……整个身体放松，内脏放松。大脑也彻底地放松，深深地睡……现在你感觉到一边睡，你的身体一边在做内在的调整，深深地睡，身体在做内在的调整，这种调整，会使你的内脏功能趋于平衡。在以后的生活中，血压变得很平稳，在以后的生活中，你能够进行自我调整，使心情平静下来，大脑宁静下来，血压变得正常。体会一下这种调整，既能体会到身体的舒适，也能使你的内脏放松。这种调整会存储在你的潜意识当中，会成为你不自觉的生理功能。好，现在体会一下，身心放松，心情平静，大脑宁静，内脏自动调整，内脏功能趋于平衡，血压会变得平稳，这种自动调整功能会在以后的日常生活中不自觉地发生。好，把这些储存在你的潜意识当中，在日常生活中，会自动地进行自我调整。好，现在想象，你整个的血液循环非常的顺畅，非常的顺畅，内在的调整在悄悄地进行。

"现在点你的太冲穴，点了太冲穴以后，你感觉有一股能量直接进入内脏（点穴）；直接进入内脏，能够使你的内脏功能调节加强；像电流一样，直接冲向你的内脏，使你的内脏调节加强；像电流一样，直接冲向你的内脏，使你内脏自我调节能力加强（指令和点穴同步）。

"好，现在再点你的阳陵泉，点了阳陵泉之后，会直接影响你的血压，使你的血压慢慢下降。好，全身放松，感受一下，通过点穴（指令和点穴同步），使你的内脏得到调理，使你的血压慢慢下降，慢慢地正常起来。全身上下放松，全身上下放松，感觉到心情平静，大脑宁静，体会一下，全身上下的血液在流通，这种流通，使血液变得很通畅，很舒适。

"现在我要捏揉你的四肢，使你的毛细血管变得舒展，四肢的毛细血管收缩和舒张，变得自然和正常。通过我捏揉你的四肢，捏揉到位的地方，毛细血管的舒展和收缩都会变得正常，随着毛细血管收缩的正常，血压，全身的调整也趋于正常。在以后的日常生活中，如果血压高到一定的程度，你的毛细血管自然就会舒张，毛细血管的收缩和舒张，随着你血压的变动，能够进行内在的调整。好，现在捏揉到的部位，毛细血管就会收缩和舒张，全都正常，感受一下，毛细血管的收缩和舒张，随着捏揉，变得正常。好，全身上下全都放松。双肩，两臂放松，双腿，双脚放松（指令和捏揉同步）。

"现在可以静静地睡，静静地睡，全身上下放松，大脑放松，心情平静，感受到全身上下的血液流通顺畅、正常。内脏功能趋于平衡，浑身上下放松后感觉到很轻松，很舒适，这种舒适和轻松，会带到你正常生活中去。好，可以静静地睡一会儿，过一会儿，我会把你轻轻地叫醒，醒来之后，你会感觉到浑身上下很舒适，内脏也很舒适。好，你休息得很好，恢复得很好，我马上就把你叫醒了。好，现在听我数数，我从'三'数到'一'，你就会慢慢地醒来，回到现实中。三……浑身上下开始恢复知觉，二……大脑慢慢地清醒过来，一！可以轻轻地睁开眼睛。轻轻地动一下手指，动一动手，搓搓手，搓搓脸，从下向上，从中间向两边，重复三次，好。回到现实中！"

催眠师在求助者醒后与其交谈，强化治疗效果。

第八节　治疗低血压

一、低血压及注意事项

近些年来，常发现有些青少年的血压持续偏低，收缩压低于90毫米汞柱，而舒张压达不到60毫米汞柱。由于血压较低，这类青少年的血液循环功能也较差，经常感到头晕眼花，乏力气短，心悸，胸闷；女性还多发生月经不调，失眠多梦且容易发生虚脱。学习时，精神难以集中、易走神，记忆力较差而健忘，常觉得脑子不太好使。这些青少年还往往伴有食欲不振，精神疲倦，畏冷喜暖，手足不温等症候。之所以出现上述不适感觉，主要是由于长期的血压偏低，使机体的组织器官、尤其是大脑神经细胞血液供应不足，发生慢性缺氧的缘故。

青少年低血压常见于体质纤弱的女性，多为原发性低血压，女性为男性的3—4倍。少数可因月经量多或慢性失血等因素引起的继发性低血压，有人还具有家族遗传史。

从医学和营养角度低血压应该注意的事项如下。

（一）针对病因进行治疗

体质虚弱者要加强营养；患有肺结核等消耗性疾病者要加紧治疗；因药物引起者可停用或调整用药剂量。体位性低血压患者，由卧位站立时注意不要过猛，或以手扶物，以防因低血压引起摔跤等。

（二）适当加强锻炼

生活要有规律，防止过度疲劳，因为极度疲劳会使血压降得更低。要保持良好的精神状态，适当加强锻炼，提高身体素质，改善神经、血管的调节功能，加速血液循环，减少直立性低血压的发作，老年人锻炼应根据环境条件和自己的身体情况选择运动项目，如太极拳、散步、健身操等。

（三）调整饮食

每餐不宜吃得过饱，因为太饱会使回流心脏的血液相对减少；低血压的老人每日清晨可饮些淡盐开水，或吃稍咸的饮食以增加饮水量，较多的水分进入血液可增加血容量，从而可提高血压；适量饮茶，因茶中的咖啡因能兴奋呼吸中枢及心血管系统；适量饮酒（葡萄酒最好，或饮适量啤酒，不宜饮烈性白酒）可使交感神经兴奋，加快血流，促进心脏功能，降低血液黏稠度。

二、低血压催眠治疗案例

求助者：女，20岁，大二，低血压。

该女性求助者体质纤弱，时常感到头晕眼花，乏力气短，心悸，胸闷，学习时易走神，畏冷喜暖，手足不温等症状。排除与低血压有关的疾病，有家族遗传史。治疗前测血压，收缩压85毫米汞柱，舒张压55毫米汞柱。

通过催眠前交谈，催眠师开始进行催眠导入。导入催眠状态后："深深地睡，一边睡，一边听从我的指令。现在我点你的百会穴（见图8-5），点了百会穴之后，你感觉有一股能量进入你的体内，通过百会穴可以增加你的能量，使你整个身体充满力量，体内阳气充足，血液充满动力。好，全身放松，体内充满了能量，全身放松，体内充满了能量，感受一下，体内的能量增加，血液流动加快，动力加强，好，加强，好，继续加强。

"现在想象你躺在松软的草坪上，沐浴着和煦的阳光，阳光照射在你的身上，你感觉浑身上下很舒服。现在我点你的关元穴（点穴与指令同步），你会感到阳光通过关元穴（见图8-8）进入你的小腹，你感觉你的元气在增加，内脏的能量在增加，体会一下，这种能量在增加，这种能量进入小腹，内脏的能量在增加，内脏活动的动力在增加，使血液流动加快，整个身体的血液的流动动力加，血液流动动力增强。

"好，现在身体很放松，内在的能量增加，现在我点你的足三里，点了足三里之后，你感觉从下到上，双腿，躯干，四肢，充满力量，整个身体阳气上升，动力增加，动力增加，从足三里上升，双腿，躯干，四肢，动力增加（点穴与指令同步）。好，全身放松，可以静静地睡，深深地睡。在睡眠的过程中，体内的血液循环加快，循环的动力增强，你感觉很舒适，体会一下这种舒适。好，现在睡得很深，睡得很舒适。

— 159 —

"好，现在我点你的印堂穴，我点了你的印堂穴之后，你大脑的意识消失，意识消失，只能听从我的指令。现在面部感觉消失，全身放松，身体下沉，再沉，沉到底，现在想象你躺在山洞里的石板上，山洞里的石板很干净，很平整，很光滑，很温润，很舒适，躺在那里感觉浑身上下很舒适，放松得很舒适。现在随着我的口令想象，你的整个身体慢慢地下沉，慢慢地下沉，当下到底的时候，就会进入很深的催眠状态。现在你感觉身体在不断地下沉，再沉，沉到底！现在你睡得很深，睡得很深，睡得很舒服，睡得很舒适，感受一下整个身体彻底地放松，彻底地放松。体会一下，放松之后，感觉整个身体很沉，一动也不想动，一动也不能动。体内血液流动的加速使你整个身体都很放松，很舒适，体会一下这种舒适，好，很好，很好，你睡得很好，睡得很深。

"现在你体内的能量得到了补充，血液流动的动力在增强，你睡得很好，全身上下感觉很舒适，随着血液的流动，会使你整个身体充满活力。浑身上下充满活力，体内的能量得到增强，感觉到浑身上下充满能量，过一会儿我会把你轻轻地叫醒，醒来之后你会感觉到神清气爽，浑身上下充满活力。好，现在听我数数，我从'三'数到'一'，你就会慢慢地清醒过来，回到现实中。三……浑身上下开始恢复知觉，二……大脑慢慢地清醒过来，一！可以轻轻地睁开眼睛。轻微地动一下，手指动一动，搓搓手，搓搓脸，从下向上，从中间向两边，重复三次，好，回到现实中。"

催眠师在求助者醒后与其交谈，强化治疗效果。

催眠治疗后测血压：收缩压95毫米汞柱，舒张压65毫米汞柱，恢复正常。

点穴解释：

百会穴属督脉，主升阳。

关元穴属任脉，主补元气。

二穴并用有十全大补之功效。故适合纤细、体弱、阳气不足、低血压患者。

魏心个人体会

初学者练好基本功后，可以进行正常成人的催眠活动，也可以在咨询中适度应用，只有到熟练掌握催眠技术后，并且在具备相应医学知识的前提下才可进行疾病治疗。

对疑难病症的治疗与探讨，在临床中，将永远是一个长期的跋涉过程。

第九章　催眠在教育中的应用与干预案例

❖ 本章导读

- 催眠治疗考试焦虑效果很好。
- 和对照组相比，催眠可以提升中考、高考成绩。
- 催眠在教育领域还有广泛的应用。

第一节 治疗考试焦虑

在心理咨询工作中，经常接待一些高中学生，说他们自己平时的学习成绩尚可，但每每遇到重要考试就"砸锅"。学生家长和高中教师亦反映，有一部分学生越是重要的考试发挥得越不理想，一些学生甚至在考前或考试期间出现明显的躯体症状和心理反应，如失眠、头痛、食欲减退、频频上厕所、浑身出汗、手发抖、过分担忧、思维阻抑、判断能力下降等。考生在考试之前、考试过程中和考试过后出现的影响学习效果、考试水平发挥和身心健康的不良情绪叫作考试焦虑。

针对上述现象，采取分层随机抽样法，对5所高中各年级的学生进行了考试焦虑及相关因素的测量和调查。对1405个有效样本进行了统计处理，结果发现，中、重度考试焦虑的学生占总数的20.1%。接下来，对检出的中、重度考试焦虑学生进行团体干预。

团体治疗每周1次，共10次，每次2个课时。

团体干预的第一次，首先讲解放松训练的技术要领，要求小组成员除了在团体治疗现场进行放松练习外，平时每天午休和晚睡前自己坚持练习。自团体治疗的第二次开始，在放松入静的状态下引入催眠状态，并进行系统脱敏治疗。将考试的整个过程分成七个等级，由弱到强逐步练习：①进入考前复习阶段；②准备参加明天的考试；③准备进入考场；④坐在自己的坐位上等待发考卷；⑤浏览试卷；⑥答卷；⑦遇到难题。每次催眠进行一个等级的脱敏，最后两次在催眠状态下进行增强信心和考试成功的暗示（详见第十一章）。

请看下列团体干预的结果。

一、考试焦虑干预对照研究

在同一学校对高三学生进行考试焦虑测查，选择考试焦虑在49分以上的学生，分成两组，一组为干预组，一组为对照组。对干预组进行每周一次，为期10周的团体心理干预，每次均有放松、催眠。结果表明干预组的后测考试焦虑为正常水平，学生自我报告考试焦虑的症状消失。见表（9-1）：

表9-1 干预组与对照组干预前后考试焦虑的对比

n	实验前 $\overline{X} \pm SD$	实验后 $\overline{X} \pm SD$	t	P
实验组12	57±18.97	40±15.27	2.5855	<0.05*
对照组17	59±8.31	54±7.16	1.7027	>0.05

注:"*"为差异显著。

干预前后的测量表明,对照组差异不显著,干预组差异显著,证明干预有效。

二、考试焦虑治疗与考试成绩名次

本次干预没有设置对照组,但按全校两次统考做了干预前和干预后的考试名次对比,见表9-2。

表9-2 干预前后考试焦虑的对比

姓名	干预前名次	干预后名次	干预前焦虑	干预后焦虑
邢乾某	177	131	46	44
刘某	224	150	74	26
韩某	91	88	55	22
付月某	233	233	62	41
陶维某	383	342	75	49
程某	350	330	63	34
尹某	110	95	53	24
冯云某	83	75	62	25
谭淑某	382	333	52	37
平均	226	197	60	34

干预结果表明:考试焦虑干预前平均分数为60,干预后考试焦虑分数为34,焦虑程度明显下降,经过t检验表明,$p<0.000$差异极其显著。从学习成绩看,干预前和干预后相比,考试成绩排名,只有一名同学原地不动,其他同学全部跃升,最好的跃升74名,平均跃升29名。

三、考试焦虑治疗前后与对照研究

在同一所高中二年级选择两个学习成绩及其他条件相近的同轨班中考试焦虑较高的学生进行实验,其中一个班作为对照组,另一个班作为干预组。结果见表(9-3)。

表9-3 干预组与对照组干预前后考试焦虑的对比

干预组与对照组考试焦虑干预前后对比					
干预组			对照组		
姓名	前测焦虑	后测焦虑	姓名	前测焦虑	后测焦虑
黎林某	51	24	魏某	46	53
杨某	54	36	张某	47	52
安某	49	24	刘钇某	41	78
任某	55	34	赵有某	51	47

续表

干预组			对照组		
姓名	前测焦虑	后测焦虑	姓名	前测焦虑	后测焦虑
周晓某	49	38	蔡青某	63	61
林士某	47	8	汪 某	64	70
齐 某	53	22	武文某	59	40
李 某	40	26	袁 某	60	52
郝信某	72	14	崔 某	60	51
王 某	51	33	薛文某	47	36
宗 某	58	29	朱婧某	52	43
平均	53	26	平均	54	53

干预组和对照组在干预前考试焦虑的平均值接近，统计检验没有显著差异。经过干预，干预组中、重度考试焦虑学生变为正常，对照组没有进行干预焦虑程度，故没有改变。干预后进行统计检验，干预组考试焦虑程度低。$p<0.00$。差异极其显著。

应该注意的是，在治疗过程中，催眠师要随时关注团体成员治疗进展和反应。在放松和催眠过程中还应注意个别成员的不良反应。如第一期有一女生，在第三次治疗时引入催眠状态后感到恐惧，无法坚持治疗，催眠师在催眠过程中对她采取个别暗示的方法消除了恐惧，顺利地接受治疗。第二期有两名女生和一名男生自述，他们在催眠过程中极力配合，但效果极差，不能进入状态。这种现象实乃过分执着所致，催眠师告之对放松、催眠的口令应持不追、不抓、不捉等顺其自然的态度。经调整后，效果较理想。

实践证明，催眠、放松在考试焦虑团体治疗中所起到的作用为：稳定情绪，化解压力；消除疲劳，缓解特质焦虑；进行系统脱敏，削弱状态焦虑；消除心理阴影，克服相关症状；加快入睡，并改善睡眠质量；提高注意力，增强学习自信；通过潜意识，提高信息加工效率。

第二节 中考、高考成绩提升

催眠用于提升中考、高考成绩，可以进行团体干预。笔者曾对初三、高三的学生进行团体辅导，在中考、高考前进行催眠干预，通过调整考生的学习状态和减负使考生在平静、高效的状态下学习。最后，无论是学习效率、考试成绩还是考生的自我满意度都有大幅度提升。

心理辅导每周1次，每次2个课时，总共10次。每次讲解和讨论一个话题，让学生理解训练的基本原理和技术，并进行放松和催眠。

在整个训练过程中，笔者让学生适当减少学习时间和作业量，增加睡眠时间、娱乐时间和体力活动时间，适当从事家务劳动。通过训练，学生不但提高了高考、中考成绩（与对照组比较），更重要的是增强了自主能力，特别是学会了调整自己的学习动机，掌握了高效率的学习方法，为以后的成长、发展奠定了坚实的基础。参加这种训练，学生自我感受异常良好，其身心健康也得以整体提高。具体操作过程详见第十二章"中考、高考成绩提升训练"。

一、催眠干预高考成绩提升

下面是2006年高考成绩提升干预组和对照组的比较。干预组选自同一个班的学生，并按上个学期期末统考成绩选择同班同学作为对照组进行匹配。对干预组进行心理干预，而对照组则按以往方式进行正常教学，高考后进行成绩比较（见表9-4）。

表9-4 2006年高考成绩提升

四班心理干预组与对照组的成绩比较							
干预组				对照组			
姓名	期末	二模	高考	姓名	期末	二模	高考
杨　某	505	441	516	郭嫒某	479	426	513
张　某	506	403	494	王　某	500	445	544
林　某	598	552	581	郭玉某	437	367	427
李一某	457	352	479	赵梓某	495	367	497
李家某	464	399	504	贾光某	612	511	602
常滢某	486	448	521	孙碧某	470	366	414
王美某	495	408	494	张探某	508	390	455
白　某	447	288	413	李　某	535	441	521
雷　某	442	388	470	张雅某	453	305	399
杨　某	513	479	580	吴六某	444	317	427
平均	491.3	415.8	505.3	平均	493.3	393.5	479.9

干预前两组成绩接近，干预后，干预组高考平均成绩高出对照组28分。

干预组和对照组平均成绩提高28分，也许有人认为提升的幅度不大。但是，有中学教学经验的老师都知道，假如两个水平相近的同轨班分别由两名老师带，平均成绩差2、3分属于误差，如果差5分，老师就会为之一震，差10分校长就会找老师谈话，家长也会要求换老师。平均提高28分是一个很大的进步，到目前尚未见到比这个分数再高的报道。更重要的是经过干预，不但平均成绩提高，学生还感到高考复习期间学习很轻松。可见，干预效果是明显的。

二、催眠提升考试成绩的趋势研究

表9-5是2007年的干预效果。

表9-5 2007年高考成绩提升班干预组与对照组成绩比较

干预组				对照组			
姓名	干预前	二模	三模	姓名	干预前	二模	三模
边 某	627	561	578	王 某	571	540	543
杜雪某	573	559	568	李 某	636	548	621
范婕某	497	498	471	刘雨某	545	516	557
季莉某	545	509	491	朱春某	495	481	455
张 某	529	516	523	吴凤某	535	496	483
李佳某	639	604	642	潘子某	629	592	574
赵聪某	522	492	469	单晓某	513	473	477
王雅某	552	530	546	韩 某	546	530	554
李 某	458	491	485	刘延某	474	484	429
张 某	442	455	464	李 某	438	440	437
王如某	442	419	450	蒋晓某	337	286	213
王雅某	455	450	422	马 某	445	473	392
吕智某	331	330	330	丁洁某	450	464	449
平均	508.6	493.4	495.3	平均	508.8	486.4	475.7

干预前对照组与干预组成绩相同。干预四次后进行二模考试，干预组平均成绩为493.4，对照组平均成绩为486.4，干预组比对照组高出7分。到三模考试，干预组高出对照组20分，而且有稳步上升的态势。遗憾的是因考生户口不同，高考成绩未做比较。

此后，笔者连续数年在初中和高中做中考、高考成绩提升团体干预，皆取得了理想的效果。

第三节 个案干预

催眠在考试焦虑、成绩提升中的个案治疗与团体治疗的程序基本相同，只是减少了某些团体活动，同时增加了个性化的治疗内容。每周1次，每次2个课时，共10次。第一次做适应性放松，第二次开始导入催眠，以后逐步加深。

下列是放松催眠及综合干预的个案。

一、中考名次在本校中提升

范同学干预前在全校的考试成绩排名第14，干预后中考成绩为本校第4名，在优秀学生中跃升10名（见表9-9）。

表 9-9

姓名	井下中学2004年中考		
	干预前	一模	干预后
	年级名次（62人）	年级名次（62人）	中考年级名次（62人）
范婕某	14	6	4

二、中考名次在全区提升

张同学，干预前在一次大考中和其他三名同学成绩不相上下，干预后，中考名次，在全区较其他同学跃升289名。

表 9-10

姓名	油建中学2003年中考	
	干预前	干预后
	年级名次	区中考名次
张圣某	13	271
高　某	14	438
张申某	15	153
崔　某	16	318
对照组平均中考名次为342		
张申某的中考名次为153		
张申某跃升342－153＝289		

三、中考成绩在优秀学生中提升

魏同学和同班中的优秀生比较，平时的考试成绩为第四名，经过干预中考成绩跃升为第一名（见表9-11）。

表 9-11

姓名	东风中学2002年中考			
	干预前		干预后	
	班名次	校名次	班名次	区中考名次
祁艳某	1	2	2	110

续表

姓名	干预前		干预后	
	班名次	校名次	班名次	区中考名次
姜某	2	6	3	111
郭亚某	3	15	4	210
魏某	4	20	1	85

干预前，魏某在班中排名第四，经过干预，中考成绩在班中排名第一。

四、考试焦虑治疗和高考成绩提升并用

祁同学，在小学、初中都是优秀学生、优秀学生干部，屡次当选三好学生，曾被评为省部级十佳少年。第一年参加高考，发挥失常被专科录取，不甘心，进入复读班，第二次高考再次失手，专科落选（未进录取线）。无奈，两次进入复读班。当年8月下旬，复读班开学，家长看到孩子在学习时经常默默流泪，几天后开始撕书，并出现失眠、头痛多种症状，不能坚持学习，遂寻求心理咨询。

经诊断，祁同学患重度考试焦虑。咨询师使用催眠技术进行考试焦虑治疗，每周1次，共10次，考试焦虑得以治愈。休息一个月后，又进行了高考成绩提升训练，设置同前。每次都以催眠为主要手段，经过10次干预，最终的高考成绩取得了满意的结果。从班级排名看，由原来的第30名跃升到第16名；从高考录取线看，由上一年的专科落选，跃升到本年度超过二本线30分，最后，被一所较好的二批本科大学录取。祁同学成绩变化见表9-12。

表9-12

天津铸成四班2004年高考		
	干预前	干预后
姓名	班级名次（全班42人）	班级名次
祁某	30	16
2002年第一次高考381分		
2003年复读一年第二次高考348分，专科落选		
经心理辅导后2004年高考461分，考入本二		

追踪：该同学入大学后学习非常投入，成绩优异，毕业后考入一家特大型国企，工作状态很好。8年后再次随访，工作上进，生活美满，已经结婚生子。

五、学习及高考成绩在本班的名次提升

该生中考时未到本校录取分数线，交择校费后进入该校学习。开始考试时在班中排名倒数，时而第47名，时而第48名（全班49人），后经过学习方法指导逐

渐进步。进行催眠系统干预后，2006年高考为548分（当年北京一本线为516）名列全班第二。被首都师范大学录取（详见表9-13）。

表9-13

姓名	北京日坛中学2006年高考				
	一模	二模	三模	高考
	班级名次	班级名次	班级名次	班级名次
张某	10	6	5	2

对中考、高考学生进行个体干预也是遵循团体辅导的宗旨：在减负的同时提高成绩。通过放松、催眠等手段调整考生的学习状态和减轻学生的学习负担，使考生在平静、高效的状态下学习。通过训练，学生不但提高了高考、中考成绩，也学会了自我调整，为以后进入更高一级学校培养了基本素质。另外，在个体干预中对于考试焦虑程度偏高的学生加入了排除焦虑技术。

【专栏】

排除焦虑个案操作

按催眠程序将被试导入催眠后："你只服从我的指令，随着我的指令想象，从头到脚浑身上下全都放松，松……松……松……好，现在你浑身上下从头到脚都彻底放松。好，放松后，浑身上下一动也不想动，只服从我的指令，只服从我的指令。现在想象，外界的声音逐渐变小，逐渐变远，外界的声音越来越小，越来越远，我的声音你还能听得见，只服从我的指令。现在你感觉两眼皮很累，两眼皮很困，不想睁眼，两眼皮越来越沉重，两眼皮黏在一起，睁不开眼，两眼发酸，两眼犯困，想睡。好，想睡就可以睡，一边睡，一边听从我的指令。现在我从一数到三，你就可以静静地睡，一……浑身上下全都放松，放松得一动都不想动；二……两眼很累很困，大脑越来越模糊；三！大脑不能思考问题了，只想静静地睡……现在你感觉到一片模糊，只想静静地睡，只能静静地睡。静静地睡，你感觉到很舒适，你感觉静静地睡很舒适，你只想静静地睡，好，好，你睡得很宁静，大脑很清静，只想静静地睡……

"现在想象，你躺在松软的草坪上，躺在松软的草坪上，沐浴着灿烂的阳光，看到了花草树木，闻到了花草的芳香，听到了鸟叫蝉鸣，躺在松软的草坪上，看到了附近的湖面湖水很平静，湖水像镜子一样平静。岸边的垂柳垂向湖面，柳枝随风飘浮，微风吹来，波动着垂柳，柳枝拨动着湖面，湖面荡起一圈圈涟漪，一圈一圈的涟漪。水波向外扩散，越扩散越远，越扩散越远，水波越来越远……你的心情也越来越平静，越来越宁静。你感觉到你的心情很平静，很舒适，浑身上下都很舒适。现在我点你的印堂穴，点了印堂穴之后，你会感觉大脑彻底地放松，你想深深地睡，静静地睡，大脑格外的宁静，只想静静地睡。好，你睡得很好，睡得很舒服。现在我给你一段时间，给你一段时间放松，你可以自己感觉到放松得很宁静，随着时间的延长，你会感觉到睡眠的加深。在这段时间内，我不给你发出任何指令，你的睡眠会逐渐加深，好，现在开始，你静静地睡，你会睡得越来越深，越来越舒适。好，静静地睡吧……

"你睡得很好，你睡得很安静，睡得很舒服。现在我点你的中府穴，点了中府穴你感觉身体下沉，随着身体的下沉，你感觉睡眠进一步加深，沉，沉，再沉，沉到底，现在你感觉睡眠进一步加深，任何干扰都无法打扰你，你只能听从我的声音。现在我点你的四聪穴，点了四聪穴之后，体内的焦虑情绪从四聪穴排出。排，再排，排净！好，现在你可以静静地睡，深深地睡……现在你感觉浑身上下很舒适，很舒适，好，好，你睡得很好，睡得很舒服，现在想象你已经进入中考复习阶段，进入中考复习阶段……

"好，你睡得很的很好，睡得很舒适，静静地睡，深深地睡，好……好，你睡得很好，你的精力和体力得到了恢复，你感觉睡得很好，休息得很好。你感觉精力和体力都得到了恢复。过一会儿我会把你轻轻地叫醒，醒来后，你会感觉浑身上下全都充满活力，浑身上下所有的疲劳全都消失，大脑变得很清静，晚上的学习效率很高，心情很愉快。好，现在听我数数，从三数到一，你就会慢慢地醒来，轻轻地睁开眼睛。三……浑身上下开始恢复知觉；二……大脑慢慢地恢复知觉；一！可以轻轻地睁开眼睛。然后动一动手，搓一搓手，搓一搓脸。好，回到现实中。"

第四节　治疗交流恐惧

在教学中，教师普遍反映。课堂提问时，主动举手回答或能够积极响应者总是相对固定的一部分同学。有一些同学从不举手回答问题，即使随机抽查，也有一些同学连很简单的问题都不能顺利回答，这些同学平时的作业及考试成绩并不比多数同学差。进一步的研究发现，在这些学生中存在交流恐惧。交流恐惧还表现在：不敢登台演讲，不敢在小组中发言，不敢与陌生人讲话等。

我国的研究发现，幼师学生中高度交流恐惧者占20%，师专学生中高度交流恐惧者占15%。

当今社会步入信息时代，人与人之间的交流是获取信息的重要方式；当今社会各类学科既高度分化又相互交叉，各行各业必须与其他有关部门合作才能有效地开展工作，与他人的交流必不可少。特别是师范学生的交流恐惧会影响其成长与发展，影响其职业行为。对较严重的交流恐惧学生进行干预是必要的。

以师范学生为对象，使用交流恐惧自陈量表进行交流恐惧测试，随机选取一个班作为实验组，另一个班作为对照组，对实验组部分高度及中度恐惧的同学进行系统的干预，取得了非常显著的效果。采用综合干预、催眠、形象控制训练等手段对师范学生进行了团体干预，取得了有效的结果。表9-14为幼师三年级治疗前后治疗组与对照组交流恐惧分数比较（$\overline{X}\pm SD$）。

表 9-14 幼师三年级治疗前后治疗组与对照组交流恐惧分数比较

	n	治疗前	治疗后	t	p
治疗组	8	86.87±9.43	62.25±7.56	5.7209	<0.001***
对照组	10	76.83±12.68	75.16±9.75	0.2557	>0.05

结果表明，治疗组的交流恐惧分数治疗后明显降低，治疗前后差异非常显著，而对照组无显著差异。

表9-15 幼师一年级治疗前后治疗组与对照组交流恐惧分数（$\overline{X}\pm SD$）

	n	治疗前	治疗后	t	p
治疗组	13	84.54±5.7390	62.23±12.5907	5.8128	<0.001***
对照组	13	88.92±7.6317	75.85±9.7967	2.7690	<0.05*
t				1.6590	3.0769
p				>0.05	<0.01**

统计结果表明：治疗前，治疗组与对照组的交流恐惧分数没有显著的差异。治疗后，治疗组与对照组的交流恐惧分数有非常显著的差异，证明干预有效。同时也发现治疗组与对照组后测的分数皆下降，但治疗组下降的幅度大且人数比例高于对照组（治疗组12人变为正常，对照组只有3人）。一方面说明治疗是有效的，另一方面也可能因一年级少数高恐惧的学生由于适应了新的学校环境交流恐惧的测量分数下降，但仍属高度交流恐惧，临床症状依然存在。在同样的时间间隔里三年级的学生无此改变。

表9-16 师专二年级学生治疗前后治疗组与对照组交流恐惧分数（$\overline{X}\pm SD$）

	n	治疗前	治疗后	t	p
治疗组	11	85.35±6.7246	61.33±11.4897	5.9231	<0.001***
对照组	11	84.26±7.6239	83.15±9.3544	0.2443	>0.05

结果表明，治疗组的交流恐惧分数治疗后明显降低，治疗前后差异非常显著，而对照组无显著差异。

【专栏】

形象控制训练

安静地坐在椅子上，双脚平等自然踏地，身体要正，百会朝天，双手平放于两腿之上。然后，轻轻地闭上眼睛，做腹式呼吸15—20次，心情平静下来之后，回想以前曾经历过的一件令自己高兴的事情，尽量在大脑中浮现当时的情境、形象，以后逐渐增加内容，如回想自己从事一件难度较大的工作或学习，后经努力取得成功，并对成功后的愉悦感充分体验，以增强自信。

第五节　催眠的其他教育功能

一、改变动机、兴趣

这有两个方面的内容：一是通过催眠了解自己的真正动机和兴趣，在现实中选择自己认为有意义和感兴趣的学习内容或工作领域；二是在催眠状态下，把当前必做的事和以前感兴趣甚至迷恋的活动结合在一起，建立良性的条件反射。

二、提高记忆效果

有一个实验报告，在催眠状态下，让一个只有小学学历的人背诵整部的莎士比亚的戏剧《哈姆雷特》，在催眠状态中，他背起来了。

催眠师指示他，等他醒过来之后，他会忘记，果然，他醒过来以后，一个字也记不得了。可是，过了一个礼拜，再催眠他，他又可以在催眠中一字不漏地把整部戏剧又背诵过来。

我的实验证明，可以将催眠状态下的记忆内容提升到意识领域。

在浅度催眠状态下也具有加强记忆的作用（见第一章中催眠背古文的案例）。多年来在教育中将这一方法广泛应用于临床干预收到了较好的效果。

针对自己学习内容中的记忆薄弱环节，事先做一课件。以背古文为例，先把自己朗读课文的过程录音，然后在催眠师导入催眠状态后（或自我催眠）听自己的录音。具体操作如下：

将被试导入催眠状态："现在，你一边睡，一边听下面的内容。而且这些不用你费劲，就可以记住，就可以把它记在脑子里，不用费劲就可以记在脑子里。只是听，就可以。你可以在不知不觉中就记住，不自觉地把它记在脑子里。好，现在开始播放（播放课文录音）。好，你睡得很好，接着睡，一边睡一边听这些内容，不知不觉地就把它记住。好，好，在听的过程中，不用你费劲就可以把它记住。同时，在听的过程中，你一直处于催眠状态，但是，你的听觉中枢，一直保持在兴奋的状态。

"好，听得很顺利，你会不自觉地把它记住。而且你会一直听下去，当我叫你停的时候，你才会停下来。好，你听得很认真，不知不觉就可以记住。现在你的听觉中枢，仍然处在兴奋状态中。听到的这些内容你不自觉地就存储在你的记忆中，不用你做很大的努力。好，你会按照我的指令在听的过程中把它记下来，并且一直听下去，只有我叫你停的时候，你才会停。好，你听得很好，你听得很好……听到过的内容，都能记住，不用做努力就可以记住，这是一个自然的过程。现在，你仍然保持良好的听力。你就可以保持正常的听力，保持着正常的听力，听下去……听完后，你会自动清醒过来，和平时一样。"

三、开发智力

催眠开发智力的原理可以从两个方面解释：一是放松和催眠都可以调节脑神经的兴奋与抑制，从而提高注意能力；二是放松和催眠都可以改善睡眠效果，使脑功能得到良好发展与有效运作。在临床中对于7、8岁的孩子进行催眠，可收到较好的效果。

四、纠正不良习惯

催眠在儿童教育及消除不良行为方面有广泛的应用：包括咬指甲、拔头发、遗尿、口吃等儿童不良行为，儿童退缩行为，儿童多动问题，儿童品德问题，激发学习兴趣，克服厌学情绪，矫正网瘾及不良嗜好等。

五、催眠借助沙盘矫正作文障碍

在小学三到五年级的作文课上发现，有的学生平时和人交流没问题，甚至还特别能"侃大山"。但是，写起作文来却词不达意，句子不通，逻辑混乱，内容贫乏。有的学生翻来覆去的就是那么几句话，整个作文非常空荡。有的家长发现孩子有这种问题，就把孩子送去参加课外补习班，进行写作训练或作文能力培养。结果发现，经过一段时间的课外辅导，作文能力并没有提高。其实，这既不是老师教得不好，也不是孩子不努力，是因为这些孩子有问题，他们的问题是："反应性强，计划性差"。这属于作文障碍，而不是作文的技巧和知识有问题，对他们进行作文知识或者作文技能的培训是没有意义的。那么，这个问题应该怎么解决呢？要从认知原理进行分析才能弄明白。

(一) 催眠借助沙盘矫正作文障碍原理分析

从认知过程的心理路线看，小学作文是由感知过度到思维的过程。其中，表象起着关键的作用，也就是说表象在从感知过渡到思维的过程中起着桥梁和纽带的作用，如果表象形成不良，就无法从感知过渡到思维。或者说无法通过感知的材料转化成思维的内容、语言的材料。那么，什么是表象呢？表象就是具体的事物不在眼前时头脑中出现的关于事物的形象。可以是具体的物体，也可以是声音，还可以是动作。比如说我们老家门前的那棵大槐树，这就是一个具体的形象；或者说，我回想起邓丽君的优美歌声，这就是声音的表象；或者说，球王贝利的临门一脚简直帅呆了，这就是动作的表象。如果表象形成不良就会影响感知向思维的过渡。表象形成不良可能出现的情况：有的虽然出现完整表象，但不能对表象进行顺利操作；有的表象残缺不全、若隐若现、飘忽不定、不能捕捉；还有的根本没有表象。说到这里，我们要介绍一下表象的特点。表象具有的特征是：直观性、概括性和可操作性。从直观性看，和感知的素材相同或者相近，从概括性看，它是和思维的特点相连接的。如果表象形成不良，就无法把感知的素材转换成思维的素材。接下来我们再说思维的特点，思维具有间接性和概括性的特点，是对客观事物间接的、概括的反应。这种反应是抽象的概括的，能够揭示事物的本质，可以脱离开具体事物的形象，找到它们内在的本质或者联系。思维的过程包括：分析、综合、比较、抽象、概括、判断与推理。在整个过程中，各个环节都离不开表象，所以说表象形成不良，就无法进行正常的思维。所以说，有的学生写的作文就会句子不通、逻辑混乱、不知所云。

我们找到了这种学生不能很好写作文的原因，也就是"表象形成不良"。我们就要针对这个问题，进行训练。也就是，通过催眠借助于沙盘来改变表象的形成过程，提升表象的品质。沙具是很形象的、很具体的实物缩影，通过沙盘游戏让学生在沙盘上摆沙具可以在学生的头脑中形成鲜明的形象。接下来的催眠可以使具体的形象转化成相应的表象。也就是说，通过沙具可以解决表象的残缺不全、若有若无、飘忽不定的问题；通过催眠把现实的形象和表象的抽象性连接起来，使感知的内容转换成思维的内容。这样，就解决了认知过程中的中间环节不给力的问题，通过这种训练可以提高学生的表象形成能力，也就改善了他的思维的能力，从而矫正了学生的作文障碍。

(二) 催眠借助沙盘矫正作文障碍的操作步骤

催眠使用沙盘进行训练的具体的操作过程如下：

1.选定对象

三到五年级小学生（三年级才有作文），反应性强、计划性差、作文质量差、智商中常及以上。

2.选择场地

比如咨询室、学习能力训练室等，要安静、隔音防干扰，适合学习，能够做催眠的环境。具有沙盘设备，有学习使用的桌椅。

3.确定人数

可以做个体，也可以做团体。个体训练是一对一，团体每一组可以4—6名学生。

4.确定主题

比如，选定一个作文题目《学校的操场》。

5.摆放沙具

以团体训练为例，遵循团体沙盘的操作方式。第一次团体训练，让学生们围绕主题进行讨论，然后再轮流摆沙具并做解释。也就是说，每一位同学摆完沙具之后要对他摆的沙具做解释。第二次团体训练起，摆沙具前让学生先观察沙盘现状决定摆放沙具后，闭目想象拿取沙具和摆放沙具的过程。沙盘摆成之后，让大家仔细观察沙盘的布局和内容。每一个同学观察完了以后，对自己的观察进行口头描述。然后把自己的口头描述记录下来，接下来，再进行观察。

6.导入催眠

导入催眠状态，进行想象和形象控制训练。比如，想象整个运动场的场景，想象整个运动场中整体的布局和各种器材器械。其中可以提示学生：包括运动场当中的不同区域、颜色、形状、材料等。然后解除催眠。

7.写作文

解除催眠之后在清醒状态下想象场景并逐字逐句地写下来，这就是一篇作文。

8.训练顺序

对小学生做作文障碍的训练，开始几次要先做叙述性的描述，然后再做议论性的补充，也就是说最后要达到夹叙夹议的目的。

9.训练时程

一般来说这种训练一周1次，一次半天，分成3节课，中间有课间休息。每周1次，总共5次，其中前三次建议用叙述的方式，后两次再加上议论。

（三）催眠借助沙盘矫正作文障碍的结果评估

做训练之前，收集学生最近三次批改过的作文，当然如果有评分那是最好的。除了老师的评语和评分之外，还可以从数字的角度上进行评估。也就是计算字数，他的整篇文章有多少字？句子是简单句还是复合句？句子的长度是多少？段落的结构怎么样？以及整体的逻辑关系等方面作为评价的指标。还有，训练过程中的作文也可以让学校语文老师进行批改，然后和前面的作文相比较。这是都是评价的过程或途径。

许多老师及家长困惑的是，为什么这些学生在和别人侃大山的时候，表现得很好，人们都认为他们不笨，但是在写作文的时候就一塌糊涂呢？这是因为和别人侃大山的时候，属于对话语言。对话语言是一种情景性语言，与彼此的互动有关，其中包括对方语言的支撑。语调、节奏、表情等这些信息使学生能够使谈话进行下去。再有，对话语言是一种简略的语言，简略的语言在谈话中双方往往只用简单的句子，甚至个别的词、字来表达自己的思想，这时候语言的语法结构和逻辑关系可能不完善、不严谨，但是这些都不妨碍正确地进行交际。对话语言常常是一种反应性语言，缺乏预计性。作文是一种书面语言，要求用精确的词句正确的语法和严密的逻辑进行陈述，是一种计划性较强的语言形式。因此，缺少逻辑性就会让读者不知所云。

【专栏】

表象在思维中的作用

有专家做过研究，要求二年级的小学生概括课文的中心思想，把学生分成三组。第一组阅读课文后直接进行概括；第二组，在阅读课文的同时看一张有关的图片；第三组阅读后让学生用口头语言描述每段故事的情节，也就是用语言在头脑中引起有关情节的表象。然后进行概括，结果表明第三组的成绩最好。第二组由于受图片的影响概括具有较大的局限性，第一组的成绩最差，概括的内容与中心思想不一致。说明第三组在头脑中形成的表象有利于概括，第一、二组缺乏表象概括就出现了困难。

六、作用于成长与发展

（一）中学生成长与发展训练

中学生成长与发展训练，是以提高孩子综合心理素质为目标的训练模式。包括：设置人生向导、预设职业生涯、初探复习策略、掌握学习方法；情绪调控、意志培养、智商测查、思维提升；调整观念、自我发展、劳逸适度、体脑并用；接纳友好、助人助己、了解社会、明晰底线等。以咨询、教学、行为训练、拓展活动、心理游戏、放松催眠为手段，对中学生进行多角度、全方位的渗透。通过训练，使学生开拓视野、转变观念、明确方向、增强动机，在个人的成长发展过程中具有指点迷津增强动力的作用。催眠作为一种必要的训练手段贯穿在整个训练过程中。

(二) 大学生成长与发展问题

当今高校大学生成长与发展面临的问题很多,现就一例个案的干预过程奉献给诸位读者。

大学生成长改写案例:

求助者:圆圆,女,20岁,大二学生,蒙古族。

第一次咨询

自认为平时做事有障碍,与他人交流时感到害怕,担心会发生不好的结果;交友不理想,与别人比,感到自卑,没有自信,怕受打击,怕被别人否定。

幼年时的家庭生活:从小和父母在一起,很少和父亲交流;父亲霸道,在家不说话,全家气氛压抑;小时候自己与母亲不亲近,母亲不善于沟通,很少关心孩子的事情;在外办不好的事情,回家也不肯向父母说;受打击后向家长求援常常得不到支持,自感孤立无援,以后再也不愿和父母沟通。

现在的状态:长大以后与别人交往有不信任感,因此拒绝深度交往;与人交往之前常常有一个期待,但是大多数的结果并不如意;在平时看到有受欢迎的人就去模仿,结果,迷失自我;做事不自信,自己常常没主张,即使有想法也要首先问别人,希望得到他人肯定心里才踏实;高一时,很胖(自己认为),实际是因为别人的评论,对别人的说法特别在意;高中时同班(学美术)女同学大部分长得比自己好,自感自卑;小学老师对待自己比较一般,没有重大挫折。

咨询师针对圆圆的情况进行了人际关系知识方面的探讨,使其理解了正确的人际关系及交往规则。

圆圆以前曾测瑞文标准推理:47分,智力水平一般。

接下来进行SCL—90测试(0—4计分),结果如下:

①总分139;

②阳性项目数70;

③阳性项目均分1.98。

各因子分见表9-17。

表9-17 SCL—90测试结果

项目	躯体化	强迫症状	人际关系敏感	抑郁	焦虑	敌对	恐怖	偏执	精神病性	其他
总和	7	21	21	28	18	8	11	5	11	9
平均值	0.58	2.1	2.3	2.15	1.8	1.3	1.57	0.83	1.1	1.28

接下来对求助者进行了催眠易感性测试。

综合评估：催眠可能性较强。

随后进行了放松训练，进入状态较快，放松效果较好。

事后交流，并商定进行为期10次的干预。

第二次咨询：

自述：自上次咨询后，自己想明白了许多道理，思维的困扰减轻了许多。

咨询师让被试摆沙盘，来访者将自己的初始沙盘命名为"暖"。咨询师分析沙盘有生机，未突出自己和家人，强调的是安全。

咨询师："平时怕什么？"

来访者："黄昏、阴雨天一个人在家，孤单。""上中学时有一次，回家时较晚。"

咨询师："有无事件发生？"

来访者："忘了。"

接下来，将来访者引入深度催眠状态，寻找导致形成症结的早年事件，并保存在意识中，醒来报告：二爹领着自己，数学老师，小学同学跳皮筋。开心，看到的都是对自己好的人。未发现意外事件。

家庭作业：要求主动去社交，并将过程和结果进行总结。同时要求社交前有能接受挫折的准备。

第三次咨询：

自我报告：此次回家能与妈妈直接沟通，效果较好。现在做事情的心态很好，能从多角度分析。

希望：小时母亲陪着学舞蹈，多关心，开玩笑，讲故事，带自己出去玩。

催眠：进入催眠状态，回到幼年，在家中玩耍，母亲回家后抱、亲之后一起出去买东西，然后回家做饭，全家一起吃饭，体验愉快的过程。

来访者在催眠状态中流泪了，醒后报告有"得到"的感觉。

第四次咨询：

自我报告：有时心烦，心慌，看到人心慌。通常与人见面容易脸红，激动时明显。

希望做出成绩给父母看。（分析：有条件的爱）

告之进行自我调整：做深呼吸，现场体验后感到效果较好。

上周末父亲来北京说给自己找男朋友。此次与父亲见面，对父亲不再害怕。

进行催眠改写：在催眠状态下，想象帮妈妈做事情，得到夸奖。请求妈妈送自己去学舞蹈，答应并送去。

醒后报告：进入状态，感觉很高兴。

探讨心慌的原因：姥姥，母亲有心脏问题，建议进行医学检查，排除生理问题。

探讨恋爱观念。

第五次咨询：

自我报告：这一周比较平稳，做事有时有些犹豫，自认为没有信心。与人交往时不自信，在熟人（同学）面前明显，尤其优秀女性。

认知分析：交往时有无不紧张的时候，对方是什么人？是由于早期母亲不亲近，总要讨好母亲、亲近母亲。现在遇到成熟、优秀的女性则把其当作母亲。讲解交往中的人际关系：在意识中不必去讨好别人，不卑不亢最受欢迎。要求其把自己学到的、理解的原理试着在生活中使用。

催眠：使用年龄回归技术使其进入童年时代，感受到母亲对自己的关爱，向母亲提出自己的要求，母亲答应。整个过程很自然。没有用讨好的态度对待母亲，自己表现的大方、平等，一切顺理成章。最后，给予能量补充，按通常程序唤醒。

自觉进入状态很好，进入另一世界，是一种享受。

第六次咨询：

经过寒假以后。

自我报告：这个假期过得比以前开心，压力小了，自信增强。内心感觉与父母的关系融洽了。返校后也特别轻松，自己知道该怎么处理同学关系了（以前害怕处不好与同学的关系）。

现在，与人相处，能放得开，认为关系在自己的掌控之中。在家，与家人沟通很顺利，与父母关系很和谐；到学校后，在人际关系方面没有遇到任何棘手的问题，与同学关系很好。

自我感觉和家人在一起很开心，认为父亲态度的改变对自己有较大的影响。整个假期父亲对自己的态度都较好，没对自己指责什么。

与同学们相处不再像以前那样有较多的担忧，感到关系平稳。同学还是那样，看来以前顾虑是多余的。

自己想继续进一步的成长。

希望通过做化妆品的生意改变口才。

以前曾经有过销售美瞳的经历。

探讨经营的素质，思维品质（思维的批判性），针对自己的现状扬长补短。

催眠：进入状态回到童年，再成长，提高能力，逐渐成熟，然后注入能量。醒后，感到身上有力量，舒服，心情愉悦，增强了信心。

家庭作业：分析自己的优点。

第七次咨询：

这几天，情绪好，信心增强。每天能知道该怎么做，消除了迷茫。以前与人打交道紧张，现在好了。

催眠：回归早年，进入童年世界，继续上次的潜意识改写历程，继续成长，充满能量和自信。

第八次咨询：

自我报告：一周来，遇到了不顺心的事，心情不太好，但又一天天好起来，较以前会调整了。如果在咨询前，自己不知道应该如何处理，现在遇到烦心的事，能够自己调节，会用深呼吸，认知方法来调整。基本不影响正常生活了。

做职业倾向测试，结果如下：

职业价值取向："企业/艺术"型

兴趣取向：教育、家政

气质类型：多血质

催眠：调整状态，强化自我调整能力。消除心理"阴影"（像什么，讨厌什么？用自己的能力将其驱散）。

醒来后：感觉充满力量，透亮。

第九次咨询：

上次约定，隔四周再来咨询。

自我报告：时有压力，做化妆生意，急于求成。

建议采取措施进行调整：改变执行力，自制力；找人监督，克服懒惰。

探讨：改变行为方式。不做肯定不成功；做，可成可败。

有时出现见人紧张，当时不知如何处理（分析：可能是小时候或过去的阴影和模式），但过后能自我调节。

催眠：强化意志行为，并进行深度自信的自我调整。

第十次咨询：

自我报告：内心矛盾越来越少了，很多事情能想开了，而且能看到前因后果。自认为成熟了，不再像以前那样只从自己的角度思考、处理问题了。

催眠，分两次进行：

第一次，进入中度状态后暗示提高催眠易感性，下次进入深度状态。解除催眠状态后回忆出基本的过程并感到内脏舒适。

第二次催眠，进入深度状态，进行增强自信和自我调节暗示。醒后交流，感到轻松、飘。自己认为以后再遇到问题能够得当处理。

接下来进行了测试，SCL—90测量结果如下：

总分48分，总均分0.54分，阳性项目数37，阳性项目均分1.3分。

各因子分数，见表9-18。

表 9-18　第二次 SCL—90 测试结果（后测）

项目	躯体化	强迫症状	人际关系敏感	抑郁	焦虑	敌对	恐怖	偏执	精神病症	其它
总和	4	11	7	10	6	1	0	2	4	4
平均值	0.33	1.1	0.78	0.77	0.6	0.17	0	0.33	0.4	0.57

干预前与干预后两次 SCL—90 测试结果比较（见表 9-19）

表 9-19　前后两次 SCL—90 测试结果比较

项目	躯体化	强迫症状	人际关系敏感	抑郁	焦虑	敌对	恐怖	偏执	精神病症
总和（前测）	7	21	21	28	18	8	11	5	11
总和（后测）	4	11	7	10	6	1	0	2	4
平均值（前测）	0.58	2.1	2.3	2.15	1.8	1.3	1.57	0.83	1.1
平均值（后测）	0.33	1.1	0.78	0.77	0.6	0.17	0	0.33	0.4

干预后 SCL—90 测试结果表明，各项指标皆转为正常范围。总体的健康水平得以提高。

结束治疗一个月后随访。

自述：心情很好，无自相矛盾，无自卑，能接受挫折；现在自己觉得人际关系很好（其实以前也不错，只是自己觉得很不好）；和父母能平等地讨论问题。

四个月后，主动约我，前来感谢。

自述：现在遇事情敢于自我决策，遇到困惑能自我调整；并有克服困难和应对各种局面的准备；假期与父亲相处没有任何障碍；现去某名牌大学插班学习，这是以前从来不敢想的事情。

交流间，来访者表现得谈吐自若，阳光有活力。

送别时，看着她渐远的背影，我心中又出现一次与以往相同的信任感。

后记：时隔半年，在给她原来班级的同学上课时，无意中有同学提到她。说她这个学期变了，有主见了，不再讨好别人了，做事自信心很强，人也显得更有魅力了。

魏心个人体会

催眠可以用来解决学生的考试焦虑，也可以提升学生的学习效率，还可以发掘学生的潜能。我认为，催眠应用于中学生的成长与发展问题更有魅力。

催眠在教育中的应用是一个具有广泛开发价值的领域，也是一个发展前景非常看好的领域。

第十章　催眠在生活中的应用与干预案例

❖ **本章导读**

- 通过催眠可以对个人某些现状进行调整和改变。

- 催眠还可以改变个人行为和某些不良习惯，如果学会自我催眠，受益面就会更加拓宽。

- 无论是儿童、中学生，还是大学生，成长与发展是教育中的重中之重。

- 早年的经历会影响个人的成长与发展，使用催眠技术可以对过去经验和经历形成的潜意识进行修改。这是催眠干预的创新。使用这项技术的前提是：除了中国本土化催眠技术，还要掌握个体成长发展的相关理论。

谈及催眠在生活中的应用，就范围而论，实乃超级课题，因为生活的范围过于宽泛。所以，在这里只能科海拾贝，信手拈起一二，挂一漏万也就势必当然。

第一节 催眠改变现状

一、减肥

减肥是针对肥胖者进行的状态改变干预。肥胖是指摄食热量多于人体消耗量而以脂肪的形式贮存于体内，使体重超过标准体重的20%，或者体重指数（kg/m²）大于24。肥胖是内分泌代谢系统中常见的心身问题，不仅会造成某些医学问题，而且也常常导致心理功能紊乱。晚期可伴发多种严重的疾病，如高血压、冠心病、糖尿病等。造成肥胖的因素相当复杂，既有生物遗传方面的因素，也有心理、社会、文化方面的因素，是多种因素相互作用的结果。控制饮食行为和改变生活方式则是控制肥胖的有效措施之一。

从日常生活看：热量摄入过多、体力活动缺乏是导致肥胖的主要因素。

从生理角度看：内分泌紊乱、体内白色脂肪过多而褐色脂肪过少。

催眠改变肥胖状态，可从这几个方面入手。

催眠治疗案例

求助者：男，52岁，主要症状为肥胖。

通过催眠前交谈，催眠师开始进行催眠导入。导入催眠状态后："好，现在你的大脑很模糊，不能思考问题，只想静静地睡，只想静静地睡。你感觉到睡得很舒服，全身上下全都放松，现在随着我的口令想象，随着我的口令下楼梯，从10樘下到1樘时，也就是下到底时，你就会睡得非常的深。现在从第10樘开始往下走，9……逐渐的加深，8……越来越深，7……更深了，6……5……4……3……已经很深了，2……再深，1……深到底。现在你进入了很深的催眠状态，你的注意只集中在我的指令上，对外界的任何刺激你都不会做出任何反应。

"现在想象，你在日常生活中喜欢走路，喜欢活动，你的体力活动增加会给你带来愉悦，在以后的任何时候都是这样，体力活动增加会给你带来愉悦，你会感觉到身体很舒服。

"好，再想象，在日常饮食中，你的食欲变少，饮食的量由内在的线索提供，你生理的需要得到满足的时候你就不会再有饮食的欲望，不会因为食物的色香味而增加饮食量，你内在的敏感性会提高，进食量会减小。当吃到一定的时候，饮食满足了你身体的需要，满足你身体维持日常生活所需要能量的时候，你的胃就感觉到有饱胀感，再吃食物就感觉到难以下咽，因为这时候你的营养已经够了，足够了。

"好，现在你全身放松，感觉到浑身上下非常的舒适，体内变得很清洁、很清爽。好，体内变得清洁、清爽。好，现在你感觉到你体内褐色脂肪在增加，体内的白色脂肪被褐色脂肪所消耗，褐色脂肪提供你身体的能量，褐色脂肪很容易燃烧，很容易分解，为你的身体提供了能量，这样保证你在饮食量较少的情况下仍然能够维持身体的运动，仍然能够使你精力集中，有较高的学习效率。

"好，在潜意识中记住我的指令，醒来之后，你会按照我的指令不自觉地去落实到生活当中，好，把它储存在潜意识当中。下面，你可以静静地睡，静静地睡。过一会，我会把你轻轻的叫醒，醒来后之后，你会感觉到神清气爽，精力和体力都得到了恢复，以后白天的学习会精力充沛，白天的学习会精力很充沛，晚上的睡眠质量很高，晚上的睡眠质量很好，心情很愉快。自己的学习计划能够正常地完成。好，你睡得很好，睡得很安稳，过一会儿，我会把你轻轻地叫醒。

"好，现在听我数数，我从三数到一，你就会慢慢地醒来，回到现实中。三，浑身上下开始恢复知觉，二，大脑慢慢地清醒过来，一！可以轻轻地睁开眼睛。轻微地动一下，手指动一动，搓搓手，搓搓脸，从下向上，从中间向两边，三次，好，回到现实中。"

二、消除痤疮

痤疮（acne）是一种累及毛囊皮脂腺的慢性炎症性皮肤病，好发于皮脂溢出部位，具有一定的损容性，临床各年龄段人群均可发病，但以青少年发病率为高。痤疮的病因和雄激素、毛囊皮脂腺开口处角化过度、皮脂分泌增加、痤疮丙酸杆菌增殖有关，部分病例还和遗传、免疫和内分泌紊乱等因素有关。皮损均为毛囊不同程度的炎症和其继发的反应造成，可表现为丘疹、粉刺、脓疱、囊肿、结节和瘢痕等皮损。因此，平时的肠胃功能紊乱（便秘）、激素水平异常、内分泌失调都能诱发痤疮症状反复出现。目前治疗痤疮的方法很多，包括口服及外用药物、中医中药、理疗等，但普遍存在疗程长、疗效差、容易产生耐药性、患者依从性差等问题。

痤疮催眠干预实例

个案基本情况：女，23岁，满脸痤疮，曾多方医治，效果甚微，且不稳定。患者主诉：个人情绪影响病情变化，药物作用不显著。治疗思路：排除焦虑，增强免疫力，激发内在功能消除感染。

治疗过程实录：闭上眼睛开始做深呼吸，吸气要均匀缓慢。吸气沉入小腹，呼气从小腹向上托出，吸气要吸足，呼气要呼净，吸气呼气都要均匀缓慢，吸气沉入小腹，呼气从小腹向上托出，并配合收腹。吸气呼气都要均匀缓慢，以不憋气为准。

好，现在随着我的口令想象，头皮放松，想象随着头皮的放松，头皮下的血液在流动，随着血液的流动，血液中携带的营养滋养着你每一根头发，你感觉头发很蓬松，很舒适，头皮很放松，好。

现在开始放松你的面部，你感觉到面部的每一块肌肉，每一根神经，每一条韧带全都放松。面部放松，你感觉面部很舒展，很舒适。

好，现在开始放松你的颈部，颈部的肌肉、韧带，全都放松。

现在你的头皮，面部，颈部全都放松。你的整个头部全都放松，体会一下随着头部的放松，大脑也跟着放松。大脑放松后，感觉大脑很清净，舒适，宁静，大脑变得无忧无虑，感觉大脑像被清水洗过一样，清洁，清净，湿润，清爽。整个大脑都很放松。好，现在体会一下，你整个头部和大脑全都放松，放松得无忧无虑。

好，现在放松你的双肩，放松你的两臂，放松双手，你现在体会一下，伴随着双手的放松手心微微发热，微微冒汗。现在开始放松你的手指，你感觉手指放松后，手指很舒适，手指放松得一动也不想动，一动也不能动。好，放松得很好。

好，现在开始放松你的躯干部，胸部、腹部、背部、腰部全都放松。好，随着躯干的放松你继续保持着深呼吸，吸气沉入小腹，呼气从小腹向上托出，配合收腹，吸气要吸足，呼气要呼净，吸气呼气都要均匀缓慢，以不憋气为准。你体会一下，吸气呼气都很均匀缓慢……

好，现在开始想象随着吸气，将空气中的氧气吸入体内，养分随着血液流遍全身，养分滋养着你身体的每一个部位，身体的每一个部位都感觉很舒展，很舒适，很放松.现在开始想象随着呼气，把体内的废气、浊气、病气、焦虑情绪全都排出体外。体内感觉很清爽，很轻松，很舒适。体会一下这种清爽、舒适、轻松。

好，现在开始放松你的下肢，双腿放松，双脚放松，现在想象随着双脚的放松，脚心微微发热，脚心微微冒汗，现在开始放松你的脚趾，脚趾放松后，脚趾感觉很松软，很舒适，脚趾一动也不想动，一动也不能动。

好，现在感觉全身上下都很放松，放松得一动也不想动，一动也不能动。现在你感觉到两眼很困，两眼皮很沉重，不想睁眼，现在你感觉到外界的声音由大变小，由近变远，外界的声音越来越小，越来越远，但是我的声音还能听清。

现在你感觉两眼越来越困，两眼皮越来越沉。两眼发酸，想睡，想睡就睡，一边睡，一边听从我的指令。现在随着我的口令想象。想象全身上下全都放松，松……，松……好，现在你从头到脚全都放松，放松得一动也不想动，一动也不能动。两眼越来越困，越来越累。

好，放松得很好，感觉很舒适，很舒服。好，现在听我数数，从一数到三，你就会沉沉地睡去，一……全身放松，浑身上下一动也不想动，一动也不能动，外界的声音越来越小，越来越远；二……两眼越来越困，大脑一阵一阵的模糊，越来越模糊；三！现在大脑不能思考问题了，你可以静静地睡，深深地睡。好，现在你感觉大脑很平静，心情很宁静，浑身上下一动也不想动，一动也不能动。你可以静静地睡，深深地睡……好，你睡得很好，很舒服，一边睡，一边听从我的指令。现在点你的百会穴，点了百会穴之后，你感觉到全身上下彻底放松，松……全身上下全都放松，体会一下全身上下全都放松，放松后只想静静地睡，静静地睡，大脑静静地睡，只想静静地睡。现在点你的中府穴，点了中府穴之后，你感觉到身体逐渐的下沉，随着身体的下沉，睡眠逐渐地加深，沉……再沉……沉到底！好，现在你睡得越来越深。现在我点你的肩俞穴，点了肩俞穴之后，你的两臂双肩全都放松，彻底的失去知觉。现在我再点你的血海穴，点了血海穴之后你的双腿、双脚全都放松。现在我点你的百会穴，点了百会穴之后，你感觉浑身上下全都放松，松……松……好，你睡得很好，睡得很安静，睡得很舒服。现在我点你的四聪穴，点了四聪穴，你体内的焦虑就会从四聪穴排出，体内的焦虑就会从四聪穴排出，排，再排，排尽！好，你可以静静地睡，静静地睡，深深地睡。好，你体会一下，你放松得很好，放松得很舒服，放松得一动也不想动，一动也不能动。

现在想象体内的血液在流动，流动的速度加快。血液流向你的头部，流向你的面部。血液中的巨噬细胞开始吞噬你面部的病毒、病菌，使你面部的痤疮逐渐地变小，逐渐地变少。你体会一下，由于巨噬细胞吞噬你体内的病菌，你感觉到面部有些微微的发痒，微微的发热。你体会一下面部发痒，面部发热，甚至微微的疼痛，微微的疼痛，这是巨噬细胞在吞噬你体内的细菌。体会一下这个感觉，感觉面部发痒、发热，局部有些微微的疼痛。你体会一下，这是血液中巨噬细胞在工作。好，现在想象血液中的巨噬细胞取得了成功，战胜了细菌、病毒，你的面部逐渐地平静下来，你感觉到面部变得越来越光洁，越来越平展，越来越舒适。你体会一下，面部感觉越来越光洁，越来越平展，越来越舒适。脸上的痤疮越来越小，越来越少。皮肤的颜色逐渐的变白，恢复它的本来颜色。在以后的日常生活中，血液中的细胞在不断地吞噬你痤疮中的病菌、病毒，面部的皮肤会一天天地好起来。现在我点的你的风池穴，点了风池穴之后，你就会我刚才的指令存储在潜意识中，对你的日常生活起作用。好，把它存储在你的潜意识中，在你的日常生活中起作用，记住！

好，你可以静静地睡，放心地睡。全身上下全都放松，整个身心全都放松，你感觉浑身上下全都放松，非常地舒适。你睡得很好，你的精力和体力都得到了恢复。过一会儿我会轻轻地把你叫醒，醒来之后，你会感觉体力充沛、精力充沛。

整个身体从内到外全都充满活力,以后的生活也会非常的愉快,体力和精力都很充沛。好,你睡得很好。好,现在听我数数,我从"三"数到"一",你就会慢慢地醒来,回到现实中。三……浑身上下开始恢复知觉,二……大脑慢慢地清醒过来,一!可以轻轻地睁开眼睛。轻微地动一下,手指动一动,搓搓手,搓搓脸,从下向上,从中间向两边,重复三次,好,回到现实中。

催眠治疗每周2——3次,持续3——4周。并且每天晚睡前做自我催眠。

除此之外:还需调节饮食,避免辛辣刺激食物,保持大便通畅。

三、提高免疫力

男性,45岁,向心性肥胖,经常感冒,排除其它疾病,诊断为免疫力下降。

治疗思路:减肥并提高免疫力。

导入催眠状态后:"好,你睡得很好很舒适。心情很平静。想象躺在松软的床上。浑身上下高度的放松,浑身上下感觉到很舒适。大脑很安静,只想静静地睡,好,你睡得很好。

"好,随着我的口令想象,现在将到吃饭的时间了,你感觉到有点饿。好,想象现在开始进餐,你感觉到进餐的食物很香,你的食欲很好,吃到一定的量,食欲开始减退,你的内脏感觉到有饱胀感。现在进食的量,足够身体的营养,足够身体的需要。发自内在的信号,使你的食欲减退,停止进食,不管食物是多么的香,多么的甜,多么的可口,来自内在的信号,都使你没有食欲。因为你的进食量,足够身体的需要,你的食欲是根据身体的需要而表现的,不会因为食物美味的影响;你的食欲不受美味的影响,而完全取决于体内的需要。如果进餐量满足了身体营养的需要,你的大脑就会发出一种信号,阻止进食,你不再对美味有任何食欲。你体内的营养、体力所消耗的能量、脑力劳动所需要的血糖保持在适量的水平,使你感觉到体力充沛,精力充沛。当感到饥饿时,或体内的血糖降低时,会有脂肪转化成血糖,脂肪转化成血糖,保证体力和精力的需要,这个过程是个自然的过程,在体内悄悄地进行。同时体内的白色脂肪会不断地被褐色脂肪消耗,褐色脂肪燃烧,释放出热量,供给体能的消耗需要,维持身体的温度,由于褐色脂肪的燃烧,使你的体温保持正常,可以供给身体足够的能量,有足够的热量,你感觉体内很温暖,很舒适。体内的各个脏器都很温暖,很舒适,背部、胃部、脾脏都感到很温暖,很舒适。由于内脏的温暖,你的免疫力增强,身体抵抗外界病毒、病菌侵入的能力会增强。由于基础体温的提高,你感觉到浑身上下都非常温暖,浑身上下充满活力,对疾病的抵抗能力增强,一有病毒细菌的侵入,即刻调动体内免疫功能,杀死外来的病毒和病菌,使身体保持内在平衡。使你的免疫力大大地增强。同时由于自我的调解功能,丘脑的温度调解中心,能够适当地控制体温，使体温调解到正常水平，有足够的免疫能力。好，现在你感觉到整个身体内部很温暖，很舒适，体内的各项指标都很正常。身体的各个器官，各个系统相互协调，相互协调；各个系统各个器官之间运作正常，相互协调。整个身体非常和谐，体力、精力充沛，免疫力增强，现在你感觉浑身上下非常舒适，体温正常，免疫力增强，现在你可以安静的睡，静静地睡，深深地睡。好，可以深深地睡……"

休息一会儿之后，暗示恢复体力、精力，加入良性引导，按通常程序唤醒。

四、增强自信

男20岁，大三学生，单亲，妈妈带大，自小胆怯。上大学后每每做事之前忐忑不安。总担心会失败；与人谈话或会面前也局促不安，唯恐给他人留下不好的印象。平时知道做事主动的重要性，但总也无法主动，为此很苦恼。

经测量评估，诊断为一般心理问题：自信心不足。

结合家庭及早年生活经历，进行催眠治疗。导入催眠状态："好，现在你感觉随着全身的放松，大脑也放松下来，大脑放松后感觉大脑很清静，很宁静，很舒适。好，浑身上下放松，你感觉身体变得很轻，变得很轻，甚至感觉往上飘，往上飘。飘在空中，飘出窗外，飘上白云。现在你躺在白云上，随着白云的飘动，你在天空自由地飘动。躺在白云上，浑身上下感觉很舒服。和煦的阳光照在身上，浑身上下很温暖，很舒适，整个心全都放松。微风吹来，你随着白云自由飘动，你可以看到蓝天，绿地，河流。在前方有一片森林，你随着白云慢慢地飘进了森林。继续往前飘，在你的前方看到一片密密麻麻的灌木丛，灌木丛直接挡住你的视线，当你穿过灌木丛的时候，灌木丛的另一端就是你的幼年时代。

"好，现在慢慢地穿过灌木丛，进入你的幼年时代，回到你的幼年时代，你在3、4岁的时候，和其他的小朋友在空旷的街上玩耍，无忧无虑，和他们一起做游戏，一起玩耍，一起活动。一起打打闹闹，毫无拘束，显示出你本来的性格，你原本的性格在游戏和玩耍中充分地展现出来，你玩得很开心，和其他小朋友相处很好。你在小朋友当中很受欢迎，你也很欣赏其他小朋友，喜欢他们，接纳他们，和他们一起玩，和他们一起打打闹闹，你感觉很满足。他们对你也很热情，可以打闹，没有顾忌，大家彼此之间没有任何防卫，彼此之间都很接纳，玩得很高兴。好，现在游戏结束了，你要回家，走进家门，你妈妈在家里，看到你回家很高兴。你去外面玩，妈妈觉得这样很好，希望你有机会多和别人交往。你妈妈希望你表现出原本的性格，和别人交往，无拘无束，无拘无束，把你想说的话说出来，有你想做的事，尽量去做。妈妈告诉你：不要顾及什么，我们家和别人家一样，你和别的小朋友一样，想做什么就做吧。

'好,现在你可以静静地睡一会儿。"

接下来按正常程序唤醒。

五、增强主动性

通过催眠增强主动性。这种方法普遍适用于做事、学习、交往、锻炼等不够主动者。

导入催眠后:"静静地睡。但是能听到我的声音。现在你感觉到心情很平静,大脑很宁静,只想静静地睡。只想静静地睡。好,你睡得很好,很安静,睡得很舒服。

"你可以随着我的指令想象,自己安排学习,能主动地做计划。想象自己有信心完成学习任务,主动地做计划。这种动力来自于你的内心,在内心当中有一股力量在推动着你,主动地学习,主动地做计划。这股力量从心底发出,体会一下,发自内心的一股力量,推动着你主动地学习,你有很强的学习欲望,能主动地做出学习计划。体会一下,你能主动地做计划。现在你感觉到你做的计划很合理,想象一下,你按照计划执行,按时完成学习任务,按时完成学习任务。同时你的计划有张有弛,在保障充足睡眠的情况下,有娱乐、休息、休闲、体育活动的时间。你感觉你的计划不但完成了你的学习任务,还提高了你的生活质量,你感到了生活和学习的乐趣。执行你的计划,你体会到了生活和学习的乐趣。你的计划有张有弛,有休息的时间,有娱乐的时间,有体育活动的时间。你觉得你的计划订得很合理,很适合你自己的情况。你在执行计划当中,你体会到学习和生活的乐趣,你感觉到按照计划行动,你显得很坦然、很充实、很投入、很认真。完成计划之后,你感觉到对学习充满信心,你体会一下,你的内心有学习的动力,有要学习的兴趣。体会到学习的快乐和满足,同时你的计划让你感觉到,克服困难的决心和勇气,也让你感觉到你确实有克服困难的决心和勇气,你的计划能按时完成了。好,现在回过头来,再看看你的计划,再看看你自己的计划,你的计划很适合你的情况,能够按时完成,你的计划有娱乐的时间,有休息的时间。在完成计划的同时,你体会到成功的快乐,生活的快乐,并对你自己充满信心。你能够主动地制订计划,并能够完成你的计划。这一切发自于你的内心,现在你的内心升腾起一股力量,这股力量让你主动地制订计划,执行计划,完成计划。计划完成以后,你体会到成功的快乐,体会到生活的快乐。体会一下,完成计划之后,你感到心满意足,你感到生活是美好的、有意义的、快乐的、多彩的,你越来越热爱生活、热爱学习。体会一下,这种满足感,使你的整个身心感到非常地愉快,非常地舒适。好,现在带着这种满足和自信,你可以静静地睡,深深地睡……"

然后,依催眠唤醒程序操作。

六、调整计划增强动机

导入催眠后:"好,现在想象,在你的日常生活中,随着你的生活和学习你制订了合适的计划,你能够按照计划执行,并且感觉到心满意足,学习完了之后,感觉心情很愉快,收获很大。你能够根据计划及时地休息,适当地娱乐。你有休息的时间,娱乐的时间,和允许自己自由支配的时间,你的学习任务能够及时完成,按计划完成。每次完成学习任务,你就会感觉到,你的收获很大,内心充满力量。好,现在你把这种感觉保持下去,它随时都在支配着你的行为。好,让这种感觉伴随着你的学习和生活。在日常生活中,你能够安排好你的事情,遇到事情,按照计划去做,及时处理,生活上的事能够及时处理,按计划处理。在你的计划中有处理生活事情的时间。处理生活的事情,是你整个计划中的一部分。你处理完生活的事情,你也感到心满意足,是一种收获,因为你完成了自己做的计划。好,以后你的计划会随着生活而调整,不论如何调整,你都能按时完成计划,并且感觉到很从容、很平静、很舒服。现在,回过头来看一看,你每一天的学习、生活和娱乐都安排得很合理、很妥当。你对自己感到很满意,体会到收获,同时,你获得了愉快的感觉,每一天你都有这样的感觉。每一天的晚上,你都能够回顾一下今天的内容。你会体验到,很多计划你都能按时执行,按时完成,现在,你感觉到你的心情很愉快,浑身上下很舒服,你感觉到很满足。今天过去了,你很满意,没有任何遗憾,你可以静静地睡,深深地睡,你可以深深地睡,静静地睡……"

然后,依催眠唤醒程序操作。

七、增加元动力

所谓元动力,是指人行为的最根本动力及原本动能。它存在于潜意识之中,来源于集体无意识、早年的印记、遗传的素质,还有个体在后天生存中积累下来的能量。元动力不足的人在生活、工作、学习中表现为:精神萎靡、行动无力、思维被动、反应缓慢、做事懈怠、畏缩不前、苟且偷安、不思进取。这些人平时知道自己需要改变现状,但回天乏力。虽想改变、提高,但不想付诸努力。其原因在于:缺乏努力所必需的能量。即使在他人劝说下寻求心理咨询,使用精神分析、行为、认知等咨询技术也收效甚微。如果用催眠手段可以使其积蓄能量提升现状。

使用漂浮法导入催眠状态后:"体会一下你的整个身体变得轻飘飘,越来越轻,你的身体开始往上飘。你感觉到你的身体在往上飘,飘到空中,飘出窗外,飘出窗外,继续飘,在空中飘得很自然、很舒服。现在你飘向了白云,飘向了空中的白云。你躺在了白云上，躺在白云上，感觉浑身上下很舒服，你看到了山川、河流、草地、森林。

"好，你飘进了森林，飘进了森林。在森林里继续往前飘，飘……忽然，你听见了嘈杂的声音，你向这声音走去，发现有人在说话，附近有很多人，这些人分别是三五成群的在议论，仔细听听他们在议论什么？哦，他们在给一个人举行葬礼，你仔细地一看，原来这个人就是你自己，就是你自己。你现在分别听听这些人的议论，三五成群的，一伙一伙的在议论，其中有几个人在谈论你，在评价你，认为你这个人一生过得很充实、很努力，也很有成就。虽然有一些缺点和不足，但总的来看，取得了很大的成绩，在人们心目中的形象也很好。你听到之后，感觉很满意。

"你又走向了另外一伙人，（他们看不到你，你可以看到他们）这一伙人也在评论你，他们的评价和刚才不同。他们认为，你这个人是很聪明的，但这一生没有什么作为，他们认为主要是你对人生的设计欠缺，自己做的努力不够，总放任自己，总懈怠，本来应该做成功的事情，你却没有努力。他们为你感到惋惜，你听到之后感到很惭愧。

"现在你走到另外一伙人中间，他们看不到你，你可以看到他们。他们也在议论着你，他们认为你的各种基本素质都很普通，都很一般。但是，值得他们肯定的是，你这个人踏实、务实，虽然一生没有什么大的成就，但过的平平安安，为社会也做出了贡献，你自己和他人都很满意。

"好，你继续往前走，还有一伙人在评价你，说你后半生过得还可以，但是前半生做得不够。他们认为你在年轻的时候，没有努力学习，工作的时候，没有尽情投入，有些懈怠，致使工作效率不高，工作的效果不理想，年轻的时候不知道努力学习，不知道认真工作。年龄稍大一些，你突然醒悟了，正因为以后开始努力，在工作上，在事业上才取得了一些成绩，但是凭你的素质和你的个人的资质，如果早些醒悟，会有更大的成绩。

"好，现在随着我的口令，想象自己继续往上飘，往天空飘，飘……飘回教室，坐在你现在的位置上。现在你可以想一想，刚才的那几种评价，哪一种更符合你自己。如果给你十分钟复生的机会，你和你自己的家人，或者你的父母，或者想象是你未来的爱人，你以后的孩子，你要对他们说什么呢？根据你的情况，和他们对话，表达你的意愿。或者说，我已经尽了我最大的努力，我之所以取得这样的成绩，是我执着努力的结果；或者说，因为我没有取得成绩，一生碌碌无为，最后导致我非常地后悔，如果有来世，我一定及早努力，一定为实现自己的价值，努力学习，认真工作，这样我才感到无愧自己的一生。

"好，现在心情平静下来，你可以静静地睡一会，静静地睡一会儿，你感觉到心情很平静。过一会儿,我会把你轻轻地叫醒,醒来后,你会觉得你的精力和体力都得到了恢复,心情变得很愉快,整个身心充满了能量,后面的学习和以后的人生都充满了力量。好,现在听我数数,我从三数到一,你就会慢慢地醒来,回到现实中。三……浑身上下开始恢复知觉;二……大脑慢慢地清醒过来;一!可以轻轻地睁开眼睛。轻微地动一下,手指动一动,搓搓手,搓搓脸,从下向上,从中间向两边,三次,好,回到现实中。"

八、增强胆量

某男,25岁,平时胆小、怕黑、怕鬼、怕死人。经综合评估,不属于恐怖症,也无明显的早年创作印迹,于是采用了增加胆量的催眠技术。

导入催眠状态后:"现在你随着我的口令想象,一天晚上,天气很黑,你感觉到有点紧张,有点害怕,体会一下这种感受。

好,现在想象,你的身体吸收大自然的能量,自己变得很强大,你自己变得很强大。任何外来的侵害都不会伤害你,你有能力抵抗一切外来的任何侵略。你的内心,非常地强大,任何外来的侵略和刺激,你都能应对。体验一下,你的这种强大。全身放松,体验一下你的强大,你的强大使你变得很有力量,并且充满信心。使你的胆量变得非常大,对外界的一切都敢于应对。好,你可以静静地睡,深深地睡,你现在很安全、很踏实、很舒适,全身上下全都放松。好,现在想象你在外地一个不知名的医院走廊里,看到有护士从急诊室推出一个病人,从你身旁路过,你看了一眼躺在移动病床上的病人,吓了一跳!这个病人已经死亡,你看到这个画面,很害怕,感到很恐怖。体会一下这种情绪、这种恐怖。如果体会到了这种恐怖的感受,你轻轻的动一动左手食指告诉我。好,好。

"现在随着我的口令想象,现在想象你在外地一个不知名的医院走廊里,看到有护士从急诊室推出一个病人,从你身旁路过,你看了一眼躺在移动病床上的病人,吓了一跳!这个病人已经死亡,你看到这个画面,很害怕,感到很恐怖。但是,你转念一想这个画面仅仅是一个正常人由生命的存在转变为生命的消失而已,这个人从有生命变为没生命,从自然的过程看,这是一个人或早或晚都要经历的过程,不值得害怕,不值得恐惧,因为这是一个人人都必将经历的生命消失过程,没有值得恐怖的地方。其实,人的尸体,作为一个生物的实体是由有生命变为没有生命,和一个动物由有生命变为没有生命的本质是一样的,没有什么区别。那你看到一头死猪,你有什么感觉呢?不会有恐怖,所以说生命的失去,或者说人的尸体也不值得恐怖。无论是人的尸体,还是其他动物的尸体都不值得恐怖。

"好,现在你的内心变得很强大,认识也很充实,以后再也不会为某些事情害怕。好,把我的指令存储在你的潜意识当中。好,把我的指令存储在潜意识当中,在以后的生活当中,你会变得很强大,内心很强大。能够战胜一切,不会再有恐惧。好,你可以静静地睡,深深地睡……

"好,你睡得很好,睡得很舒适。你的整个身体全都放松,从内到外,整个身心全都放松,你感觉心情很平静,大脑很宁静,一切恐怖和焦虑情绪全都消失,你感到内心很安全,身体很舒适。

"好,你已经睡了很长时间,整个身体功能得到恢复,疲劳消失。过一会,我会把你轻轻地叫醒,醒来后,你会感觉到浑身上下充满活力,内心变得很强大,心情变得很开朗,精力很充沛。好,现在听我数数,我从三数到一,你就会慢慢地清醒过来,回到现实中。三……浑身上下开始恢复知觉;二……大脑慢慢地清醒过来;一!可以轻轻地睁开眼睛。轻微地动一下,手指动一动,搓搓手,搓搓脸,从下向上,从中间向两边,再向下,三次,好,回到现实中。"

九、摆锤在催眠中的作用

摆锤在催眠中可用于催眠易感性测试、用于诊断与预测、用于疑难问题的治疗。

1.测量被试的催眠易感性

操作方法:在白纸上画线长为5—7厘米的十字,交叉占为O,然后以O点为圆心,以2.5—3.5厘米长为半径画圆,和十字分别相交于A、B、C、D四个点。(见下图)

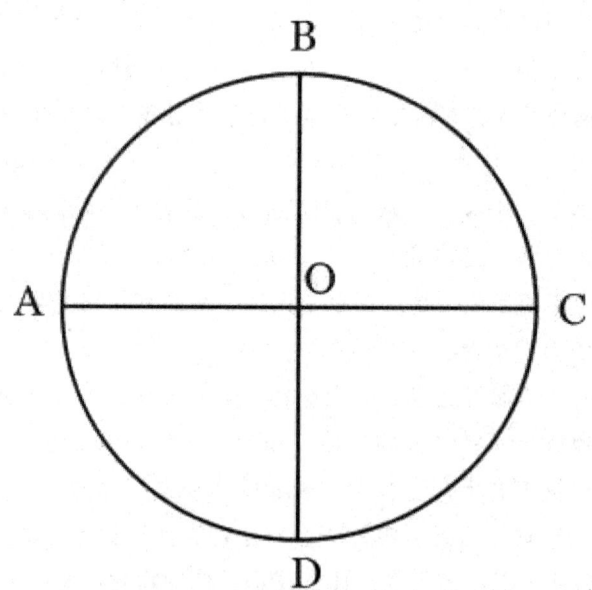

测量被试的催眠易感性使用催眠球最合适。如果没有,也可以自己制作:选一根30—40厘米长的线,线上系一个水晶球或圆锤等物。然后,让被试拇指与食指捏住绳的一端,使摆锤垂向O点,离纸面约1厘米。嘱其集中注意力注视着从A到C的一条直线,不久被试所持的锤就开始从A点向C点来回摆动;当注视BD一条线时,锤就会沿CD的方向摆动;注视ABCD连接的圆周时,摆锤就会依ABCD(顺时针)的方向转动。同理,当注视ADCB时,摆锤就会依ADCB(逆时针)方向转动。运动自如者催眠易感性强。

这种测验法就是运用了实验心理学中观念运动的实验来评价被催眠者催眠易感性的一种方法。实质上是让被试通过意念使手产生一种意动现象,从而测定其被催眠能力的强弱。

2.用于诊断与预测

如前准备。要求被试将摆锤对准O点,然后闭目放松导入浅度催眠状态。主试向被试提出问题,要求被试用潜意识回答问题。然后,观察并记录摆锤的运动方向。

BD方向为是,AC方向为否,ABCD为不知道,ADCB方向为不愿回答。

还可以让被试睁眼,告知上述运行方向的意义,然后导入浅度催眠状态,由潜意识回答问题。

每次测试提出的问题回答之后可继续提问,连续提问不宜过多,否则,被试容易疲劳,导致无法准确回答。

也有摆动方向不明确、不稳定、乱动、不动的现象。这可能是所提问题不明确、过难,也有可能是被试有意撒谎、病态人格或思维混乱造成。

3.用于治疗

在闭目放松下导入浅度催眠状态,让被试想象将自己疑难、纠结、混乱的问题投注在摆锤上,然后通过潜意识让摆锤挥洒出去。

这种方法对于不易导入催眠的被试、难以澄清的问题、强迫症的治疗效果较好。

十、自我催眠的应用

自我催眠,顾名思义,就是自己给自己催眠。这种技术在日常生活、工作、学习中有广泛应用,非常方便。但是,需要先做被试,经历催眠后,再由催眠师传授方法,学会后才可实施。当然,系统学过催眠技术的人,自然会学到自我催眠了。

自我催眠,在日常生活中有广泛应用,如改变习惯、改变状态、提高效率、治疗便秘、调节紧张性头痛等。

在临床中如果教会求助者进行自我催眠,并将催眠干预与自我催眠相结合,会极大地提高治疗效率。

1.消除疲劳

工作、学习时间长了难免出现劳累或厌烦，感到浑身难受，精疲力竭，效率很低。这时，正确的做法是休息。

假如是工作时间，或者休息一夜之后仍然如此，怎么办？几乎所有人都经历过这种现象，去医院诊断，没病，工作学习浑身难受。解决这一问题最简单的办法是，做自我放松或者自我催眠，方法如下：

按催眠要求把自己导入浅度催眠状态，接下来给你自己下指令："想象躺在松软的床上，全身从头到脚全都放松，全身上下很懒、很软。体会一下，放松后浑身上下一点力气都没有，懒懒的，想睡。大脑很宁静，心情很平静，整个身体从上到下、从内到外全都放松，全身上下感到很舒适，体会一下这种舒适……

经过休息，感到身体疲劳消失，体力得到恢复；经过休息，感到大脑的疲劳消失，精力得到恢复……体会一下，体力、精力慢慢得到恢复……

好，现在想象在头顶上方，有一个巨大的水晶球。这个水晶球看上去晶莹剔透、光芒四射、充满能量。现在，水晶球的能量照射在身上，能量透过肌肤，进入体内。感到体内很充盈，浑身上下充满能量；你感到大脑很充盈，感到大脑充满能量。现在体会一下全身的能量……好，现在，全身疲劳消失，精力体力得到恢复，过一会儿，会轻轻地醒来，醒来之后，会感到精力充沛、体力充沛、浑身上下充满活力。

接下来，按正常程序唤醒自己。

自我催眠做到一定程度，可在很短的时间内达到身体、大脑的深度放松。上述过程，可以在10分钟内完成。试想，如果学生掌握了这种方法，学习效率不高的情况可以在课间解决。

2.防止遗漏

外出前需要携带物品，入住酒店离开时等，将需要携带的东西或需要做的事情程序输入潜意识中，可以节省意识资源。

凡能形成程序之诸事皆可如此处理。

3.生理闹钟

如果明天早上出门赶车，晚上入睡前输入早上醒来的时间，到时便会自动醒来。

4.自动提醒

乘公交车，北京特10路共35站，全程运行两个多小时，我在始发站石景山上车，安河桥下车，共34站。上车后即输入指令，到下车站的前一站——"坡上村"醒来。当听到报站"坡上村"时即刻醒来，准备下站下车。这期间，可在车上放心入睡。

5.记事本

将若干天以后要办的事情输入,到时潜意识会自动提醒。

在生活中有许多事情可以借助于自我催眠协助解决,你的创造性有多强,你应用自我催眠的范围就有多广。

第二节　成长与发展及其潜意识改写

潜意识改写在心理咨询和治疗中,用于解决久攻不下的疑难问题常常收到奇效。这一技术为中国本土化催眠独创,其理论基础是精神分析人格结构理论及催眠现象的研究。精神分析学派认为,人的行为(包括言行、情绪、意志及个性中的部分内容)既受意识支配,也受潜意识支配。与潜意识相比,意识支配的部分仅似冰山中的一角(见图10-1),大部分行为受潜意识支配。借此假设,可以推断,要改变个体的某些不适应行为,不仅需要进行意识层面的工作,更重要的是改变潜意识中的内容。然而,在以往,无论是经典精神分析派,还是新精神分析派,改变潜意识一直是一件很难操作的事情。中国本土化催眠,依催眠现象中的删除、植入、催眠后效(见第二章),将被试导入催眠状态后对潜意识进行改写。在临床中对早年心理创伤及心理缺失的成年人、青少年、儿童进行改写证实了其有效性。潜意识改写分为两大类:一类是基础改写,另一类是点对点的重点改写。基础改写针对孩子成长过程中所必需的正常养护的条件进行的潜意识弥补,是大众化的普遍改写,几乎人人都需要。以刚刚出生的孩子为例,温尼科特认为,个体从出生到六个月,处于绝对依赖期,妈妈必须绝对满足婴儿的需要。如果饿了要及时喂奶;渴了,要及时喂水;尿了,及时清理;孤独了,有人陪伴等。小婴儿不会说话,有需要则发出哭声。妈妈要能够准确辨别哭声的内容,并及时给予满足。否则,对小婴儿就造成缺失。这会成为以后心理问题产生的根源。尽管许多妈妈倾尽全力投入到婴儿的养护中,但很多人还是难免有缺失。因此,这种大众化的普遍改写几乎适应于所有的来访者。点对点的改写是针对来访者具体问题的根源进行的当时事件情景的潜意识改写,最为典型的例子是:一朝被蛇咬,十年怕井绳。

图 10-1

通常情况下，如果来访者的问题明确、单一，找准问题的"点"进行改写即可。如果问题泛化，或问题较为广泛，很难精确找准问题的某一个点，一般先采用基础改写，之后，如果还有症状，则再进行精准的点对点的改写。

临床经验发现，来访者经过潜意识改写之后，潜意识内容得以修改或重建，行为随后也就慢慢发生变化。

弗洛伊德认为人格的形成，5岁前是关键，他说："儿童是成人的父亲（the child is father of the man）"，强调头5年具有非常重要的意义，这5年决定成人的人格。埃里克森认为人格在一生中都在不断发展，提出了8个发展阶段。其中，前5个阶段和弗洛伊德的理论有相近之处。温尼科特认为个体出生后的一年非常重要，特别是前六个月，处于绝对依赖期，如果有养护的缺失，会使小婴儿无法形成全能感，甚至造成湮灭恐惧，这是长大后罹患精神分裂、抑郁症、边缘性人格障碍的心理根源。潜意识修改以弗洛伊德、埃里克森、温尼科特等人的理论为基础，根据儿童成长与发展过程，结合临床咨询经验，将儿童到成人的发展过程划分为5个心理发展关键期，进行潜意识覆盖，即潜意识修改。修改主要针对每个不同时期儿童成长发展过程中可能出现的问题，以应该进行的正确养护、教育方式为素材进行全方位覆盖。也就是为那些早期错过了机会、或接受了错误的教育、遭受过不良刺激、形成某种情结、造成心理创伤的人进行治疗。这种治疗不仅解决儿童的心理问题，即使到成年之后仍然可以通过催眠进行潜意识修改，对早年的缺失给予弥补。

一、第一阶段（0~1岁）：信任与安全

这个阶段儿童最为软弱，需要成人的照料。如果父母的养育方式前后一贯，有规律性和预见性，对于儿童的成长是非常重要的。例如，儿童饥饿时能及时哺喂，受到惊吓或孤独时能及时抱起、爱抚、亲吻，儿童会感到这个世界是可靠的、可信任的，形成信任感，产生一种人格品质，即希望品质。具有希望品质的儿童敢于希望、富于理想、具有较强的未来定向，对他人也有一种基本的信任感。长大以后会成为一个性格开朗，信任别人的人。相反，当儿童需要时，父母不一定提供帮助，儿童就会产生不信任或不安全感，表现出依赖、悲观、被动等特征。这种儿童不敢希望，难以建立人际信任，时刻担心自己的需要是否能够得到满足；长大以后也难以信任他人，没有深度交往的朋友；在生活和工作中缺乏安全感，时常表现为被动依赖，害怕被抛弃，非常粘人，需要特别照顾；女生到恋爱时，不时地要求对方表达爱意，并且一而再、再而三地逼迫男友表决心、做承诺，稍有怠慢则耍赖放刁，难以哄劝，不可理喻；男生，在恋爱中，则时常提心吊胆，生怕女友另有新欢，不时地追问行踪，查看交往信息，个别的还盯梢监视，搞得对方不堪其烦；在工作中表现为行为退缩，对人苛求、嫉妒、猜忌，遇到挫折则仇视、易怒、悲观；在日常生活中也可能表现出咬指甲、吮手指、咬人、贪食、暴食、吃零食、常有饥饿感，更有甚者物质滥用；在人际交往中喜欢编苴造模、煞有介事、道听途说、捕风捉影、无聊八卦、搬弄是非，打听小道消息，传播花边新闻，这种人轻则让人远近不是，重则人见人烦，严重影响人际关系。

其实，这个时期完全满足儿童的需要，使其成为对世界彻底信任的人，既是不现实的，也不是什么好事，因为现实生活中需要有一点不安全感来保护自己。在喂养儿童时，有些不尽如人意的方式也是对的，只不过要使儿童的信任感远高于不信任感，才能达到理想的效果。如果在现实生活中发现儿童或成年人在某个方面出现问题。可进行有针对性的修改。

催眠改写的要点：

(1) 饥渴时有人及时哺喂，食物充足；
(2) 受惊吓哭闹时有人爱抚、亲吻或者抱起；
(3) 排泄后有人给清理；
(4) 清醒时感到孤独有人逗哄。

潜意识催眠改写引导语（0—6个月）

导入催眠状态后，进行年龄回归，回到出生时的情境。

你出生后躺在柔软的襁褓里，感觉到舒适、温暖、安全。

当你感到饿了的时候，发出信号，妈妈听到后马上微笑着对你说："我的宝宝

饿了，妈妈给你喂奶了。"一边说着把你抱起来，两臂环抱把你揽在怀中喂奶，你大口大口地吸吮着甘甜的乳汁，有一种满足的感觉。吃饱后慢慢入睡。当你感到渴了的时候，发出信号，妈妈及时给你喂水，喝水的感觉让你感到很满足。当你有排泄时也做出反应，妈妈及时给你清理，换上干爽的衣物，你感到很舒适。当你感到孤独时也发出声音，妈妈会及时地逗你玩……每当你有反应，妈妈都能及时回应，并且准确地辨别出你的需要及时给予满足。饥饿时总会有奶吃，干渴时总会有水喝，慢慢形成了规律，这个规律让你感到很满足，你也习惯这些规律，到时就想吃，到时就想喝，体会到得到的满足感……

你清醒时可以自己动动手、蹬蹬腿，发出不规则的声音，好像是在自娱自乐。有时感到孤独也会用哭来召唤别人，这时，妈妈总是把你抱起来，揽到温暖的怀中。你感到这里很温暖、很柔软、很舒适、很安全。在你妈妈的怀抱里随意地动来动去，非常幸福，表现出很快乐，妈妈也很高兴，不时地亲吻你，你感到浑身上下都很满足，甚至笑起来……这样，你长到了6个月，这期间，你感到这个世界是受你支配的，只要你有需要，招之即来，所有的需要都能满足。你形成了全能感，你是无所不能的，你能支配一切，整个世界都听从你的指挥。

潜意识催眠改写引导语（6—12个月）

导入催眠状态后，进行年龄回归，暗示出生后0—6个月顺利度过。

6个月以后，妈妈边带你，边收拾家务。你饿了，发出声音，妈妈听到后及时回应你："宝宝饿了，妈妈这就给你喂奶。"稍稍过了一小会儿，妈妈笑着把你抱起来喂奶。慢慢地，让你稍稍等待的时间逐渐延迟30秒、60秒，你也适应了等待，学会了延迟满足。

以后逐渐发现每当你有需要时，妈妈都能给你提供帮助，你和妈妈有互动，还发现有时爸爸也给你喂水，你和爸爸也可以互动，你的所有需要都是别人给你的，你了解到这个世界有你也有别人。

每当妈妈喂奶时你都看到妈妈慈爱的笑脸，有时你也看着妈妈笑，有时边吃奶边看妈妈，你非常熟悉妈妈的笑脸，也很喜欢妈妈的脸，每当看到妈妈的脸，你就会感到一阵阵地兴奋，感到安全。

妈妈抱你，给你换衣服，给你洗澡，搂你睡觉，你感到浑身上下很舒适、很满足，这样，你健康地长到了一岁……

你感到这个世界和你可以互动，形成信任感，周围的人也是可靠的、可信任的，你形成了希望品质，坚信自己的希望能够实现。

二、第二阶段（1—3岁）：自主与服从

这个时期儿童逐渐学会了站立、行走、推、拉等动作。随着能力的增强，个

体出现"独立"的愿望，自我开始出现，对成人的要求，特别是当成人试图对儿童进行便溺训练时表现出抵制。到这个阶段的后期，进入了第一反抗期，开始有自己的"想法"，这常常被视作"叛逆"。到这个阶段的后期基本掌握母语的口语体系，能够运用母语和家人交流。

父母对这个阶段儿童的教养，一方面要按照社会的要求对儿童的行为表现有适当的限制与约束，另一方面又要有适度的弹性，给予适当的自由支配和自我成长空间。让儿童既能适应社会规则，又不过分丧失自主性。如果儿童的发展危机得到顺利解决，儿童就会获得新的人格品质，即意志品质。

如果对儿童的教育过于放任，儿童表现为不守规矩、不懂事。成年后可能形成排泄型人格，表现为肮脏、放肆、浪费做事无条理、与人相处边界不清等人格特点，儿童将来不能很好地适应社会。

相反，如果对儿童的教育和训练过于严苛，多用批评、否定、惩罚和限制（包括过分保护）会阻碍儿童自主性和自我控制能力的发展。如不允许儿童探索，他们就不能获得个人控制感，不知道如何对外界施加影响，遇事缺乏主张，做事缺少办法，容易出现羞愧的感受，进而影响自知力的发展。如果过分干涉、限制儿童的行为，或经常否定儿童，他们会认为自己无用，不可爱，产生自卑，缺乏自己在这个世界上存在的意义；与人交往表现为界限僵硬，处事缺乏灵活性，不懂变通；在儿童期表现出固执、反抗、攻击、强迫性，过于爱干净、整洁；成年后可能过于吝惜时间和钱财，表现为时间观念过强，不肯浪费点滴时间，分秒必争，即便在休闲时间也有目的性，看电视时一演广告就换台；表现在对待钱财方面，节省到吝啬的地步，不愿意花费并不断积累钱财，他们不把金钱看成是使用的东西，而是贮存的对象；他们努力把自己塑造成一个必须依靠别人的人，觉得自己生存的权利取决于对他人的重要性，在人际交往中常常做出不恰当的道歉。与此同时产生的心理与行为问题是：不知道自己需要什么，不能拒绝别人的要求，害怕有新的经验，害怕面对别人的愤怒。

催眠改写的要点：

（1）导入1岁阶段，体验自我探索的主动过程。

（2）父母对儿童进行排便规律及卫生习惯训练，多数情况下服从安排，有时儿童也坚持自己的意愿，父母也能够允许。偶尔，儿童不能很好地自控出现不合时宜的便溺，父母也会谅解。

（3）有信心、自信、坚强、明是非、通情理，遵守规则、保持个性。与人相处界限清晰而富有弹性。

潜意识催眠改写引导语

导入催眠状态后，进行年龄回归，回到1—3岁。

你长到1岁，逐渐学会了站立、行走、推、拉等动作。有时想自己行走，自己拿想要的东西，还想挣脱成人的约束，越来越想独立。妈妈有时保护你，怕你跌倒，有时也放开让你自己去探索。

以后慢慢地能听懂妈妈说话，逐渐学会了说话。长到1岁半以后，妈妈要你按时大、小便，你有时服从，有时反抗。妈妈对你的反抗有时也允许，但还仍然按时要求你在特定的地方大小便，你基本服从妈妈的安排。偶尔在不适当的地方便溺了，妈妈也谅解你了，只是告诉你，以后要按要求大小便。

学会走路以后，你喜欢东走走、西看看，发现许多稀奇的东西，并尝试探索。很多时候你探索成功，获得了控制感。你感觉到自己能够对外界施加影响，有成功的感受，获得意志品质。在以后成长中会表现出意志坚强、目的明确、不怕困难、努力刻苦、勇往直前、追求成功。但也有时妈妈阻止了你的行动，你必须服从妈妈。在日常生活中，你常常按照自己的意愿做自己喜欢的活动，觉得自己能行，但有成人提出要求时，你也能遵守规则，得到成人的夸赞，感到自己在这个世界上是有意义的。

随着一天天的长大，长到2岁、3岁，你懂得了一些规则，知道哪些事可以按自己的意愿行动，哪些必须遵守规则。你既遵守规则，又有一定的自主性。长大以后你有信心、自信、坚强，成为明是非、通情理的人，在社会上既能遵守规则、又善于保持个性，与人相处既有原则性又有灵活性。

三、第三阶段（3—6岁）：主动与内疚

这一时期的儿童活动范围更为广阔，视野更加开阔，语言更为丰富和熟练，思维进一步发展，想象更加丰富。这些方面的发展使儿童的主动性增强，能够预想未来，设定目标、提出计划，并通过积极主动的行为实现自己的目标。

如果这个阶段孩子的需要得到满足，得到父母的肯定和鼓励，他们会提出自己的想法，表达出自己的情绪，发展出健康的好奇心；他们会认同自己的同性父母，形成相应的行为风格，把父母的道德观内化成为自己的东西，形成儿童的第二个自我——超我；同时形成一种良好的品质，即目的品质。具有目的品质的儿童会认为，"我就是心目中要成为的那个人"。长大后具有追求价值目标的勇气，勇于直面失败和惩罚，成为健康的人。

相反，如果父母经常否定或嘲笑儿童的主动行为和想象，儿童就会感到内疚，有犯罪感，行为退缩、循规蹈矩、缺乏主动性，依赖别人，生活在别人为其设定的狭隘范围之内，不敢越雷池一步；成年后，可能出现行为轻率、自负、夸张、敏感、自私、自恋、好表现，常常表现出攻击性和挑衅性，无法与他人建立良好的人际关系；男性力图表现出夸张的男子气概，对女性表现出粗暴或敌意；女性

则常常在生活中扮演男性角色，力图超越男子；进入恋爱婚姻年龄也常常在不合时宜的地方大秀其爱。河北人称其为"显摆""烧包"，东北人称其为"穷得瑟"。总之，令人讨厌。

这个时期的成长发展与心理健康有关，没有得到正常教养的儿童成年后可能出现的心理障碍有：

（1）性变态和心理异常；
（2）不能认识或表达内心的感受；
（3）对感情关系背负过分的责任；
（4）不断讨好他人。

家庭教育应该注意的事项：

引导孩子认同同性父母，建立性角色意识，鼓励儿童的想象和自主，促成目的品质的形成。一个人有了强烈的主动性就会有目标感。这时，"我就是心目中要成为的人"这种坚定信念就会在其以后的生活中起作用。发自内心的主动与信念，会使人自觉地为实现自己的目标而竭尽所能。

关注孩子的内心体验，允许孩子以适当的方式表达情绪，孩子哭泣时要表示出关注，并允许哭出来，适度宣泄后可用语言表示关心和共情，然后再行哄劝。

催眠改写的要点：

（1）父母鼓励儿童主动地活动与探索；
（2）认同父母，模仿学习同性父母的特点；
（3）接受父母的观念并内化；
（4）知道自己的特点和目标并努力坚持；
（5）有正确表达情绪的手段。

潜意识催眠改写引导语

导入催眠状态后，进行年龄回归，回到3—6岁。

你长到了3岁，能流利地使用母语进行交流，认识很多事物，想象丰富起来，能思考许多问题，喜欢做各种游戏，在游戏中能够设定目标、提出计划，预想未来，并通过积极主动的行为实现自己的目标。在日常生活中，你玩各种游戏的愿望常常能够得到满足，并时常得到父母的肯定和鼓励；你有想法时就向父母提出来，高兴或不高兴时你用特定的方式表达出自己的情绪；你对各种事物表现出健康的好奇心；你很羡慕你的爸爸或妈妈（同性）并经常模仿他（或她）形成相应的行为风格；把父母的道德观内化成为自己的东西；父母对你的这一切表现总是报以满意的微笑或大声的夸赞，你也感到很满意、很快乐。

慢慢地长大，4岁、5岁、6岁，随着年龄的增长，你的活动范围更为广阔，视野更加开阔，语言更为丰富和熟练，你的主意和主张越来越多，父母也经常发现你的进步,并鼓励你。你感到你就是心目中要成为的那个人,形成目的品质。长大后具有追求价值目标的勇气,勇于直面失败和惩罚,知进知退,成为健康的人。

四、第四阶段(6—12岁):自卑与自信

正值上小学的阶段,学习成为儿童的主导活动。这时的力比多转向外部,为探索自然环境、学习知识、文化活动、同伴交往等所取代。由于生活范围的扩大和在学校学到了系统的知识,儿童人格中自我和超我部分有了更大的发展。如果儿童在努力学习中获得了老师、家长的肯定,产生了乐趣与成就感,在以后生活、学习、工作中就会信心满满,形成能力品质。具有能力品质的儿童长大以后则会成为一个主动、勤奋、自信、勇于承担责任的人。相反,如果这期间体验到更多的失败,接受权威评价(老师、家长)的负面信息过多,与同伴比较时常自感不如人,儿童就会形成自卑感、无能感,认为自己对社会没有用处。长大以后可能自卑、做事拖沓、不知如何达成目标,对人对己,吹毛求疵,或者回避竞争或者特别热衷于竞争。

学校与家庭对这个阶段儿童的教育应该着重于对儿童的生活、学习进行耐心指导;保护儿童参与活动和学习的热情,鼓励他们正确的言行;肯定他们取得的成绩,对他们的错误也要进行正面教育和引导,避免失败的评价。这个年龄的儿童也是行为训练和行为塑造的最佳年龄阶段。小学老师要注意发现和利用儿童的闪光点。埃里克森认为,在具有天才和灵感的人中,大部分是教师点燃了他们未被发现的天才的内心火焰。

家长要指导他们拓宽读书范围和活动内容,多接触各种自然环境和生活内容。培养儿童的能力与勤奋固然是重要的,但不能过分。否则,儿童长大以后把工作当成唯一的责任,变成"工作狂",无视生活的其他方面,成为不懂生活、不会享受生活的"怪人"。一言以蔽之,既要培养儿童自主支配时间、努力、成功的感受和能力,也不要偏废他们会玩的技能。

催眠改写要点:

(1)对各种活动产生兴趣,并主动探索;
(2)在活动中积极主动,取得老师、家长的支持;
(3)热爱学习、热爱读书,取得好成绩,得到老师的表扬;
(4)和同学交往,受到欢迎,有自信。

潜意识催眠改写引导语

导入催眠状态后,进行年龄回归,回到6—12岁。

你开始上小学了,学习成为你的主导活动。你的注意力转向为学习知识、文

化活动、探索自然环境、和同伴交往等多种活动。你在努力学习中获得了老师、家长的表扬和肯定，对学习产生了乐趣，对各种活动也产生了成就感，在你长大以后的生活、学习、工作中信心满满，具有主动、勤奋、自信的特点，并且勇于承担责任，是一个对社会有用的人。

平时，家长经常指导你拓宽读书范围和活动的内容，你接触各种自然环境和生活内容，学到了很多科学常识和生活常识，同时也学会了各种玩耍的技能，你的生活是充实的，也是快乐的，形成了能力品质，你很有自信。

五、第五阶段（12—20岁）：同一性与角色混乱

进入青春期，对异性开始产生兴趣，试图摆脱对父母的依赖，逐渐走向独立。如果在前面各阶段都得到顺利发展，这个阶段在性方面、心理和社会方面都达到了完美的境界，能消除本能力量的破坏作用，有能力建立完满的爱情生活，获得事业上的成功。

这个时期的主要任务是建立新的同一性和自我认同感，包括思考自己所掌握的信息，关于自己的信息及对社会的信息，如自己是谁，自己在群体中的地位。如果主观的印象和客观评价一致，就会产生同一性。同一性的形成，标志着儿童期的结束和成年期的开始。如果获得同一性，会产生熟悉自身的感觉，知道未来的目标，这个阶段的危机得以解决则形成忠诚品质。尽管价值体系中可能存在矛盾，但仍然忠于自己的内心誓言。如果在这个阶段没有获得同一性，就会产生角色混乱，不能正确地选择适应社会的角色，无法发现自己，不能确定自己是谁，也不知道自己能干什么；常常伴有焦虑，也有可能不加选择地把自己归入某一类人，莫名其妙地加入某种组织，做着没有目的事，不能从中获得满足和意义；这种人即使将来进入社会走上工作岗位，也总会漫无目的地跳槽，无论到哪里都会表现得浑身不自在；当然，未来的发展也将大打折扣，甚至一事无成。

这个阶段的教育重点是：引导其关注自己，关注并分析自己的内心体验，逐渐认识并评价自己。同时还要不断获取来自他人的评价信息，审视自我与他人对自己的评价，比较差别，鉴别真伪，不断校正，最后达到主观自我（自我概念）与客观自我（自我）的统一。做到能够客观、全面地认识自我、评价自我和调节自我。

同时对他们还要进行人生观、价值观的正确引导。

催眠改写的要点：

（1）强调前几个阶段的成长顺利；

（2）逐渐独立；

（3）有自我认同感。知道自己的能力、地位，接纳并欣赏自己的成绩；

（4）确定自己在社会群体中的地位，主观的自我和客观的自我一致；

（5）主动思考人生，有人生方向，忠于自己的内心誓言。

潜意识催眠改写引导语

导入催眠状态后，进行年龄回归，回到12—20岁。

你人生的前几个阶段成长很顺利，现在进入了青春期，对异性开始产生兴趣，试图摆脱对父母的依赖，逐渐走向独立。开始关注自己，关注自己的身体，关注自己的外貌，关注自己的内心，分析自己的内心体验，逐渐认识并评价自己。同时还不断地获取来自他人的评价信息，审视自我与他人对自己的评价，比较这些评价的差别，鉴别真伪，不断校正自己对自己的看法，最后达到主观自我（自我概念）与客观自我（自我）的统一。做到能够客观、全面地认识自我、评价自我和调节自我，熟悉自身，知道未来的目标。以后，慢慢地形成了自己的价值观和人生观，有自我认同感。知道自己的能力、地位，接纳真实的自己，发现不足努力改进，努力之后接受一切结果，并时常能够看到自己的成绩，欣赏自己的成绩。能够确定自己在社会群体中的地位，主观的自我和客观的自我一致，形成了忠诚的品质。主动思考人生，有人生方向，忠于自己的内心誓言。

魏心个人体会

催眠在生活中的应用范围实在太宽，以至于可以没有范围。其中，我最感兴趣的是对成长发展过程的潜意识改写。这一技术不但可以应用于儿童的教育之中，还可以对已经过去的经历进行修正。即便是大学生、成年人出现的某些心理、行为问题，也可回溯到早年的经历，在导入催眠状态后进行改写，很多问题可以迎刃而解。临床咨询经验证明，在解决某些疑难心理问题时使用"潜意识改写"，确实不失为一项高效的心理治疗手段。

第十一章 考试焦虑的催眠治疗

❖ **本章导读**

● 认识考试焦虑是必须的。

● 根据原因确定干预手段与方法。

● 请仔细阅读十次干预内容,慢慢品味技术中蕴含的原理。

第一节　考试焦虑概述

一、认识考试焦虑

先介绍两个案例，大家可从案例中体会什么是考试焦虑。

案例一：优秀女生在考试中的表现

高三女生苏哲（化名），进到咨询室便大哭起来，咨询师关注地静静陪伴，过了一会儿，苏哲边哭边泣不成声地诉说着她的学习经历。

从小学到高二，一直品学兼优。高二下学期，期中考试失误，被老师进行了一次"严肃"的教育后，对老师的要求念念不忘，每次考试都特别认真，生怕出现一点点纰漏。说来也怪，每次考试还是出现小小失误，平时的小考还算凑合，但每每遇到重要考试就"砸锅"。越是重要的考试发挥得越不理想，甚至在考前或考试期间出现失眠、头痛、食欲减退、频频上厕所、过分担忧、思维阻抑、判断能力下降。快要高考了，越是临近越学不进去，越是大考发挥得越差，急得抓狂。

咨询师耐心地听完苏哲的哭诉后，经过测量、诊断、评估确认她具有中度考试焦虑。

案例二：孩子考试当妈的比孩子还焦虑

一名学习成绩优异的女生，在小学和初中成绩排名班中第一全校前三。不但学习优秀，还热情开朗、乐于助人。历届三好学生、优秀学生班干部。平时刻苦努力，师生关系良好，灵巧懂事，人见人爱，谁教谁夸。老师喜欢，同学仰视，妈妈自豪。

自从高二以后，妈妈发现女儿平时成绩还好，但每遇大考名次下滑。作为高中教师的妈妈认为是知识掌握不够扎实，加大练习力度，找了"状元试题集"让女儿每天吃小灶。没想到本来年级排名前五的女儿，在高三第一学期末竟然跌破二十大关，妈妈真的急了。状元题加量，蜂王浆、六个核桃上！本人也加班加点，常常挑灯夜战。二模考试下定决心打一个翻身仗。一早，厉兵秣马整装待发，突然一阵心慌，靠坚强的意志支撑到学校，又频频上厕所。进考场拿到考卷，大脑却一片空白，阅读试卷不知所云，强行答了几道题也言不由衷，而且双手发抖、浑身冒汗，自知再也不能进行下去了，中途退出考场。

妈妈带着女儿找到我的时候几乎都要崩溃了。

妈妈是本校的老师，教学成绩突出，优秀教师又培养了一个优秀的孩子，自豪感、成就感曾一度爆棚。现在，孩子的前途一片迷茫，自己的声誉轰然倒塌，内心的焦急、痛苦可想而知。

经过诊断分析，孩子的问题属于严重考试焦虑。据孩子自己回忆，早在高一就略有显现：学习时不能专心，效率低，考前经常做关于考试的梦；后来，每次听到考试的消息就担心考砸；高二时重要考试前就时有失眠；进入高三，时间紧迫感增强，总觉得自己有学不完的内容，复习被老师推着走，自己没有计划；不会自我调节，神经一直绷得紧紧的，时时刻刻在内心告诫自己，只能进步不能后退！终于有一天撑不住了。

经过咨询得知，该生的考试焦虑在初三时就有迹象，根源来自妈妈的"关心"。中考前，妈妈嘴上不催促孩子，女儿晚上学习时，当妈的不时地进入女儿的房间，不是提醒喝水就是去送水果。有时女儿休息到客厅打开电视看一会儿新闻，妈妈总是站在门口，不是看电视，而是看着女儿。敏感的孩子觉察出妈妈的紧张和提心吊胆，于是，不敢松懈并试图以好成绩安慰妈妈。每次重要考试之前都如临大敌，一旦有小小的失误都会自责不已。后来因为考前的过度努力导致学习效率下降影响了成绩，由此开始害怕考试。

孩子考试，很多当妈的比孩子还紧张，她们不了解孩子的状态，却一味期望孩子一刻不停地学习。孩子累了需要放松一下，妈妈却内心焦灼，妈妈的焦虑孩子能够感受到，使得孩子被"传染"上紧张焦虑情绪。

也有另外一种情况，重要考试前孩子出现不愿学习、睡眠不好、情绪急躁、食欲下降等表现。当妈的看在眼里、急在心里，不知如何是好，由于孩子的问题引起妈妈的焦虑，而妈妈的焦虑又投射给孩子，加重了孩子的焦虑程度，妈妈和孩子相互影响，进入"交叉感染"的恶性循环。

从以上两个案例可知，这就是我们要探讨的考试焦虑。

考试焦虑是在考试之前、考试期间、考试过后出现的影响学习效率、考试发挥及身心健康的不良情绪。

二、考试焦虑在考前、考试过程中、考试之后的表现

具有高度考试焦虑的学生在考试前、考试过程中、考试过后出现明显的生理、心理反应。

在考试前：无名的忧虑、恐惧、厌倦、烦躁、学习不能深入、学习效率低下，还有的出现失眠健忘、食欲减退、腹泻、发烧等症状，也有的出现各种逃避行为（逃学、上网等）。

在考试过程中：进考场之前提心吊胆、频频上厕所；进考场后大脑一片空白、心慌气短、呼吸急促、思维肤浅、判断力下降、看不清题目、看错题目、丢题落

题、手足出汗、手不听使唤、发抖、动作僵硬、出现笔误；严重者表现为思想不能集中，到考场上紧张不起来，无法投入考试，甚至晕场。

考试过后：由于考场发挥不好，深深陷入惋惜和自责之中，不能从考试的状态中解脱出来，直到考下一科还在后悔上一科不该错的题，影响了其他科目的考试；有许多高度考试焦虑的学生高考结束之后并不轻松，不敢出门，不愿见人；还有严重者长时间闭门不出，导致抑郁、自杀等意外事件发生。

以上说的是严重考试焦虑在考前、考试过程中及考试过后对生理、心理、成绩的影响。

三、考试焦虑有程度差异

考试焦虑在学生身上的表现有不同的程度，按焦虑的程度可分为轻度、中度和重度考试焦虑。各自表现如下：

轻度的考试焦虑，会有心里不踏实的感觉，但随着复习的进展，这种不踏实的心理会消失。随着考试日期的来临，又会产生一种紧张感，害怕自己复习不全面，害怕遇到偏题、难题、怪题，害怕考试发挥不出水平等。但是这种紧张和害怕并不影响考生的睡眠、饮食和身体健康，也不一定影响考试成绩的发挥。考试结束，这种紧张也就结束了。

中度的考试焦虑，会在考试的一段时间里，较多的想到考试的情景，经常地、隐隐约约地感到紧张和不安，对众多的复习材料感到发愁和忧虑，缺乏自信心，老是感到把握不大，心里没底，有的会发生失眠噩梦。影响正常的复习进行，平时小考还可以，重要考试发挥较差。

重度的考试焦虑，在考试前很长一段时间里就产生了对考试的恐惧感和焦虑情绪，对功课复习有严重的畏难情绪，自信心差，出现头痛、失眠、多梦、易醒、食欲不振、心悸盗汗、脾气不好等症状，严重影响复习效率和考试成绩，考试结束体会不到轻松，严重自责。

如何确定考试焦虑的程度？除了根据以上的症状表现，还要进行心理测量。下面是一个简单的测量，可初步推断有无考试焦虑。

【专栏】

考试焦虑的简单测量

下列4个题目，非常符合自己情况的打5分，不符合的打1分，中间按自己的符合程度来选择2、3、4分。

①一提到考试就感到厌烦和恐惧；

②一进入考场就浑身不自在；

③每当重要考试的前几天，就睡不好，吃不香；

④在重要考试过程中，难以进入状态，出考场后仍感到不轻松。

前面这四个问题只是对考试焦虑进行粗线条地了解，不能作为结论来判断。建议得8分以上的，要进行专业的心理测量和专业的评估，来确定考试焦虑程度。

轻度考试焦虑不需要专业治疗，一般的生活调整和学习调整即可，如保持良好的睡眠及饮食，适量运动，学习时间不要过长等。中度和重度考试焦虑要进行治疗，否则会影响学习效果和考试成绩。据研究，这类学生在高中约20%，每年的高考和中考都有一些学生因高度考试焦虑而名落孙山，使得学生悲观失望、家长沮丧、教师无助。

四、考试焦虑形成的原因

对于考试焦虑形成的原因，不同的学者有各自的理解和分类。田宝按考试焦虑分类标准把考试焦虑类型分成认知主导型（C型）、生理唤醒主导型（P型）和技能缺乏主导型（S型）三种。

中国本土化催眠认为考试焦虑的形成受多种因素影响，因此，采用综合手段治疗。认知方式消除关于考试的错误观念；通过学习技能、考试技能、自我调控的训练提升应对技能；放松催眠不但改善生理唤醒状态，还可以使前两项工作加快进度、增强效果。因此，在整个干预过程中放松催眠贯彻始终。

第二节 考试焦虑的治疗过程

具有中度或重度考试焦虑的中学生，可以通过系统的干预降低或恢复正常。

通过心理干预达到的目标是：降低考试焦虑，消除生理症状，提高学习效率，考试正常发挥，顺利参加中考或高考，以平稳的心态对待学习、考试、人生。对学生可进行个别干预或团体干预。

下面着重介绍团体干预。

一、考试焦虑团体干预相关事项

对学生的要求：中、重度考试焦虑或考试焦虑程度偏高且有典型的心理或生理症状，无严重心理疾病，每周至少有半天自由支配时间。学生、家长双方自愿。

对考试焦虑训练师的要求：考试焦虑训练师可以是心理咨询师，也可以是学校心理教师、心理辅导员。最好有教学或培训经验，有个体心理咨询经验，经过考试焦虑团体心理训练培训。

对场地与器材的要求：考试焦虑团体训练场地可选在教室、会议室、心理实验室、团体心理训练室等。要求宽敞、安静便于进行团体活动。每人一把有靠背的座椅，有无课桌皆可。能播放催眠背景音乐。各次课上临时使用的教具，分别在课程前做好准备。

程序和步骤：第一步，对初三、高三学生进行摸底测查（《考试焦虑诊断问卷》和《症状自评量表SCL—90》）；第二步，根据测量结果召集中度和重度考试焦虑的学生及家长开办讲座，之后自愿报名（收费效果更好），经过面试确定团体成员。

时间安排：干预可在高三、初三第一学期或第二学期进行。心理训练每周1次，每次2个课时，共10次。学生、家长双方自愿，如果需要，每生在训练期间可安排1—2次免费个别面询。

团体人数要求：每个训练班控制在10—20人以内。据经验，效果最好的团体人数在15—16人。

课程内容及要求：每次团体训练完成一讲内容，每讲是一个独立的单元，全程共10讲。各讲内容根据训练进程安排，其中包括放松或催眠、训练师讲解、团体成员交流、团体心理活动等，内容不尽相同。活动中要使团体成员全身心参与、各系统激活、多通道渗透、全方位感受。通过系统训练使成员获得认知的提升，情感、人格的陶冶；产生心理、生理、行为方式的改变；得到心理素质、思想境界的升华。

二、考试焦虑团体干预内容

考试焦虑团体干预分十次进行，每次的具体内容如下：

（一）第一次

1.训练目的
①组成团体相互认识并接纳；
②明确角色与要求；
③学会放松。

2.训练步骤和要求
（1）处理与治疗相关的问题
怎样看待心理治疗或心理训练？
①训练师讲解
在我国心理治疗或心理训练还不为多数人所理解，多年前，在发达国家心理治疗或心理咨询是很普遍的，素质高、经济条件好、社会地位高的人群有自己的

心理保健医生。有人举过这样的例子：美国男孩在约会女朋友时迟到，说是因为去看心理医生，女孩认为他懂得心理保健、能够发现自身的资源、有品位、经济地位较高，而在中国发生了同样的事情男孩可能被怀疑"有问题"。

②互动环节

训练师发问：

"你们如何看待心理训练？"

"如果有人问你'参加什么班？'你将如何回答？"

让大家参与后再作综合总结，训练师再恰当地回答。

参考建议：对外称"优秀心理素质训练班"。

（2）对团体成员提出要求。

①真诚。对内敞开心扉，敢于剖析自己。

②接纳一切同学，接纳同学的一切。

③对外，为团体所有同学的一切保守秘密。

④在老师讲解时间不交头接耳，有问题公开提出。

⑤参加者（不同于咨询具有辅导的性质）自愿，无故不能中途退出。

⑥不能试听，每次训练内容有连续性，试听不能了解全部（不像上文化课）。不愿参加者可以现在退出。

训练师应该视情况对以上诸条做出解释，以打消顾虑。

训练师表态：在训练期间老师将时常与家长联系，哪些内容需要保密，请各位同学及时与老师沟通，老师保证做到。

以上要求若能做到，请同学们起立宣誓并为誓言签名。

誓言：真诚接纳每一位同学，为同学的隐私保守秘密

注意：在整个过程中训练师诚恳、严肃、认真的态度非常重要。

（3）放松训练的适应性训练。只讲放松的要求和做基本动作，不深入训练。目的是让学生适应，避免正式做放松时因好奇影响效果。

（4）谈考前的表现。

训练师先介绍考试焦虑在考前可能出现的表现。

一是考前的心理反应有：忧虑、烦躁，缺乏考试信心，总想逃避考试。

二是生理反应：如肠胃不适，饮食量减少或恶心呕吐腹泻，考试之前睡眠不佳，头晕头疼，还有的考前腹泻、发烧等（北京儿童医院首次发现）。临考前频频上厕所，手脚发凉浑身冒汗，肢体僵硬等。

三是表现在考前学习效率不高。（因为）学习效率低→出现急躁、自责→（导致）吃不香、睡不甜、浑身没劲、脑子不灵→学习效率更低（恶性循环）。还有的因效率低则加班加点（减少睡眠）→睡眠欠缺→大脑疲劳→效率更低（值班）。

学习效率低有几种类型：

一种是思维肤浅，复习时不能深入，看书时觉得这也学会了，那也知道了、没有什么可学的，但还惴惴不安。

另一种是情绪急躁，感到内容过多、压力过大，而自己的学习进度很慢。精力在责备自己注意力不集中和催促自己加快复习中大量消耗。有时出现悲观失望的情绪。

还有一种是特别怕干扰，他人或外界的轻微动作和声音都使其心烦意乱（感觉增强，应激反应）。

启发成员自我暴露。

训练师讲完后启发学生自愿、主动在团体中介绍自己的考前表现（敢于当众说出自己的考试焦虑具有治疗作用）。

注意：训练师只是倾听、接纳、鼓励其表达。不要解释，更不要治疗。

训练师最后做总结。

训练师可以说："我们原来以为最苦恼的最不幸的是自己，现在知道了，别人也有，甚至比自己还严重（遵循了社会心理学原理）。这些问题我们今天没有时间解释，以后在训练中逐步解决（引导其投入以后的训练）。"

（5）放松训练。这是第一次正式进行放松训练，因此，只要求做放松中的前一部分，不加治疗性暗示语。

具体操作：安静地坐在凳子上，双脚平行自然踏地，身体坐正（开始不要靠背，可以坐得离椅背近些，放松后，顺其自然可以靠背），百会朝天，双手平放于两腿之上。然后轻轻地闭上眼睛，做腹式呼吸，吸气徐徐沉入小腹，呼气从小腹慢慢向上托出。吸气、呼气都要均匀缓慢，以不憋气为最佳速度。心情平静下来后进行渐进式放松。

训练师：现在心情平静下来，随着我的口令想象头部放松——头部放松，颈部放松——颈部放松，双肩放松——双肩放松，两臂放松——两臂放松，双手放松——双手放松，背部放松——背部放松，胸部放松——胸部放松，腹部放松——腹部放松，腰部放松——腰部放松，臀部放松——臀部放松，两大腿放松——两大腿放松，膝关节放松——膝关节放松，两小腿放松——两小腿放松，足踝部放松——足踝部放松，双脚放松——双脚放松"。

大约10秒钟发出一次口令，一个部位放松2次，约20秒，再间隔5秒后，进行下一个部位的放松。

发出的口令要缓慢、柔和、低沉、坚定，随着放松的进展后面的语调逐渐压低，速度放缓。第一次放松到双脚即可，然后暗示心情静一静，按正常程序唤醒。慢慢睁开双眼，轻微活动一下。

之后，由学生谈感受，布置家庭作业，要求晚上入睡前做卧式放松练习。

卧式放松的要求：（以右侧卧位为例）像平时睡觉一样，右手自然放在枕头上，右腿自然伸直，左腿微曲在右腿上，左手心对环跳穴位自然放置。躺下静一静后做深呼吸，然后按如上顺序做放松。如果仰卧，双手放于两侧，切忌放于胸前。

因为一周后才进行下一次训练，故此，要告诉团体成员相互提醒，不要忘记睡前练习。

注意事项：

团体放松时，最好让学生坐在沙发上或有扶手的座椅里。普通椅子也可以，第一次放松训练注意加强保护。

训练师要能接触到每个学生。

在做之前，先引导学生进行深呼吸练习，以免正式开始后笑场。

【专栏】

放松训练

放松训练是指通过循序交替收缩或放松骨骼肌群，达到缓解个体紧张和焦虑状态的一种训练技术。这种技术可以在主试的统一指令下进行，也可以个人单独进行。放松训练对于紧张、焦虑、失眠、头痛、高血压、心律失常等疾病均有一定的疗效。也可用于治疗考试焦虑，尤其对广泛性焦虑及特质焦虑引起的考试焦虑，其效果非常明显。放松训练的方法很多，主要包括三种：

（1）想象渐进式，先做深呼吸3—5分钟后，从头到脚逐步放松。

要求：安静地坐在凳子上，双脚平行自然踏地，身体坐正（开始不要靠背，可以坐的离椅背近些，放松后顺其自然可以靠背），百会朝天，双手放松搭在两腿之上，稍向内侧。然后轻轻地闭上眼睛，做腹式呼吸，吸气徐徐沉入小腹，呼气从小腹慢慢向上托出。吸气、呼气都要均匀缓慢，以不憋气为最佳速度。待心情平静下来后进行渐进式放松。

训练师：现在心情平静下来，随着我的口令想象"头部放松——头部放松，颈部放松——颈部放松，双肩放松——双肩放松，两臂放松——两臂放松，双手放松——双手放松，背部放松——背部放松，胸部放松——胸部放松，腹部放松——腹部放松，腰部放松——腰部放松，臀部放松——臀部放松，两大腿放松——两大腿放松，膝关节放松——膝关节放松，两小腿放松——两小腿放松，足踝部放松——足踝部放松，双脚放松——双脚放松……"约10秒后再发出口令："你随我的口令往下做，你感到从头到脚全身上下全都放松，松……松……松……现在你感到全身上下全都放松,很松软,很舒服。现在你感到心情很平静,心情很愉快,你慢慢体会这种放松后的感觉,很好……很好……"

大约10秒钟发出一次口令,一个部位放松两次,约20秒,再间隔5秒后进行下一个部位的放松。

发出的口令要缓慢、柔和、低沉、坚定,随着放松的进展,后面的语调逐渐压低,速度放缓。第一次放松到双脚即可,以后可根据情况确定放松的时间。然后,暗示心情静一静,慢慢睁开双眼,轻微活动一下。

（2）紧张放松,节奏先快后慢。

被试可坐可卧。主试发出口令,被试全身用力达僵硬程度,坚持10秒后,放松10秒。视被试体力循环10—15次,最后全身放松。

注意事项:用力到位、放松彻底、紧张和放松的持续时间逐渐延长。

（3）渐进式紧张放松法,从头到脚逐步放松。

①头部肌肉放松

第一步,紧皱额头,就像生气时的动作一样,保持这种姿势10秒钟,然后放松。

第二步,闭上双眼,做眼球转动动作,先使两只眼球向左边转,尽量向左,保持10秒钟后,还原放松。随后,使两只眼球尽量向右边转动,保持10秒钟后,还原放松。随后,使眼球按顺时针方向转动一周,然后放松。接着,再使眼球接逆时针方向转动一周后放松。

第三步,皱起鼻子和脸颊部肌肉,保持10秒钟,然后放松。

第四步,紧闭双唇,使唇部肌肉紧张,保持此姿势10秒钟后放松。

第五步,收紧下腭部肌肉,保持该姿势10秒钟,然后放松。

第六步,用舌头顶住上腭,使舌头前部紧张,10秒钟后放松。

第七步,做咽食动作以紧张舌头背部和喉部,但注意不要完成咽食的最后动作,持续10秒钟,然后放松。头部肌肉放松结束。

②颈部肌肉放松

动作要领:将头用力下弯,力求使下巴抵住胸部,保持10秒钟,然后放松。注意体验放松时的感觉。

③臂部肌肉放松

动作要领:双手平放于沙发扶手上,掌心向上,握紧拳头,使双手和双前臂肌肉紧张。保持10秒钟,然后放松。接下来,将双前臂用力向后臂处弯曲,使双臂的肱二头肌紧张,10秒钟后放松。接着,双臂向外伸直,用力收紧,以紧张上臂肱三头肌,持续10秒钟,放松。每次放松时,均应注意体验肌肉松弛后的感觉。

④肩部肌肉放松

动作要领：将双臂外伸悬浮于沙发两侧扶手上方，尽力使两肩向耳朵方向上提，保持该动作10秒钟后放松。注意体验发热和沉重的放松感觉。20秒钟后做下一动作。

⑤背部肌肉放松

动作要领：向后用力弯曲背部，努力使胸部和腹部突出，使成桥状，坚持10秒钟，然后放松20秒钟后，往背后扩双肩，使双肩尽量合拢以紧张上背肌肉群。保持10秒钟后放松，放松时应注意该部位的感觉。

⑥胸部肌肉放松

动作要领：双肩向前并拢，紧张胸部四周肌肉，体验紧张感，保持该姿势10秒钟，然后放松。此时，你会感到胸部有一种舒适、轻松的感觉。20秒钟后做下一个动作。

⑦腹部肌肉放松

动作要领：高抬双腿以紧张腹部四周的肌肉，与此同时，胸部压低，保持该动作10秒钟，然后放松。注意由紧张到放松过程腹部的变化感觉。20秒钟后做下一个动作。

⑧臀部肌肉放松

动作要领：将双腿伸直平放于地，用力向下压两只小腿和脚后跟，使臀部肌肉紧张，保持此姿势10秒钟，然后放松。20秒钟后，将两半臀部用力夹紧，努力提高骨盆的位置，持续10秒钟，随后放松。这时你会感到臀部肌肉开始发热，并有一种沉重的感觉。

⑨大腿肌肉放松

动作要领：绷紧双腿，使双脚后跟离开地面，持续10秒钟，然后放松。20秒钟后，将双腿伸直并紧并双膝，如同两只膝盖紧紧挟住一枚硬币那样，保持10秒钟后放松。体验微微发热的放松感觉。

⑩小腿肌肉放松

动作要领：将双脚向后上方朝膝盖方向用力弯曲，使小腿肌肉紧张，保持该姿势10秒钟后慢慢放松，20秒钟后做相反动作。将双脚向前下方用力弯曲，保持10秒钟，然后放松，放松时注意体验紧张的消除。

⑪脚趾肌肉放松

动作要领：将双脚趾慢慢向上用力弯曲，与此同时，两踝与腿部不要移动，持续10秒钟然后渐渐放松。放松时注意体验与肌肉紧张时不同的感觉，即微微发热、麻木松软的感觉，好像"无生命似的"。20秒钟后，做相反的动作，将双脚趾缓缓向下用力弯曲，保持10秒钟，然后放松。

(二) 第二次

1. 训练目的

①初步认识自我；

②理解学习状态；

③继续学习放松。

2. 训练步骤和要求

(1) 处理放松训练问题

问放松训练是否坚持了，怎么做的，有什么收获、体会、疑问、不适应。根据讨论的情况给予恰当的指导。

(2) 认识自我

发白纸一张，在上面写姓名后，对自己进行介绍和评估，可采用完成句子测验，如：我……。

在3分钟内，写得越多越好（评分：数量和类别15个以上为50分，10个40分，10个以下30分；5类以上50分，4类40分，3类以下30分）。

写完后提供框架再写（写在背面）。

例如：我是某某，姓名，年龄，性别，身份，外在特征。

我能……控制情绪，吃苦，热情待人，宽容，主动干活，安静学习。

我的能力，学习（某科好、差）……

我爱好（喜欢）……

我的志向……

我希望：远期人生目标、近期学习目标、高考目标，给自己一个恰当的定位（在班里、在全校的排名）。

(3) 放松训练。可做完整的放松并加良性暗示。

安静地坐在凳子上，双脚平行自然踏地，身体坐正（开始不要靠背，可以坐得离椅背近些，放松后，顺其自然可以靠背），百会朝天，双手平放于两腿之上。然后轻轻地闭上眼睛，做腹式呼吸，吸气徐徐沉入小腹，呼气从小腹慢慢向上托出。吸气、呼气都要均匀缓慢，以不憋气为最佳速度。大约5分钟，心情平静下来后进行渐进式放松。

训练师：现在心情平静下来，随着我的口令想象：头部放松——头部放松，颈部放松——颈部放松，双肩放松——双肩放松，两臂放松——两臂放松，双手放松——双手放松，背部放松——背部放松，胸部放松——胸部放松，腹部放松——腹部放松，腰部放松——腰部放松，臀部放松——臀部放松，两大腿放松——两大腿放松，膝关节放松——膝关节放松，两小腿放松——两小腿放松，足踝部放松——足踝部放松，双脚放松——双脚放松。现在体会一下，从头到脚全身放松，松……松……松……现在感到心情很平静，放松后浑身上下很舒服，现在放松得很好，过一会儿我会把你慢慢叫醒，醒后会心情舒畅。下面我开始数数，三……浑身上下开始恢复知觉；二……大脑慢慢清醒过来；一！慢慢睁开眼睛。

训练师注意要领：大约10秒钟发出一次口令，一个部位放松2次，约20秒，再间隔5秒后进行下一个部位的放松。

(4) 关于考试成绩。

启发式讨论：

考试成绩是什么？请大家发表看法……（会有各种说法，如：是我的追求；是家长所希望的目标；是大学的进门证；是老师的要求；是学生的命根……）

总结：考试成绩，尤其是高考成绩是教师、家长、学生共同为之奋斗的目标。

现在告诉大家。这种观点是错误的！（看似有道理，但都流于表面，没有抓紧问题的实质。）

启发：要想考得好首先就得……学得好。

要想学得好就得刻苦，不刻苦成绩不会好，但只刻苦行吗？有没有很用功但成绩不好的？有没有越努力成绩越下降的？所以说，只是"学习刻苦"还不够，还应该有好的方法，也就是"有效地学习"。由此，我们可推出结论："考试成绩是有效学习的结果，而不是我们努力的目标。努力的目标应该是如何进行有效地学习。"

如何才能有效地学习呢？我们先想一下什么时候不能有效地学习？抓耳挠腮、心烦意乱、哈欠连天、昏昏欲睡，所以要想有效地学习就必须保证有良好的学习状态。怎样才能有良好的状态呢？

大家回去可考虑这个问题，并试着找一找进入良好学习状态的途径。下次再讨论。

（三）第三次

训练目的：

①学会调整学习状态；

②进行初步的潜意识调整；

③对睡眠有科学的认识。

训练步骤和要求：

1.讨论上次提出的问题

怎样才能有效地学习？

先让大家发表看法，然后总结。如果同学们一时说不上来可转换话题：回想自己学习效率不高的状态，或好的状态。并帮助分析解释原因。

训练师根据大家的发言进行总结并讲解如何调整：

（1）睡眠不好时效率低。

（2）长时间学习，很累时效率低（累了休息，也要讲策略。不太累时休息所需时间较短，很累时休息所需时间加倍延长。训练体力耐力与注意力的方法恰恰相反）。

（3）情绪不好时效率低（如何调节）。

（4）任务过多、压力过大时效率低（如何调整计划后面再讲）。

以上问题需要逐个解决。

2.睡眠问题

谈各自睡眠的时间，白天的状态。交流时不做解释，只鼓励说出自己的真实情况，然后总结各种表现，针对睡眠与健康，睡眠与学习效率等问题讲解心理卫生常识。

【专栏】

睡眠对心理活动的影响

通常用剥夺总睡眠或单独剥夺快速眼动睡眠（REM）时相的方法，使被试处于不能睡眠或在睡眠中快速眼动时相受干扰的条件下，并维持一段较长的时间，观察被试的心理与行为有何变化。研究表明，持续不眠状态超过60小时，就可能出现心理异常；持续不眠100小时，便可发生较严重的心理异常。

实验进程中，被试最初感到疲乏思睡、注意力不集中，记忆力减退，不能顺利完成工作任务，读、写和思考问题都发生困难；情绪活动不稳定，易激惹；继而丧失对外界环境的兴趣，情感淡漠、反应迟钝、缺乏警觉；此外，还出现各种躯体异常感觉，如头部紧缩感和皮肤针刺感，复视、耳鸣、错觉、幻觉等。如果持续不眠100小时以上，就无法完成脑力工作，甚至出现严重的意识障碍，人格解体，鲜明的视听幻觉，迫害或夸大妄想，还可出现攻击性行为。日间表现类似精神分裂症，夜间表现类似于中毒性谵妄。此外，还可出现一系列神经系统包括植物神经系统的功能障碍。在脑电图上出现慢波，α波节律减弱或消失，有时还会出现高波幅的电发放，表明皮层活动机能严重紊乱及弱化。单独剥夺快速眼动睡眠对人的影响，最明显的后果是补偿现象。即第一夜被剥夺，第二夜快速眼动睡眠成倍地增加。由于梦境发生在快速眼动时相之中，若连续剥夺数夜，被试连续做梦，且多为恶梦。还会出现紧张、焦虑、话多、易激惹等异常心理现象。有人还会发生定向力障碍、记忆障碍、人格解体，甚至出现幻觉及行为异常。

个别情况也有，如有的人每天睡 4—5 个小时，工作学习时很长效率很高（极少数，不可模仿）。多数健康人的睡眠时间每天在 7—9 小时之内，若短时间突击学习，或一夜睡不好对第二天影响不大，但长时期缺少睡眠导致学习效率下降，思维肤浅，情绪不稳，甚至出现头痛、头晕、肠胃不适等生理症状，乃至出现幻觉、妄想等精神症状。本人多年的临床经验发现，有一些高三学生高考发挥失常，甚至在高考前就出现厌学、焦虑、急躁、注意力严重不集中，无法坚持学习，以及各种神经症症状。这些学生多数是受错误信息的引导，晚上拼命学习，长期缺少睡眠所导致的。

还可采用互动形式，由学生提出问题，大家分享并提出解决办法。这种方法单独治疗效果好，但占用时间较长。注：让学生接受科学的睡眠观是一件困难的事情。因为多年来接受的教育是刻苦学习，考好大学，睡觉是懒惰的表现，老师也经常说某某优秀生经常学到夜间 1、2 点，高三学生没有睡够的。

学生可能提出的问题（阻抗）：

学习任务重，早睡更完不成；

大家都刻苦学习，多睡有罪恶感；

我本来学习比别人差，多睡会更差；

老师都说高考状元每天只睡 3、4 个小时……

要将这些阻抗逐一澄清并有效克服，是一件很艰难的事情。不但是对咨询师专业理论及有关常识的检验，同时也是对咨询师耐心的考验。

3. 放松引入催眠状态进行良性暗示

安静地坐在凳子上，双脚平行自然踏地，身体坐正（开始不要靠背，可以坐得离椅背近些，放松后，顺其自然可以靠背），百会朝天，双手平放于两腿之上。然后轻轻地闭上眼睛，做腹式呼吸，吸气徐徐沉入小腹，呼气从小腹慢慢向上托出。吸气、呼气都要均匀缓慢，以不憋气为最佳速度。心情平静下来后进行渐进式放松。

训练师：现在心情平静下来，随着我的口令想象"头部放松——头部放松，颈部放松——颈部放松，双肩放松——双肩放松，两臂放松——两臂放松，双手放松——双手放松，背部放松——背部放松，胸部放松——胸部放松，腹部放松——腹部放松，腰部放松——腰部放松，臀部放松——臀部放松，两大腿放松——两大腿放松，膝关节放松——膝关节放松，两小腿放松——两小腿放松，足踝部放松——足踝部放松，双脚放松——双脚放松"。

约 10 秒后再发出口令："你随我的口令往下做，你感到从头到脚全身上下全都放松，松……松……松……。现在你感到全身上下全都放松，很松软，很舒服。现在你感到心情很平静，心情很愉快，你慢慢体会这种放松后的感觉，很好……

很好……。"现在感到浑身上下都放松，浑身上下很舒服，感到心情很平静，放松后浑身上下很松软，心情很平静，浑身软绵绵的，两眼很困，眼皮很沉重，不想睁眼，大脑一阵阵模糊，外界的声音越来越小，越来越远，我的声音你听得很清楚，放松后浑身上下很松软，心情很平静，浑身软绵绵的，两眼很困，眼皮很沉重，不想睁眼，大脑一阵阵模糊，外界的声音越来越小，越来越远，我的声音你听得很清楚，现在听我数数，我从一数到三你会慢慢睡去，一……浑身上下一动也不想动，一动也不能动，两眼很困，眼皮很沉重；二……大脑一阵阵模糊，外界的声音越来越远，越来越小，特想睡；三！大脑一片空白，不能思考问题了，可以睡去。现在感到非常安静，体会到自己睡得很踏实，心情平静，睡得很好，（轻声）现在心情很平静，睡得很踏实，心情很好，睡得很平静，心情也很平静，一点烦恼也没有，睡得很踏实，你感到心情很平静。

睡得安稳，睡得很沉，疲劳消失，精力恢复，醒后心情愉快晚上学习效率高。

过一会儿，我把你轻轻叫醒，醒来后感到心情很愉快，精力很充沛，晚上学习效率很高。

现在听我数数，从三数到一你会慢慢醒来轻轻睁开双眼。

三……全身上下开始恢复知觉；二……大脑慢慢清醒过来；一！可以轻轻睁开眼睛。

可以懒散片刻。

放松要注意的问题：

要处理好不良反应，如恐怖、怪相、气短、哭闹。

导致不良反应可能的原因：早期事件的影响（童年事件或成年的创伤），神经类型，神经症患者，时间与场所（晚上比白天多）。

解决途径：①心理分析；②行为治疗（变成可操作的情景，左手按膝盖出现可怕情景，右手按膝盖出现喜欢的情景，练熟之后，当出现可怕情景时右手中指下按）；③暗示消除；④调换坐位和场景。

4.关于学习计划

要想取得好的学习效果，除了完成学校老师的要求之外，还要有自己的计划。

问大家有无计划？可让同学在团体中分享自己的计划。

然后总结概括和指导，分为当天计划和长期计划（到高考前）。

要求回去后各自粗略考虑自己的计划，下次再谈。

（四）第四次

训练目的：

①学会做复习计划；

②学会总结性复习技巧；

③改变观念克服阻抗。

训练步骤和要求：

1.长期计划

计算时间，按科目分配。从此时算起到高考前的时间，减去一个月，每天40—60分钟。分配给各科。进行总结性复习，单科独进。

方法：粗略浏览、重点摘录。

2.总结性复习

进行总结性复习，做重点摘录，主要有三种形式：

方法：粗略浏览、重点摘录。

有三种形式：

①提纲（层次网络）式

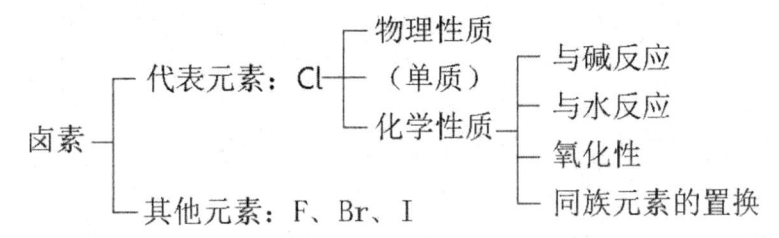

卤素 — 代表元素：Cl — 物理性质（单质）
　　　　　　　　　　化学性质 — 与碱反应
　　　　　　　　　　　　　　　 与水反应
　　　　　　　　　　　　　　　 氧化性
　　　　　　　　　　　　　　　 同族元素的置换
　　　　其他元素：F、Br、I

②模型式（生物、化学）

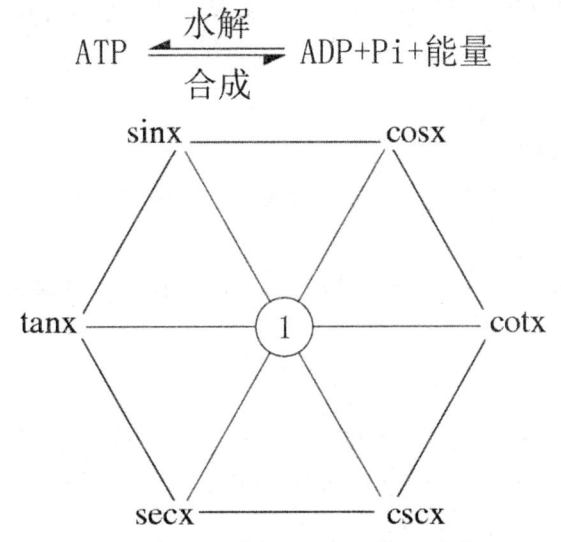

$$ATP \underset{合成}{\overset{水解}{\rightleftharpoons}} ADP+Pi+能量$$

六边形图示：顶点依次为 sinx、cosx、cotx、cscx、secx、tanx，中心为 1。

三角形两肩上数的平方和等于三角形底端的数的平方。

位于六边形对角线上的两个三角函数互为倒数。

③列表式（化学、语文、历史）

	Na_2CO_3	$NaHCO_3$

俗名		
在水中溶解度		
与盐酸反应速率		
与HCl反应方程		
与NaOH反应方程		

	美人	政客	文人	豪杰
上古至秦	妲己，西施，褒姒			
汉	昭君	吕雉	卓文君	
三国	貂蝉，"二乔"		蔡琰	
唐	杨玉环	武则天	上官婉儿	
宋	李师师	（辽）萧太后	李清照	佘太君，梁红玉
清	秦淮八艳	孝庄，慈禧		洪宣娇
民国	赛金花	宋氏三姐妹	张爱玲	秋瑾

准备三支笔：蓝（或黑）笔、红笔、铅笔。

用蓝笔摘录内容、用红笔记录重点、难点、关键点等，用铅笔标出有疑问的问题。针对标出的问题查资料或请教他人，搞清楚后将疑问擦掉。

就内容和顺序而言，可横、可纵、可跳跃。目的是在头脑中建立轮廓，有助于回忆。

3.可能遇到的问题

在指导学生做总结性复习和做重点摘录时，可能遇到以下问题。

（1）没有时间

每天作业量很大，完成各科老师布置的任务都有困难再增加任务，不可能完成。

解决的办法：

减少作业量，去掉容易的和高难度的内容。

派生的问题：了解自己。能够知道哪些内容对于自己太容易，不必浪费过多时间；哪些过难，不必白白耗费时间而无收获。

正确认识老师的安排：作业按高水平布置，管理按低水平的要求。低水平者，完全做，不可能；高水平者，没必要。认识到，不一定每次都要完成老师的要求，要根据自己的情况适当安排。（注：这种方法的引导，不但有利于高考复习，更有利于将来适应大学的学习，培养可持续发展能力。）

（2）不会做

有一个适应和引导的过程。可先从简单的做起，也可以提供范例。做一段后摸到规律（注意培养学生接受新方法的意识）。

4.放松引入催眠状态进行脱敏

安静地坐在凳子上，双脚平行自然踏地，身体坐正（开始不要靠背，可以坐得离椅背近些，放松后，顺其自然可以靠背），百会朝天，双手平放于两腿之上。然后轻轻地闭上眼睛，做腹式呼吸，吸气徐徐沉入小腹，呼气从小腹慢慢向上托出。吸气、呼气都要均匀缓慢，以不憋气为最佳速度。心情平静下来后进行渐进式放松。

训练师：现在心情平静下来，随着我的口令想象"头部放松——头部放松，颈部放松——颈部放松，双肩放松——双肩放松，两臂放松——两臂放松，双手放松——双手放松，背部放松——背部放松，胸部放松——胸部放松，腹部放松——腹部放松，腰部放松——腰部放松，臀部放松——臀部放松，两大腿放松——两大腿放松，膝关节放松——膝关节放松，两小腿放松——两小腿放松，足踝部放松——足踝部放松，双脚放松——双脚放松……"。约10秒后再发出口令："你随我的口令往下做，你感到从头到脚全身上下全都放松，松……，松……，松……。现在你感到全身上下全都放松，很松软，很舒服。现在你感到心情很平静，心情很愉快，你慢慢体会这种放松后的感觉，很好……很好……。"现在感到浑身上下都放松，浑身上下很舒服，感到心情很平静，放松后浑身上下很松软，心情很平静，浑身软绵绵的，两眼很困，眼皮很沉重，不想睁眼，大脑一阵阵模糊，外界的声音越来越小，越来越远，我的声音你听得很清楚，放松后浑身上下很松软，心情很平静，浑身软绵绵的，两眼很困，眼皮很沉重，不想睁眼，大脑一阵阵模糊，外界的声音越来越小，越来越远，我的声音你听得很清楚，现在听我数数，我从一数到三你会慢慢睡去，一……浑身上下一动也不想动，一动也不能动，两眼很困，眼皮很沉重；二……大脑一阵阵模糊，外界的声音越来越远，越来越小，特想睡；三！大脑一片空白，不能思考问题了，可以睡去。现在感到非常安静，体会到自己睡得很踏实，心情平静，睡得很好，（轻声）现在心情很平静，睡得很踏实，心情很好，睡得很平静，心情也很平静，一点烦恼也没有，睡得很踏实，你感到心情很平静。

想象现在进入高考复习阶段，你按复习计划进行复习，进展顺利，心情平静。视情况可重复2—3遍。

想象现在临近高考，在高考前几天，你安排好作息时间，复习按计划进行，能按时完成计划，吃饭、睡觉、娱乐仍像以往一样有条不紊。

明天就要参加高考了，今天晚上有点紧张。心情静一静，全身放松，这时你感到很坦然。因为你该复习的内容已经按时完成，该做的准备已经就序。晚上再提纲挈领地复习一遍，明天考试的科目，可以坦然地像平时一样按时睡觉。

现在就要进入考场了，有些紧张。放松进行自我调整，暗示紧张消除。

好，现在你感到放松的很好，心情很平静，可以安静地睡一会儿。好，你现在睡得很安静，睡得很踏实，你感到心情很平静。过一会儿我会把你慢慢叫醒，醒后心情会平静，没有烦恼，精力得到恢复，晚上学习效率会很高。下面我开始数数，我从三数到一，你可以慢慢睁开眼睛，三……浑身上下开始恢复知觉，二……大脑慢慢清醒过来，一！可以轻轻睁开眼睛。醒后稍微懒散一会儿。

5.当天的学习计划

白天按老师和学校的安排学习，自习课及晚上的时间自己做计划。

（1）时间的划分

复习、完成作业、预习、总结性复习、娱乐休闲。

（2）时间的安排

复习是指以浏览或过电影的形式复习当天讲课的内容。先复习再完成作业，会提高效率。完成作业时先抓两点：一是必须完成的，二是对自己重要的（过难、过易的课程不必占用很长时间）。

预习是把明天要讲的内容提前自学，可依据自己的水平及时间决定采取理解性预习还是印象性预习。

总结性复习每天40—60分钟，没有特殊情况是不能缺少的。

娱乐休闲是指从事学习功课以外的自己感兴趣的活动，包括听音乐、体育活动、手工、画画、玩电脑、看电视、读课外书等。这些活动能使你放松。

（五）第五次

训练目的：

①处理总结性复习的遗留问题；

②在催眠状态下进行系统脱敏；

③掌握考试技巧。

训练步骤和要求：

1.了解复习计划的进展

问复习计划做得如何？

执行得如何？

先让大家发言，然后进行分析和指导。

可能出现的问题：

（1）不会做计划

问清情况，提出指导（注意发掘团体资源）。

（2）不能完成

计划过大，内容不合理。调整计划，削减任务。

（3）良好计划的标准

经努力能完成，效率较高。完成计划后有轻松感，学习结束后有成就感、满足感，增强自信。过大的计划，每天都欠账，会导致焦虑上升（齐加尼克效应）。

【专栏】

齐加尼克效应

因没有完成工作或学习任务而导致心理上的紧张状态，被称为"齐加尼克效应"。

它源于法国心理学家齐加尼克曾经作过的一次很有意义的实验：

他将自愿受试者分为两组，让他们去完成20项工作。其间，齐加尼克对一组受试者进行干预，使他们未能完成任务，而对另一组则让他们顺利完成全部工作。实验得到不同的结果。虽然所有受试者接受任务时都显现一种紧张状态，但顺利完成任务者，紧张状态随之消失；而未能完成任务者，紧张状态持续存在，他们的思绪总是被那些未能完成的工作所困扰，心理上的紧张压力难以消失。

齐加尼克效应告诉我们：一个人在接受一项工作时，就会产生一定的紧张心理，只有任务完成，紧张才会解除。如果任务没有完成，则紧张持续不变。

明智的应对

1888年，美国第23届总统竞选之日，候选人本杰明·哈里森（1833—1901年）很平静地等候最终的结果。他的主要票仓在印第安那州。印第安那州的竞选结果宣布时已经是晚上11点钟了，一个朋友给他打电话祝贺，却被告知哈里森在此之前早已上床睡觉了。

第二天上午，那位朋友问他为什么睡这么早。哈里森解释说："熬夜并不能改变结果。如果我当选，我知道我前面的路会很难走。所以不管怎么说，休息好不失为明智的选择。"

休息是明智的选择，因为工作会带来压力。哈里森明白这一点，但他也许不知道自己所要对付的，实际上是因工作压力所致的心理上的紧张状态。在心理学上，这种状态被称为"齐加尼克效应"。本杰明·哈里森的应对方式有效地缓解了"齐加尼克效应"带来的压力和焦虑。

2.关于休闲娱乐

受多年学校教育的影响，有人认为不应该有休闲娱乐。尤其对于好学上进的学生，即便计划中有安排，如果观念问题没解决，也不能真正的娱乐，达不到放松目的。

这是知识和观念问题。

讲解学习时间与学习效率的关系："我们的目标是有效的学习而不是用学习时间来安慰自己、搪塞他人（父母、老师等）。"

娱乐休闲除了能够使你放松、恢复脑力之外，还有利于自己的兴趣发展和潜能发挥。中学阶段是全面发展和培养良好个性的重要时期（关键期），适当的休闲娱乐能提高综合素质，对以后的发展是有益的。

娱乐的时间安排：

一是在学习劳累时穿插短暂的活动，可转移注意力，缓解大脑疲劳，恢复精力，提高学习效率。

二是列入每天学习计划中，完成当天的任务后，给自己的奖赏，一天下来，你的情绪是愉快的。

让高中学生接受合适的学习计划，接受科学的睡眠观点不是一件轻而易举的事，有时需要一番对质。

3.放松催眠

在放松入静的状态下引入催眠状态，并进行系统脱敏治疗。将考试的整个过程分成等级，由弱到强逐步练习。如：①进入考前复习阶段；②准备参加明天的考试；③准备进入考场；④坐在自己的坐位上等待发考卷；⑤浏览试卷；⑥答卷；⑦遇到难题。

按前次放松的要求坐好，静一静，闭上眼睛，心情平静，吸气呼气以不憋气为准，现在感到吸气呼气均匀缓慢，随着我的口令想象"头部放松——头部放松，颈部放松——颈部放松，双肩放松——双肩放松，两臂放松——两臂放松，双手放松——双手放松，背部放松——背部放松，胸部放松——胸部放松，腹部放松——腹部放松，腰部放松——腰部放松，臀部放松——臀部放松，两大腿放松——两大腿放松，膝关节放松——膝关节放松，两小腿放松——两小腿放松，足踝部放松——足踝部放松，双脚放松——双脚放松……"约10秒后再发出口令："你随我的口令往下做，你感到从头到脚全身上下全都放松，松……松……松……现在你感到全身上下全都放松，很松软，浑身上下很舒服，感到心情很平静，放松后浑身上下很松软，心情很平静，两眼发酸，两眼皮很沉重，不想睁眼，大脑一阵阵模糊，外界的声音越来越小，越来越远，我的声音你听得很清楚，放松后浑身上下很松软，心情很平静，浑身软绵绵的，两眼很困，眼皮很沉重，不想睁眼，大脑一阵阵模糊，外界的声音越来越小，越来越远，我的声音你听得很清楚，现在听我数数，我从一数到三，你会深深睡去。一……浑身上下一动也不想动，一动也不能动，两眼很困，眼皮很沉；二……大脑一阵阵模糊，外界的声音越来越远，越来越小，特想睡；三！大脑一片空白，不能思考问题，可以深深睡去。现在感到非常安静，体会到自己睡得很踏实，心情平静，睡得很好，睡得很踏实。随口令想象，进入考前复习阶段，你在进行紧张的复习，但复习计划很周密，复习起来一点也不乱，很有条理，进入考前复习阶段，你在进行紧张地复习，但复习计划很周密，复习起来一点也不乱，很有条理，复习很扎实，很有信心；想象明天就要考试，你的心情依然平静，全身依然放松，在等待明天的考试，对考试充满信心；现在进入考场，发卷子，想象你拿到卷子，浏览一遍，看看卷子的结构，从头到尾看一遍，心情很平静；开始做题，很顺利，遇到难题，现在有点紧张，没关系，自己平静一下，好，现在感到心情很平静，难题解决了，继续做，做题很顺利；想象快考试结束了，全答完了，检查一下，很满意，考试结束了，心情很平静。可以安静地睡一会儿，现在心情很平静，睡得很安静，睡得很踏实，你感到心情很平静。好，这次考试很成功，虽然遇到了难题，但能平静对待，现在放松得很好，过一会儿我会把你慢慢叫醒，醒后会很放松，晚上学习效率会很高。现在考试成功，心情愉快，下面我开始数数，我从三数到一！你可以慢慢睁开眼睛，三……浑身上下恢复知觉，二……大脑慢慢清醒过来，一！可以轻轻地睁开眼睛，回到现实中。醒后可以稍微懒散一会儿。

在催眠状态下进行系统脱敏可以根据学生的接受程度分步进行。

4.答题技巧

讲解考试过程中的有关答卷的事项。

注：第一部分（答卷的程序）讲完后要求同学闭目回想。

【专栏】

高考答题技巧提要

一、答卷的程序

填写信息，如姓名、考号等按要求填写齐全。

浏览试卷，用2—3分钟的时间将试卷从头到尾浏览一遍。

分配时间，按卷面分数和考试时间平均分配，留出检查时间15—20分钟。

答题。

检查：多数同学常用的方法是每道题重新做一遍，这种方法易受知觉整体性影响。科学的方法是，答完试卷检查两遍。第一遍，检查有无丢题落题。有两种情况，一种是开始不会做留下的，另一种是漏做的，尤其是一题多问。如发现丢题用铅笔画上标记。第二遍，检查思维方向是否正确。如是否正确理解题义，有无偏离主题、所问非所答的现象，运用公式定理是否正确，论述推导有无偏差，有无笔误，包括写错代码、单位、算错数、写错字、标点符号应用不准确等。如果发现及时改正。交卷前检查信息，擦去标记。

二、答卷的技巧

先小后大，先易后难，先具体后综合（一般情况下，高考卷面就是这样设计的）。

优秀学生对于强项要敢于判断（任直觉）抢速度，攻难题。

一般学生要抓住基本分数，不要纠缠难题。

客观题抢速度，主观题要注意卷面。

文字排列与卷面安排要看菜吃饭。

主观题不会答，可选边缘问题，可写公式。

主观题不确切，可用超脱的语言。如八七会议，可答：是一次重要会议，纠正了错误，肯定了正确，总结了经验，指明了方向，在历史上起到了重要的作用，具有伟大意义……（请注意！训练师要特别强调：这种方法只能用于特定的情境，不可广泛使用，更不能用于学习和复习）。

客观题：选择、判断、填空，没有百分之百的把握不答，最后没有百分之百的把握不改。说不准时，可用铅笔答题或画标记，想起来可随时补上，或到最后再随机选择。千万不要将自己拿不准的答案写上，到最后不放心返回去修改。这时大脑已经疲劳，容易把对的改错，丢冤枉分。

选择、判断可用以下几种方法：

（1）直选法：选对的。

（2）比较法：阅读题目和选项后，经过比较再选择。

（3）排除法：排除不对的选项，剩下的就是对的。

（4）猜测法：不知道准确的答案，但可以根据规律去猜测。如英语的阅读理解填空，在没时间阅读的情况下，可根据前后的词性、语法来猜测或排除。

（5）随机法：在不知道对错的情况，只要不倒扣分就要选择，不要空项。

以上几种方法可结合运用，如先比较后再部分排除，然后猜测或随机选择。

用猜测法时注意：对于知道的选对的，不知道的选不像的。

涂卡题，做完一种类型后即可涂，如语法题、词汇题等。这样即可从一种状态中解脱出来休息片刻，又可避免追尾式错误（也叫系统性错误）。如时间不够来不及做题，可直接涂卡。看前后各题，哪类答案少选哪个。

三、答卷的心理调整

考前不能熬夜，也不能起早，作息时间与平时相同。入场前不能学同一学科或相似学科的内容（如9点考试数学，6点起床做3个小时的难题，非考砸不可），最好是干点轻松的事，或浏览下一学科的提纲。可稍微提前入场或到场，入场后平静地坐一会儿，可想一下复习时的情景。

填写信息要看准，填完后检查核对一遍。

浏览试卷时不要深究。

如发现卷子有质量问题，及时报告老师，不要主观猜测。

开始答题前要仔细审题，一字一句地审，不能速读。遇到似曾相识的题目不可盲目乐观，很可能是心理陷阱，更要仔细审，要注意题目后面的解释和要求。审题不要怕花时间。

审题还要理解出题人的意图。某校高三第一学期月考，围绕原电池和电解池的原理，有的人回答干电池也可以充电。老师说："不要想得太多。"其实这不是想得多少的问题，而是没有理解出题人的意图。

开始答卷时不要抢时间，大脑运行10—20分钟后才能完全进入状态。在未进入状态之前不要看其他同学的答卷进展，自己要有主意。

开始或前半部分遇到难题不要慌，跳过去往后答。虽然试卷的总体设计是由易到难的，但有时个人有弱项，也有时出题人故意设计"打棍子"的题目，目的是考查考生的心理素质。

时间分配只是为了进行宏观控制，具体到每一位同学，每一学科，每一道题，要依情况适当安排。

优势学科：简单题尽量节省时间，难度较大的题要答好，可多用些时间。

劣势学科：不要纠缠难题，抓住中、低难度的题，这些题可适当多用些时间。

辨别题目的难度：

（1）直接判断（凭直觉）。

（2）分析。即根据题目的信息搜索自己掌握的相关知识，是否为长项。

（3）试做。如果一开始就没有思路，应该先做有思路的其它题目。如果开始较容易，后来越做越难，以至于分配的时间到了，还没有思路就应果断放弃。如果有清晰的思路，即使超时也要做完。

如果思路顺利，不必每题都看表。

检查时要注意一题多问是否漏项。

最后留出时间答不会的题。不得分是应该，得一分捡一分。高兴地走出考场。不要和同学对答案。考完一科扔一科，转入下一科。

（六）第六次

训练目的：

①分析并处理外在和内在压力；

②在催眠状态下学习考试答题；

③思考前途问题。

训练步骤和要求：

1.讨论压力

有无外在压力（包括来自家长、老师、同学的压力）？如何应对？有无自己的方法？

自己的方法与大家分享，可为他人出谋划策，也可征集锦囊妙计。

2.分析内在压力的来源，如何应对？

定位过高，计划过大；

成绩表现的三种水平（曾经考过100名左右，但是他也考过300多名，有一次他考了差一点200名，190多名，他就感觉到很郁闷）；

暂时优异的成绩与长远目标（跳、打拳）的辩证关系。

3.放松与催眠

在放松入静之后导入催眠状态，并进行系统脱敏治疗。将考试的整个过程分成等级，由弱到强，逐步练习。

按前次放松的要求坐好，静一静，闭上眼睛，心情平静，吸气呼气以不憋气为准，现在感到吸气呼气均匀缓慢，随着我的口令想象"头部放松——头部放松，颈部放松——颈部放松，双肩放松——双肩放松，两臂放松——两臂放松，双手放松——双手放松，背部放松——背部放松，胸部放松——胸部放松，腹部放松——腹部放松，腰部放松——腰部放松，臀部放松——臀部放松，两大腿放松——两大腿放松，膝关节放松——膝关节放松，两小腿放松——两小腿放松，足踝部放松——足踝部放松，双脚放松——双脚放松……"

约10秒后再发出口令：

"你随我的口令往下做，你感到从头到脚全身上下全都放松，松……松……松……现在你感到全身上下全都放松，很松软，浑身上下很舒服，感到心情很平静，放松后浑身上下很松软，心情很平静，两眼发酸，两眼皮很沉重，不想睁眼，大脑一阵阵模糊，外界的声音越来越小，越来越远，我的声音你听得很清楚，放松后浑身上下很松软，心情很平静，浑身软绵绵的，两眼很困，眼皮很沉重，不想睁眼，大脑一阵阵模糊。外界的声音越来越小，越来越远，我的声音你听得很清楚，现在听我数数，我从一数到三你会深深睡去。一……浑身上下一动也不想动，一动也不能动，两眼很困，眼皮很沉；二……大脑一阵阵模糊，外界的声音越来越远，越来越小，特想睡；三！大脑一片空白，不能思考问题，可以深深地睡。现在感到非常安静，体会到自己睡得很踏实，心情平静，睡得很好，睡得很踏实。随口令想象，进入紧张的复习阶段，很快要考试了，你感到计划很合理，复习很从容，很有条理，很有信心，你对考试充满信心；想象现在进入考场，老师发卷子，你拿到卷子，浏览反正面各种题型，很快浏览完了，心情很平静；开始做题，小题、填空、选择、判断，很顺利，现在有的题较难，经过认真思考，找到了答案，继续做，接下来几个题顺利；现在遇到难题，很难，这时有点紧张，做了一会儿还是做不出来，继续做，越来越紧张，没关系，调整呼吸，心情很快平静下来，还是做不出来，太难了，你仍然不紧张，改做其他题；一道题不会没关系，继续做其他题，很顺利，全部做完。还有20分钟时间，检查试卷，第一遍，检查有没有丢题落题情况，把卷子的正反各面全看一遍，如果有，先用铅笔标出来，看看有没有一题多问丢一问的现象，如果有，先用铅笔标出来；第二遍，检查有无理解错误、张冠李戴的现象，比如回答第一题用第二题答案，再看一看有无用错公式、推导计算错误、笔误等，如果有，及时改正，有一个改一个，用水笔或圆珠笔改正，从头到尾检查一遍，发现错误及时改正。现在卷子全部检查完了，回头再补丢题、落题和理解错误的内容，看看还有几分钟时间，对不会的题目，能做几步做几步，能得几分得几分，该得分的都已经得了，现在是白捡的分。最后，用橡皮把铅笔痕迹擦掉，感到很满意，到交卷时间了，交卷后从容离开考场。考试结束了，你感到考试成功，心情很平静。

好，现在可以安静地睡一会儿，现在心情很平静，睡得很深，睡得很舒服，睡得很好，你感到心情很平静，过一会儿我会把你慢慢叫醒，醒后会很轻松，心情愉快，疲劳得到恢复，晚上学习效率会很高。下面我开始数数，我从三数到一，你可以慢慢睁开眼睛，三……浑身上下恢复知觉，二……大脑慢慢清醒过来，一！可以轻轻睁开眼睛，回到现实中。醒后稍微懒散一会儿。

4.讨论如何看待前途？

分数与素质的关系，接纳自己，量力而行，想好多种发展及生活的途径，接纳各种可能的结果。

（七）第七次

训练目的：

①学会时间管理；

②ABC法；

③培养意志品质。

训练步骤和要求：

1.有计划地利用时间（时间管理）

依照自己的感受与体验有效地安排生活、交往、休息、学习。

各科学习时间的安排，包括多长时间、前后顺序、文理交叉等。

2.自我辩论

(1) 检查自己的担忧（信手写在草纸上）。

(2) 对担忧进行合理性分析（哪些是合理的，哪些是不合理的）。

(3) 与担忧辩论（批驳自己的不合理的担忧）。

例如：为了提高综合素质平时拿出一点时间读课外书或与考试没有直接相关的活动。结果小考落后，自己感到为失败丢了面子而担忧。辩论①值得担忧吗？不值得。一次小考不能说明问题。我的目标是培养综合素质。②大考能考好？能。素质好，在大考中就能发挥好，所以这种为丢面子而担忧是不必要的。

引导学生进行自我辩论练习（找到自己的担忧进行辩论）。

3.在放松入静后导入催眠状态，并进行系统脱敏治疗

按要求坐好，静一静，闭上眼睛，心情平静，做腹式呼吸，吸气徐徐沉入小腹，呼气从小腹慢慢向上托出。吸气、呼气都要均匀缓慢，以不憋气为最佳速度。现在感到吸气呼气均匀缓慢，随着我的口令想象"头部放松——头部放松，颈部放松——颈部放松，双肩放松——双肩放松，两臂放松——两臂放松，双手放松——双手放松，背部放松——背部放松，胸部放松——胸部放松，腹部放松——腹部放松，腰部放松——腰部放松，臀部放松——臀部放松，两大腿放松——两大腿放松，膝关节放松——膝关节放松，两小腿放松——两小腿放松，足踝部放松——足踝部放松，双脚放松——双脚放松……"约10秒后再发出口令："你随我的口令往下做，你感到从头到脚全身上下全都放松，松……松……松……现在感到浑身上下都放松，浑身上下很舒服，感到心情很平静，放松后，浑身上下很松软，心情很平静，浑身软绵绵的，两眼很困，眼皮很沉重，不想睁眼，大脑一阵阵模糊，外界的声音越来越小，越来越远，我的声音你听得很清楚，放松后浑身上下很松软，心情很平静，浑身软绵绵的，两眼很困，眼皮很沉重，不想睁眼，大脑一阵阵模糊，外界的声音越来越小，越来越远，我的声音你听得很清楚，现在听我数数，我从一数到三你会深深睡去，一……浑身上下一动也不想动，一动也不能动，两眼很困，眼皮很沉；二……大脑一阵阵模糊，外界的声音越来越远，越来越小，特想睡；三！大脑一片空白，不能思考问题，可以深深地睡去。现在感到高度放松，睡得很深很沉，体会放松的感觉，感到自己睡得很踏实，心情平静，睡得很深很沉，睡得很踏实。随口令想象，准备参加考试，自己紧张的复习，很顺利，你感到计划有条不紊，复习很从容，很有条理，很有信心，你对考试充满信心；好，准备进入考场，心情仍然很平静，坐在自己的座位上，老师发卷子，你拿到卷子，浏览一遍，很快浏览完了，做一下时间分配，好，开始做题，心情很平静；先做小题，做题不要着急，看准了再做，很顺利，继续做，现在有题难，难，不紧张，做，解决了，又遇到了难题，不紧张，很难，没思路，

仍不紧张，经过认真思考，找到了答案，继续做，接下来几个题顺利，大部分题已经做完，又遇到难题，很难，没关系，暂时可以放过去，下面一道题还是难题，这时有点紧张，不要紧张，深呼吸，调整一下，不紧张，继续做后面的题，顺利，题目答完了，还有一段时间，检查试卷。第一遍，检查有没有丢题落题情况，把卷子的正反各面全看一遍，如果有，先用铅笔标出来；看看有没有一题多问丢一问的现象，如果有，先用铅笔标出来；第二遍，检查有无理解错误、张冠李戴现象，检查一遍；有无公式、推导、计算错误，有无笔误等。如果有，及时改正，有一个改一个，用钢笔或圆珠笔改正，从头到尾，发现错误及时改正。现在卷子全部检查完了，该答得都已答完了。还有的题没答，因为太难，不会没关系，试着做一做，做多少算多少，做一步是一步，做不下来也没关系，该得分的都已得了，很满意。最后，用橡皮把铅笔痕迹擦掉，感到很满意，交卷时间到了，感到考试很成功，轻松地走出教室。考试结束了，心情很放松，很平静。现在想象，考试结束了，你考得很成功，心情愉快。

现在你可以深深地睡一会儿。好，现在你感到心情很平静，睡得很深，睡得很舒服，睡得很好，你感到心情很平静，过一会儿，我会把你慢慢叫醒，醒后会很轻松，疲劳消失，心情愉快，后面精力充沛，学习效率会很高。下面我开始数数，我从三数到一你可以慢慢睁开眼睛，三……浑身上下恢复知觉，二……大脑慢慢清醒过来，一！可以轻轻睁开眼睛，回到现实中。醒后可以稍微懒散一会儿。

4.学会培养自己的意志品质

意志品质的培养要从以下几个方面做起：独立性、坚定性、果断性、自制力。训练师给学生逐一解释，并引导学生学会克制及调节自己的欲望。

（八）第八次

训练目的：
①进入第二轮复习；
②学会认识并调整学习和考试状态；
③学会高考作文答题技巧；
④认识自己的情绪。

训练步骤和要求：

1.交流总结性复习的进展情况

成员各自的经验、收获、体会与大家共享。训练师必要时给予引导和指导。

2.第二轮和第三轮复习

（1）考前一个月（劳动节后）开始进行第二轮复习，利用20天时间，在第一轮总结的基础上再进行归纳、压缩、提炼，每科内容可写成几张小纸片。第二轮应注重提高总分（如用同样的时间复习语文可提高10分，而用在数学上可提高20分。那么，则应该用在数学上。但不能完全放弃某科，否则到考试时会感到手生大幅度丢分。高考题各分数段的难度不同，基本的分数易得，到一定的程度难度成倍的增加，如60—80分和100—120分差值相等但难度不同，请偏科的同学注意自己的复习策略）。

（2）高考前四五天可进行第三轮复习——读小纸片回想有关内容。遇到问题再查阅资料。

分析：有的考生临考前焦虑程度上升，主要原因是感到学习内容太多，记不住，压力大。这些学生小考往往很好，因为他们能进行精准学习，但由于不善于总结提炼，到高考时则显得无能为力。

（3）解决观念问题。淡化成绩观念，淡化名利欲望，重视实效，重视自我感受。

3.催眠脱敏

在放松入静的状态下引入催眠状态，并进行系统脱敏治疗。将考试的整个过程分成等级，由弱到强逐步练习。如：①进入考前复习阶段；②准备参加明天的考试；③准备进入考场；④坐在自己的坐位上等待发考卷；⑤浏览试卷；⑥答卷；⑦反复遇到难题，克服、放过。

像以前一样坐好，做深呼吸，随口令想象，头部放松——头部放松，颈部放松——颈部放松，双肩放松——双肩放松，两臂放松——两臂放松，双手放松——双手放松，背部放松——背部放松，胸部放松——胸部放松，腹部放松——腹部放松，腰部放松——腰部放松，臀部放松——臀部放松，两大腿放松——两大腿放松，膝关节放松——膝关节放松，两小腿放松——两小腿放松，足踝部放松——足踝部放松，双脚放松——双脚放松……约10秒后再发出口令："你随我的口令往下做，你感到从头到脚全身上下全都放松，松……松……松……现在感到浑身上下都放松，浑身上下很舒服，感到心情很平静，放松后浑身上下很松软，心情很平静，浑身软绵绵的，两眼很困，眼皮很沉重，不想睁眼，大脑一阵阵模糊，外界的声音越来越小，越来越远，我的声音你听得很清楚，放松后浑身上下很松软，心情很平静，浑身软绵绵的，两眼很困，眼皮很沉重，不想睁眼，大脑一阵阵模糊，外界的声音越来越小，越来越远，我的声音你听得很清楚，现在听我数数，我从一数到三你会深深睡去，一……浑身上下一动也不想动，一动也不能动，两眼很困，眼皮很沉；二……大脑一阵阵模糊，外界的声音越来越远，越来越小，特想睡；三！大脑一片空白，不能思考问题，可以深深睡去。现在感到高度放松，睡得很深很沉，体会放松的感觉，感到自己睡得很踏实，很舒服，心情平静，睡得很深很沉，睡得很踏实，很舒服，没有焦虑，没有烦恼，心情很平静。随口令想象，准备参加考试，复习很充分，复习很从容，有信心取得好成绩，你对考试充满信心；进入考场，坐下，调整一下心态，心情很平静，有信心；老师发卷子，你拿到卷子，浏览一遍，整个卷子多少页，每道题都浏览一遍。粗略分配一下，留出20分钟时间，平均分配给各题；开始做题，先做小题，答卷沉稳，不着急，做得很准确；遇到不会的题，先放过去，继续做后面的题目，有一题用时较长，超过了分配给它的时间，没思路，放弃；往后做，很顺利，现在感到做题很顺手，反应快，可以适当加快速度，做得很好，现在遇到题难，有点儿紧张，没关系，做放松，深呼吸，紧张缓解，继续做题，很顺，好。还有20分钟时间，检查试卷，第一遍，检查有没有丢题落题情况，把卷子的正反各面全看一遍，如果有，先用铅笔标出来，看看有没有一题多问丢一问的想象，如果有，先用铅笔标出来，不要做；第二遍，检查有无理解错误，公式是否正确，看看题目要求，是否理解正确，再看一看各题有无推导、计算、符号、笔误等错误，如果有，及时改正，有一个改一个，用水笔或圆珠笔改正，从头到尾检查一遍，发现错误及时改正，不过，选择、判断不要轻易改动，其它赶紧改。现在卷子全部检查完了，回头再补丢题、落题和理解错误的内容，看看还有三五分钟时间，该答的都已答了，还有的题太难，不会没关系，试着做一做，做多少算多少，做一步是一步，如写个公式也可得分，做不下来也没关系，该得分的都已得了，很满意。最后，用橡皮把铅笔痕迹擦掉，感到很满意，检查姓名考号，该交卷了，卷子很完整，考出了自己的实际水平，满怀信心地交卷，感到考试很成功，轻松走出教室。考试结束了，心情很放松，很满足。现在体会一下，考试成功，心情愉快，整个心身从内到外都很舒适。

现在可以深深地睡一会儿，现在心情很平静，睡得很深，睡得很舒服，睡得很好，你感到心情很平静，没有忧愁，没有烦恼，过一会儿，我会把你轻轻地叫醒，醒后会很轻松，疲劳消失，心情愉快，后面精力充沛，学习效率会很高。下面我开始数数，我从三数到一，你可以慢慢睁开眼睛，三……浑身上下恢复知觉，二……大脑慢慢清醒过来，一！可以轻轻睁开眼睛，回到现实中。醒后可以懒散一会儿。

4.认识了解自己的状态并学会调整

自己状态不好时如何处理？患病、过累、厌烦、迟钝。(生物节律：人体内有多种生物节律，对人类的生活、工作、学习影响较大的有三种，即体力、情绪和智力，从出生到死亡始终支配着人的生命运动。三种生物节律以正弦曲线形式运行，分别以23天、28天和33天为周期。曲线处在高潮期时，人体表现为良好状态，精力充沛、心情舒畅、耐力持久、学习效率高，可考出较好水平。曲线处在低潮期时人体表现为较差的状态，在临界状态时则最不稳定，易发生错误和疾病。

生物节律在不同的人身上表现的程度不同，有的人反应强烈，有的人反应不明显。如果三条曲线重合，反应就会强烈。生物节律对人的影响有个体差异。生物节律是客观存在的规律，我们无法改变，但可认识和利用。高潮期若出现在高考前几天，应注意适当休息，保存体力和精力，免得到高考时精疲力尽。若预计低潮期出现在高考期间，首先要认识到规律的必然性，正确的面对它，不要急躁，更不能恢心丧气，保持情绪的平稳是正常发挥的前提。其次，高考前几天做好复习的安排，注意饮食并调节作息时间。

学会调节自己的心情，可分享自己的方法。

5.高考作文

审题，写作文一定审清题目，审题要站得高，要有一定的气魄和胆识，居高临下地审视题目，千万不要被题目覆盖被题目淹没（不知同学们是否体会得到，这种体会只能意会不能言传）。在答题过程中要从大量的材料中挑选精良的部分，而不能像挤牙膏一样，一字一句地牵强附会。一旦出现被动，就毫不犹豫地重新站在更高的立场上，以更大的气魄审视题目构思内容。

除了必要的格式之外，要写出自己的风格，不必讨好阅卷人（创新的风格、特点很重要）。

【专栏】

达到公正

有研究发现，作文题目，78人看卷的平均分才比较公正。北师大心理教授把一份答卷印若干份分给各考点评分，最好的评90多分，最差的不及格（百分制）。

（九）第九次

训练目的：

①理解自己的责任与使命；

②学会看到自己的收获；

③学会自己创造克服焦虑的办法。

训练步骤和要求：

1.无愧青春主旋律

努力、拼搏、向上、成功。有理想、有追求是时代赋予青年学子的使命。我们要不负韶华无悔青春！

但是，这些是在学会放松的前提下，有效安排休闲时间的前提下才能实现的，否则努力拼搏则是蛮干，结果会事与愿违。休闲，绝不是无度的放纵，也不是浪费时间，而是生活中不可缺少的活动方式。休闲与个人的全面发展密切相关。不能把休闲与贪玩混为一谈，贪玩是放纵，不是休闲。

2.学会看到自己的成绩

过一段回顾一下自己的收获、包括知识的、技能的、思想的、成长的等。能看到自己收获的人，才会积极地看待未来，才会主动地努力（高效率的），还要会欣赏他人的进步与收获（观察学习：榜样、替代强化）。

下面谈一谈参加心理训练班的收获，包括：症状的改善，自我调节能力的提高，观念的更新（产生新的认识）。自由发言。

3.放松催眠

像以前一样坐好，做深呼吸，随口令想象，头部放松——头部放松，颈部放松——颈部放松，双肩放松——双肩放松，两臂放松——两臂放松，双手放松——双手放松，背部放松——背部放松，胸部放松——胸部放松，腹部放松——腹部放松，腰部放松——腰部放松，臀部放松——臀部放松，两大腿放松——两大腿放松，膝关节放松——膝关节放松，两小腿放松——两小腿放松，足踝部放松——足踝部放松，双脚放松——双脚放松，……约10秒后再发出口令：你随我的口令往下做，你感到从头到脚全身上下全都放松，松……松……松……现在感到浑身上下都放松，浑身上下很舒服，感到心情很平静，放松后浑身上下很松软，心情很平静，浑身软绵绵的，两眼很困，眼皮很沉重，不想睁眼，大脑一阵阵模糊，外界的声音越来越小，越来越远，我的声音你听得很清楚，放松后浑身上下很松软，心情很平静，浑身软绵绵的，两眼很困，眼皮很沉重，不想睁眼，大脑一阵阵模糊，外界的声音越来越小，越来越远，我的声音你听得很清楚，现在听我数数，我从一数到三你会深深睡去，一……浑身上下一动也不想动，一动也不能动，两眼很困，眼皮很沉；二……大脑一阵阵模糊，外界的声音越来越远，越来越小，特想睡；三！大脑一片空白，不能思考问题，可以深深睡去。现在感到高度放松，睡得很深很沉，体会放松的感觉，感到自己睡得很踏实，很舒服，心情平静，睡得很深很沉，睡得很踏实，很舒服，没有焦虑，没有烦恼，心情很平静。随口令想象，准备参加考试，复习很充分，复习很从容，有信心取得好成绩，你对考试充满信心；进入考场，坐下，调整一下心态，心情很平静，有信心；老师发卷子，你拿到卷子，浏览一遍，整个卷子多少页，每道题都浏览一遍。粗略分配一下，留出20分钟时间，平均分配给各题；开始做题，先做小题，答卷沉稳，不着急，做得很准确；遇到不会的题，先放过去，继续做后面的题目，有一题用时较长，超过了分配给它的时间，没思路，放弃；往后做，很顺利，现在感到做题很顺手，反应快，可以适当加快速度，做得很好，现在遇到题难，有点儿紧张，没关系，做放松，深呼吸，紧张缓解，继续做题，很顺，好，还有20分钟时间，检查试卷，第一遍，检查有没有丢题落题情况，把卷子的正反各面全看一遍，如果有，先用铅笔标出来，再看看有没有一题多问丢一问的想象，如果有，先用铅笔标出来，不要做；第二遍，检查有无理解错误，公式是否正确，看看题目要求，是否理解正确，有无推导、计算、符号、笔误等错误，如果有，及时改正，有一个改一个，用水笔或圆珠笔改正，从头到尾检查一遍，发现错误及时改正，不过，选择、判断不要轻易改动。现在卷子全部检查完了，看看还有三五分钟时间，该答得都已答了，还有的题太难，不会，没关系，试着做一做，做多少算多少，做一步是一步，如写个公式也可得分，做不下来也没关系，该得分的都已得了，很满意，最后，用橡皮把铅笔痕迹擦掉，感到很满意，检查姓名考号，该交卷了，卷子很完整，考出了自己的实际水平，满怀信心地交卷，感到考试很成功，轻松走出教室。考试结束了，心情很放松，很满足。可以深深地睡一会儿，现在心情很平静，睡得很深，睡得很舒服，睡得很好，你感到心情很平静，没有忧愁，没有烦恼，过一会儿我会把你慢慢叫醒，醒后会很轻松，疲劳会得到恢复，心情愉快，晚上精力充沛，晚上学习效率会很高。现在考试成功，心情愉快，下面我开始数数，我从三数到一，你可以慢慢睁开眼睛，三……浑身上下恢复知觉，二……大脑慢慢清醒过来，一！可以轻轻睁开眼睛，回到现实中。醒后可以稍微懒散一会儿。

  4.谈谈自己克服焦虑的办法——独创的方法。经过训练后，要学会灵活利用，利用学到的内容创造出适合自己的方法。

  这是授人以渔的教练思想。

  5.进行考试焦虑的测量（《考试焦虑诊断问卷》和《症状自评量表SCL——90》）。

（十）第十次

  训练目的：

  ①回忆和清理一下焦虑的原因和解决的办法；

  ②催眠放松做良性植入；

  ③展望未来与高校接轨。

  训练步骤和要求：

  1.回忆与清理

  共同回忆和清理一下焦虑的原因及解决的办法。

  来自外在的压力：家长、老师、同学（如何应对，要有自己的办法）。

  来自内在的压力：面子、要求过高（接纳自己，合理定位）。

方法：包括学习方法、个人计划、答题技巧（依据自己的水平改进方法、调整计划、练习答题技巧）。

观念：与他人比、对待失败的态度，对休闲放松的看法，自我约束能力（通过认知做观念调整，加强自我管理）。

清理之后，若还有焦虑怎么办？

对待焦虑的态度，顺其自然（讲解森田疗法）。

很多人有焦虑，只要适当利用，可以转化为正能量。高焦虑的人多是有成就的人（如主持人、心理学家、文学家、诺贝尔奖获得者），学会接纳焦虑，与焦虑同行。

2.放松催眠

放松后导入催眠状态，把良好的成功、自信感觉带入生活、学习，体验愉快。

像以前一样坐好，做深呼吸，你会感到全身放松，呼气吸气均匀缓慢。5—7次深呼吸后："随口令想象，头部放松——头部放松，颈部放松——颈部放松，双肩放松——双肩放松，两臂放松——两臂放松，双手放松——双手放松，背部放松——背部放松，胸部放松——胸部放松，腹部放松——腹部放松，腰部放松——腰部放松，臀部放松——臀部放松，两大腿放松——两大腿放松，膝关节放松——膝关节放松，两小腿放松——两小腿放松，足踝部放松——足踝部放松，双脚放松——双脚放松……"

约10秒后再发出口令：

"现在随我的口令往下做，你感到从头到脚全身上下全都放松，松……松……松……现在感到浑身上下都放松，浑身上下很舒服，感到心情很平静，放松后，浑身上下很松软，心情很平静，浑身软绵绵的，两眼很困，眼皮很沉重，不想睁眼，大脑一阵阵模糊，外界的声音越来越小，越来越远，我的声音你听得很清楚，放松后，浑身上下很松软，心情很平静，浑身软绵绵的，两眼很困，眼皮很沉重，不想睁眼，大脑一阵阵模糊，外界的声音越来越小，越来越远，我的声音你听得很清楚，现在听我数数，我从一数到三你会深深睡去，一……浑身上下一动也不想动，一动也不能动，两眼很困，眼皮很沉；二……大脑一阵阵模糊，外界的声音越来越远，越来越小，特想睡；三！大脑一片空白，不能思考问题，可以深深地睡。现在感到睡得很安静，体会平静的心情，感到自己睡得很踏实，心情平静，睡得很好，睡得很踏实，整个身心全放松，非常舒服，体会一下，非常舒服。这种感觉很好，从此，你会把这种感觉带到生活中去，带到学习中去，你会感觉到生活学习愉快，体验到愉快……过一会儿，我会把你慢慢叫醒，醒后你会感觉到浑身上下很轻松，疲劳消失，精力体力得到恢复，后面学习效率很高，学习生活很愉快。下面我开始数数，从三数到一，你就会慢慢睁开眼睛，三……浑身上下开始恢复知觉，二……大脑慢慢清醒过来，一！可以轻轻地睁开眼睛，回到现实中。醒后可以懒散一会儿。

可以反馈前后测及考试成绩的统计结果。

3.有关的问题

职业选择（好大学不如好专业、研究生）。

睡眠问题（要有规律，形成规律后允许偶尔有特殊，否则影响情绪、性格，还要适应环境顺其自然）。

开放的意识（这是与大学接轨的观念）。

4.参加高考应该注意的问题

（1）在第三轮复习时也可用自己的语言、能引起回忆的语言写成小条子。

（2）放假的作息时间。可在每天的高考时间做模拟题。高考前两天停止系统做题，可适当休息，从事适量的体力活动、交往（聊天很重要）。

（3）调节饮食。营养均衡，与平时相同，食物搭配合理，外面的熟食注意饮食卫生。早餐注意避免利尿食品（小米粥、西瓜、冬瓜等）。预防夏季常见病（肠胃炎、感冒），用药要遵医嘱。

（4）考前复习建立记忆线索（见《情景与记忆效果》）。分配时间是为了防止纠缠不会的题，会做的题可以时间长些。遇到难题或丢了不该丢的分是难免的。无论发挥如何都要坚持到底——坚持就是胜利，不求最好，但求有始有终。

（5）每场考试前2个小时内，不要学同一科目的内容，以免大脑疲劳，考试当天午饭后要休息（不宜背题，是否可以喝茶、咖啡，依以往情况而定）。考试前一天去看考场，出门前检查备考用具（班主任会讲，2B铅笔削成鸭嘴状或准备考试专用笔），证件，带钱，家中留人。

【专栏】

情景与记忆效果

美国得克萨斯大学做过一次实验，在一间休息室让学生学单词，第二天分成三组，一组在原休息室中进行回忆，平均回忆出18个单词，第二组在教室中回忆，平均回忆出5个，第三组也在教室中回忆，只是回忆之前先用几分钟时间回忆一下原休息室的情景，第三组回忆出17个单词。说明通过寻找线索可提高回忆的效果。（提问：受到什么启发？）

结束仪式：成员围成一圈用滚雪球的方式谈收获。最后每人用一句话作为自己的结束语。

魏心个人体会

考试焦虑的治疗，有多种理论与技术。如果在选择这些技术的同时加入中国本土化催眠会产生交互作用，收到一加一大于二的效果。顺便也提醒致力于中国本土化催眠的同仁，涉猎相关的心理治疗理论与技术对于解决考试焦虑问题是必要的。兼收并蓄提升效果。

第十二章　高考、中考成绩提升原理及催眠干预

❖ **本章导读**

●理解成绩的含义及前提。

●如何让学生改变观念接受新的方法，对于训练师而言是一项不简单的工作，需要几个回合。

●训练中可能出现的问题多种多样，处理的方法应该因人而异。

提升高考、中考成绩是学生、家长、教师共同关注的问题。

一谈提升成绩，多数人能想到的做法：老师多留作业，参加课外补习班。这种做法对于确实缺乏教育资源、学习动机较强、学习时间宽裕的学生会有效果。但是，近些年来的课业补习机构发现，效果越来越差。有的家长因补习无效，一股脑把气撒向辅导老师。

据研究，现在课业成绩差的学生更多的是因为学习动机问题和心理健康问题导致的。因此，在提升学习成绩时必需将心理疏导和课业辅导相结合才会收到理想效果。

第一节 高考、中考成绩提升概述

一、成绩提升的原理

要讨论如何提升成绩，先要弄清考试成绩是什么，考试成绩的前提是什么。

从逻辑关系看：成绩是有效学习的结果，有效的学习是它的前提条件，正常的考试发挥是考试成绩的保障因素。

用还原的方法，我们应该研究如何有效地学习和考试的正常发挥，沿着这个路线走下去包括以下几个方面：

1. 保持良好的学习状态；
2. 掌握正确的学习策略；
3. 建立自己的复习计划；
4. 学习稳健的答题技巧。

要做到以上诸条，首先要排除厌学和考试焦虑这两项重要的干扰因素。

二、厌学的处理

厌学，近些年来，人数递增，年龄范围延展（过去是中学生多，现在小学——大学都有，甚至波及到幼儿）。

表现形式：

在大学里有的学生经常逃课，无节制地上网、谈恋爱，还有的沉溺网购，导致挂科或弃考，不能毕业或中途被劝退。在中学表现为逃学、上网、患病、逆反、不靠谱的梦想及目标等，表现不尽相同，但都有一个共同的表现——成绩下降，最后休学或者频繁转学直至辍学。

发展历程分三个阶段：

第一个阶段，出现困惑、畏难、迷茫，本人试图努力克服；

第二个阶段，出现焦虑、烦躁、抑郁等情绪，行为上可能出现"拖"或"逃"。有的开始寻求帮助，有的还死扛；

第三个阶段，开始分化：一部分出现明显的躯体问题，如心身病、神经症，最后休学或退学；另一部分表现出行为问题，如逆反、逃学、上网、大把花钱、刁难父母、出现认知偏差（偏执、片面极端），如果长期得不到治疗，会发展成人格问题（两种类型都有可能发展为人格障碍，但后者尤甚）。

虽然在初中、高中、大学都有这类学生，但最引人遗憾、令人惋惜的是高中阶段。特别是优秀高中生、在高考前一两个学期掉链子，让满怀希望的老师不知所措，家长急得抓狂，自己也十分痛恨自己不争气。

从心理病理学的视角分析，他们的结局有教育因素和自身的误区造成的。

从个人角度看，这些看上去有点不着四六、不求上进、撒谎骗人、言行不一的学生，如果做回溯调查会发现原来都是表现很好的，甚至曾经出类拔萃。他们从小就过分价值条件化，在有意无意中接受家长和外来的鼓励及期待，做事、做人高标准，忽略内心的要求，委屈自身的感受，偏离真正的自我，歪曲自我认知，坚信只要努力就无往而不胜。一旦做事不尽如所愿，则归因于"我没有尽心尽力"。终于有一天他们发现并非像自己解释的一样，接二连三的失败使其难以招架，多年建立起来的错误自信一朝崩盘，鸵鸟政策加上不甘心失败使他们陷入了两难境地，努力不成，舍弃不忍，于是退行成为理想的巨人行动的侏儒。

从教育角度看，家长信奉好孩子是表扬出来的，他们似乎觉得自己很懂教育，哪怕在生活中的细微之处也常常把期待寓于鼓励之中，即使见到亲友也以对方表扬孩子为最大的满足。在鼓励中，蕴含着家长无穷无尽的要求和永不满足的希冀，使得孩子不得不努力、努力再努力，以至于江郎才尽，油尽灯枯，对自己彻底失望乃至绝望。

家长、教师指责其言行不一，谁知内心痛苦正在撕裂他们的人格。于是，各种疾病开始出现，不靠谱的兴趣、目标、追求，让人啼笑皆非。正常人都觉得荒唐，但这是他们建构起来的内在的逻辑，是他们存在这个世界的唯一理由。

概括地讲，厌学的治疗路线可以采用多种心理治疗理论和技术协同交叉：

精神分析——探索早期原因

人本主义——造访真实自我

认知学派——检讨观念偏差

家庭治疗——协调相互关系

行为主义——制订可行计划

催眠治疗——贯穿整个过程

具体地讲：不同阶段的干预有不同的切入点和重点。

临床经验发现，多数到第三个阶段（疾病和行为阶段）才寻求帮助，这时再采用共情、关注、解释、宣泄、放松、改善关系等虽然是必要的，但仅仅这些都是隔靴搔痒，包括家长的劝说，降低要求都无济于事，需要进行系统的专业干预，见《前提交互心理干预技术》。

如果在第二个阶段（出现焦虑、烦躁、抑郁等情绪）求助，一般的咨询治疗方法就可以解决。

在第一个阶段（出现困惑、畏难、迷茫）求助的很少，采用积极心理学的理念，发扬长处，大多数会收到很好的效果。这个阶段进行干预最容易，效果也最好，非常遗憾的是，无论是家长还是学生本人能想到寻求专业支持的，寥若星辰。

中国本土化催眠提升中考、高考成绩的思路是在问题之前对正常学生进行减负和提升素质的干预。通过心理辅导达到的目标是：减轻负担、调整状态、激发动机、提高效率、改变心态、提高成绩。以平稳的心态对待学习、考试、人生。

干预的主旨是：改变状态、调整动机、掌握策略、训练技能。整个过程以减负为核心。

第二节　高考、中考成绩提升训练过程

高考、中考成绩提升，可以做个体，可以做团体。下面着重介绍团体干预。

一、高考、中考成绩提升团体干预相关事项

（一）对学生的要求

1.正常的高三或初三学生（中上水平的学生收获最大）。
2.无中、重度考试焦虑、无严重心理疾病。
3.每周至少有半天自由支配时间。
4.学生、家长双方自愿。

（二）对场地与器材的要求

1.团体训练场地可选在教室、会议室、心理实验室、团体心理训练室等。
2.要求宽敞、安静，便于进行团体活动。
3.每人一把有靠背的座椅，有无课桌皆可，能播放催眠背景音乐。
4.其他课上临时使用的教具，在各次课程前准备。

（三）程序和步骤

第一步，对初三、高三学生进行摸底测查（进行《考试焦虑诊断问卷》和《症状自评量表SCL—90》测验）。

第二步，根据测量结果，召集无中度或重度考试焦虑及严重心理问题的学生及家长开办讲座，之后自愿报名（收费效果更好）。

第三步，经过面试确定团体成员，组成团体进行干预。

（四）时间安排

高三或初三第二学期。心理训练每周1次，每次2课时，共10次。如果需要，每生在训练期间可安排1—2次免费个别面询。

（五）团体人数要求

每个训练班控制在10—20人以内。据经验，效果最好的团体人数在15—16人。

（六）课程内容及要求

每次团体训练完成一讲内容，每讲是一个独立的单元，各讲内容根据训练进程安排，其中包括放松或催眠、训练师讲解、团体成员交流、团体心理活动等，内容不尽相同。活动中要使团体成员：全身心参与、各系统激活、多通道渗透、全方位感受。通过系统训练使学生：获得认知、情感、人格的陶冶；产生心理、生理、行为方式的改变；得到心理素质、思想境界的提升。

（七）设计与结果

按实验水平设计（设置对照组）前后测对比，多年来干预组比对照组平均成绩高出20—28分。

其实，训练的意义远不在提升成绩方面。许多参加过成绩提升训练的高三、初三学生结束后的体会：改变了观念、学到了方法、掌握了技巧、提升了素质、愉悦了心情。还有学生说："没想到高三还能这么轻松快乐。"特别是对他们进入大学后的学习生活追踪调查发现及和同班同学比较：方向明确、学习主动、学习生活秩序良好、缺课率低、挂科率低。

二、成绩提升团体干预内容

成绩提升团体干预分十次进行，每次的具体内容如下：

第一次：建立团体及其规范

一、心理咨询介绍

如，怎样看待心理咨询？

近些年，心理咨询在我国虽然已经逐步兴起，但多数人还存在误解。大多数人认为，只有心理不健康的人才去找心理咨询师。其实，心理咨询即可解决心理障碍问题，也解决正常的发展问题。也就是，正常人通过心理训练可以提升素质，发掘个人的优点和长处，提高学习效率，使优秀者更优秀。

二、团体规范（要求）

1.要真诚。对自己真诚，敢于解剖自己，不掩盖自己的不足，善于发现自己的长处。对他人真诚，敞开心扉，实话实说。

问：能做到吗？

真诚是以信任为前提的，后面还要进行信任训练。

2.要接纳。在团体内接纳每一位同学，不管以前是否接纳，从现在起接纳同学的外表、言谈举止、个性以及所谈的问题。

3.对外保密。在团体内要敢于暴露自己，在团体外要为同学的隐私保密。绝对不允许拿他人的问题开玩笑。

训练内容对外也要保密，对外可以谈你参加团体的感受，但不要把你觉得好的方法告诉团体外的同学，可能对其他同学不利，因为我们的训练是有前提的、成系统的。

对家长，前几次的训练内容也要保密。因为前几次是打基础的训练，与提高成绩无直接关系，甚至有的内容是纠正日常教育中的不正确观念。有些科学的观念和日常观念不一致，不容易和家长说清楚。训练到中期以后，可向家长解释，如果家长不理解，又想了解情况，可直接与训练师联系。

4.训练期间要认真对待，有问题可公开提出，不能私下交头接耳。

5.没有特殊情况不能缺席或中途退出。因为训练是成系统的，缺席不好补，无故中途退出更没好处（像做手术），因此，也不允试听。如果现在认为自己不适合参加可以退出。

主试表态：在训练期间，训练师可能经常与家长联系，哪些内容需要保密，及时与老师沟通。老师保证做到。

问：以上要求若能做到，有无问题和异议？如果没有，请大家起立宣誓。

誓言：真诚接纳每一位同学，为同学的隐私保守秘密。

宣誓之后，请同学们为誓言签名。

在整个过程中主试诚恳、严肃、认真的态度非常重要。

三、放松适应

只做基本动作，不深入训练。目的是让学生适应，避免正式做时好奇，影响效果。

四、接纳训练

问：你能接纳吗？你会接纳吗？

训练：如果在外面你听到"参加心理训练的都是心理上有毛病的"。

问：第一反应是什么？可能产生反感、厌恶或敌意……

如果接纳它，该怎么处理？

这是一种认识，他对心理训练不了解。

闭上眼睛，回想自己以前曾经不接纳的人或事，然后，以接纳的态度对待。

之后在团体内相互分享。

五、信任训练

找伙伴（按规则操作）。

1.首先一起做"信任跌倒"的活动。

（1）一对一方式

训练师（领导者）请团体成员两人一组。然后说明活动方式，可请一位成员到场地中，一起做示范。该成员站在领导者面前，背对领导者，静静地站着，领导者站好位置，当领导者喊"倒"时，该成员身体笔直地向后倒，直直地倒下，领导者在该成员倒到一半时，很平稳地接住。

说明之后，团体成员一对一地个别做练习，并互换角色。

练习结束后，领导者带领团体分享、讨论，重点如下：

①听到活动说明后，对自己要"笔直倒下"或"接住倒下之人"的感受如何？

②第一次倒下去时，想些什么？感受如何？第一次看到对方倒下，接住时的想法、感受如何？

③第一次倒下去，对方是否能接住？接得如何？带给你什么感受，想法或影响？

④第一次倒下或接住的经验对第二次以后影响如何？

⑤彼此之间发生了什么事？有何影响？感受？或启示？

⑥角色交换对做此活动有何意义或影响？

⑦彼此的信任是如何产生的？

⑧从这个经验中，你对于活动培养团体信任气氛，有何看法及意见？

（2）团体方式

经上面一对一方式做"信任跌倒"，并且分享讨论后，可以团体方式再做一次。

6—7名成员围成一圈，领导者邀请一位志愿者到团体当中，围在外圈成员的力量须平均，领导者注意成员的力量强弱调整至平均。

该成员闭上眼睛，圆圈上的成员站好位置，准备接住倒下的成员，该成员可倒向任何一方，圆圈上的成员很平稳地接住该成员，再缓慢地把他推回中间位置。如此，在大家很柔和、平稳地接住和推回的过程中，可使成员从紧张、恐惧到自然放松。

在该成员很放松后，圆圈上的成员，一起抬起该成员，绕场转一圈，再慢慢地把该成员放回地上，让他平躺在地上休息。

结束后，领导者带领大家分享、讨论：

①一对一方式的"信任跌倒"与团体方式，倒下者与支撑者的心情在两种方式下各有何不同？

②信任一个人与信任一个团体一样吗？有何不同的感受？

③有了一对一的经验，并且分享、讨论后。再做团体方式，这两次经验有何不同的感受？

④这些经验，使你对团体信任气氛的培养有何看法或意见？

2.结束

注意：

①实施此活动时，请特别注意场地及过程的安全。

②可就一对一方式或团体方式择其一来实施，也可先实施一对一方式，再实施团体方式。

六、放松训练

（一）第一次只放松到足踝部

主试（训练师）：安静地坐在凳子上，双脚平行自然踏地，身体坐正（开始不要靠背，放松后，顺其自然），百会朝天，双手平放于两腿之上。然后轻轻地闭上眼睛，做腹式呼吸，吸气徐徐沉入小腹，呼气从小腹慢慢向上托出。吸气、呼气都要均匀缓慢，以不憋气为最佳速度。

心情平静下来后进行渐进式放松。

主试：现在心情平静下来，随着我的口令想象"头部放松——头部放松，颈部放松——颈部放松，双肩放松——双肩放松，两臂放松——两臂放松，双手放松——双手放松，背部放松——背部放松，胸部放松——胸部放松，腹部放松——腹部放松，腰部放松——腰部放松，臀部放松——臀部放松，两大腿放松——两大腿放松，膝关节放松——膝关节放松，两小腿放松——两小腿放松，足踝部放松——足踝部放松，双脚放松——双脚放松。

大约10秒钟发出一次口令，一个部位放松两次，约20秒，再间隔5秒后，进行下一个部位的放松。

发出的口令要缓慢、柔和、低沉、坚定，随着放松的进展后面的语调逐渐压低，速度放缓。第一次放松到双脚即可，不回其他暗示。然后暗示心情静一静，慢慢睁开双眼，轻微活动一下。过一会儿我会把你慢慢叫醒，醒后会心情舒畅。下面我开始数数，三……浑身上下开始恢复知觉；二……大脑慢慢清醒过来；一！慢慢睁开眼睛。

之后谈感受，布置家庭作业，要求中午、晚上入睡前卧式练习。

卧式放松的要求：如果右侧卧位，像平时睡觉一样，右手自然放在枕头上，右腿自然伸直，左腿微曲在右腿上，左手心对环跳穴位置自然放置。躺下静一静后做深呼吸，然后按如上顺序做放松。如果仰卧，双手放于两侧，切忌放于胸前。

因为一周后才进行下一次训练，故此，要告诉团体成员相互提醒，不要忘记睡前练习。

（二）第二次：认识自我

1.处理放松训练问题

问放松是否坚持了？怎么做的？有什么体会、疑问、不适应。根据讨论的情况给予恰当的指导。

2.认识自己的必要性

认识自己是必要的，看清自己的长处和短处，潜能才会真正发挥出来。否则，自卑会使自己的能力受到束缚，目标过高又会积累失败的体验，而打击自信（回忆以前的同学，老师问下次考多少名？）。

你能认识自己吗？不一定每个人都能全面地认识自己，因为有很多因素在限制着我们。例如，来自外在的因素有：夸赞、鼓励、批评、要求等。来自内在的因素有：勇气、自卑、愿望、喜欢虚假等，所有这些因素干扰着我们的思维，使我们看不到真正的自我，严重影响潜能的发挥。

如何才能认识自我呢？

3.认识自我的方法

限时3分钟，进行自我描述。

发白纸一张，在上面写姓名后，对自己进行介绍和评估，可采用完成句子测验，如：我……。

在有限的时间内，写得越多越好。

写完后，提供框架再写（写在背面）。

例如：我是某某，姓名，年龄，性别，身份，外在特征。

我能……控制情绪，吃苦，热情待人，宽容，主动干活儿，安静学习。

我的能力，学习（某科好、差）。

我爱好（喜欢）……

我希望：远期人生目标、近期学习目标、高考目标。

给自己一个恰当的定位：在班里、在全校的排名。

4. 放松训练

可做完整的放松并加良性暗示。

主试：安静地坐在凳子上，双脚平行自然踏地，身体坐正（不靠背），百会朝天，双手平放于两腿之上。然后轻轻地闭上眼睛，做腹式呼吸，吸气徐徐沉入小腹，呼气从小腹慢慢向上托出。吸气、呼气都要均匀缓慢，以不憋气为最佳速度。心情平静下来后进行渐进式放松。

训练师：现在心情平静下来，随着我的口令想象"头部放松——头部放松，颈部放松——颈部放松，双肩放松——双肩放松，两臂放松——两臂放松，双手放松——双手放松，背部放松——背部放松，胸部放松——胸部放松，腹部放松——腹部放松，腰部放松——腰部放松，臀部放松——臀部放松，两大腿放松——两大腿放松，膝关节放松——膝关节放松，两小腿放松——两小腿放松，足踝部放松——足踝部放松，双脚放松——双脚放松"。现在体会一下，从头到脚全身放松，松……松……松……现在感到心情很平静，放松后浑身上下很舒服，现在放松得很好，经过放松，你感到疲劳消失，精力得到恢复，过一会儿，我会把你慢慢叫醒，醒后会感到浑身上下很舒适，心情舒畅。下面我开始数数，从三数到一，你就会慢慢地清醒过来，轻轻地睁开眼睛。三……浑身上下开始恢复知觉；二……大脑慢慢清醒过来；一！慢慢睁开眼睛。回到现实中！

训练师注意要领：大约10秒钟发出一次口令，一个部位放松2次，约20秒，再间隔5秒后，进行下一个部位的放松。

5. 采访

在10分钟内，每人采访3名以上（上限自己定）同学。采访内容主要包括：性格、爱好、优点、缺点等，也可提出其他问题。采访者任意选择采访对象，被采访者不能拒绝，但可巧妙绕开敏感话题。也可互相采访，之后在团体中介绍。采访或介绍时，可以采用笔记形式。

在团体中介绍的规则：围坐，由训练师持由报纸卷成的指挥棒随机指点介绍者，指到谁，谁在团体中介绍自己采访过的任意一人，重复介绍或错误介绍，"挨打"。正确者，传递指挥棒。

之后，分享体验，进行总结。

家庭作业：对自己的高考成绩进行初步估计、高考目标估计、写出自己的人生目标及墓志铭。

6.介绍总结性复习

参见（第十一章）

（三）第三次：确立目标排除干扰

1.分享自我评估

对上次的家庭作业进行分享，包括自己的高考成绩、高考目标，自己的人生目标及墓志铭。

做好心理准备，接受来自他人的不同意见。这些意见是诚挚的，但良药苦口，真话难听。

注意：引导成员避免恭维和恶意攻击。

2.自我评估的思路

（1）成绩定位

现在分析自己的成绩，对成绩进行估计：

成绩=f（智力·努力·方法）

智力：可测查、估计（父母的智力）、平时学习理解程度，在年级的位置。

努力：与动机、兴趣、情绪、意志、心理健康（学习状态）、抗挫折能力等因素有关。

方法：包括学习方法、复习策略、答卷技巧。

（2）确定高考目标

对高考目标的估计应该从以下几个方面分析：

目标院校在本地招生的情况，招生人数、学校的百分位。

所在高中的高考水平。

本人在校内的考试水平。

（3）人生目标

对人生目标的估计：在自己的笔记本上分别写出1年、5年、10年、20年、终生的目标。为自己写墓志铭。

关于高考与个人发展的关系，在许多人心目中有一个公式：

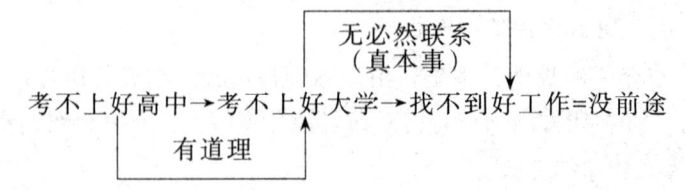

```
                    无必然联系
                    （真本事）
                         ↓
    考不上好高中 → 考不上好大学 → 找不到好工作 = 没前途
          ↑           ↑
          └── 有道理 ──┘
```

这种推论有问题：

首先：这种推论不适合有潜力、有远大理想的学生。把大学当成终极目标。

其次：前提是错误的。好大学一定比普通大学好。大学的差别主要在于科研水平，对本科教育的影响不是特别大。有潜力的学生要瞄准研究生，不想向高层发展的要学到真本事。

第三，结论是错误的。上不了好高中，就上不了好大学似乎有道理，但上不了好大学就考不上研究生是错误的。考高中、考大学更多与智力有关，而考研更多的是与自我认知、自我定向以及人生的长远规划有关（生涯规划）。

额外的体会：

对外，我们学会赞赏他人；对内，要真诚地对待每一位同学。作为个人，当他人指出你的缺点时要善于分析。同时也应自我剖析，分析自己的长处和短处。

1.催眠并进行良性暗示

这是第一次催眠，目的是通过催眠使整个身心得到深度放松、消除疲劳、恢复精力、构建良好的学习状态、建立和训练师的内在链接，为以后改变观念、接收信息、掌握技能打下基础。

具体操作过程及引导语：

坐在椅子上，双脚自然踏地，双手放松，搭在腿上，身体要正，含胸拔背，百会朝天。可以坐得离椅背近一些，开始不要靠背，放松后顺其自然，可以靠背，也可以微微前倾。

好，心情静一静，轻轻地闭上眼睛，开始做深呼吸，吸气要均匀缓慢，呼气也要均匀缓慢。想象吸气沉入小腹，呼气从小腹向上托出，并配合收腹。吸气要吸足，呼气要呼净，吸气呼气都要均匀缓慢，以不憋气为准。

好，现在随着我的口令想象，头皮放松，想象随着头皮的放松，头皮下的血液在流动，随着血液的流动，血液中携带的营养滋养着你的每一根头发，你感觉头发很蓬松、很舒适，头皮很放松。

好，现在开始放松你的面部，你感觉到面部的每一块肌肉，每一条韧带，每一根神经全都放松。面部放松后，你感觉面部很舒展、很舒适。

好，现在开始放松你的颈部，颈部的骨骼、肌肉、韧带全都放松。

现在你的头皮、面部、颈部全都放松，你的整个头部全都放松。体会一下，随着头部的放松，大脑也放松。大脑放松，感觉大脑像被清水洗过一样，湿润、光滑、清洁、清净、清爽。大脑放松后，感觉大脑很清净，很舒适，很宁静，大脑变得无忧无虑。体会一下，大脑放松，大脑很宁静，心情很平静。好，现在体会一下，你整个大脑全都放松，放松得无忧无虑。

好，现在开始放松你的双肩，放松你的两臂，放松双手，你现在体会一下，伴随着双手的放松，手心微微地发热，微微地冒汗。现在开始放松你的手指，你感觉手指放松后，手指很舒适，手指放松得一动也不想动。好，放松得很好。

好，现在开始放松你的躯干部、背部、腰部、胸部、腹部，全都放松。好，随着躯干部的放松，想象随着吸气将空气中的氧气吸入体内，养分在体内随着血液流遍全身，养分滋养着你身体的每一个部位，身体的每一个部位都感觉很舒展，很舒适，很放松。现在开始想象随着呼气，把体内的废气、浊气、病气、焦虑情绪全都排出体外。体内感觉很清爽、很轻松、很舒适，体会一下这种清爽、舒适、轻松的感觉。内脏放松，所有的内脏全都放松，内脏之间的功能很和谐、很舒适。

好，现在开始放松你的下肢，双腿放松，双脚放松。现在想象随着双脚的放松，脚心微微地发热，脚心微微地冒汗，现在开始放松你的脚趾，脚趾放松后，脚趾感觉很舒适，脚趾一动也不想动，放松得一动也不能动。

好，现在感觉全身上下都很放松，现在随着我的口令想象，想象全身上下从头到脚全都放松，松……松……松……好！现在你整个身体全都放松。放松后，你感觉到整个身体懒洋洋的，放松得一动也不想动。整个身体放松，放松得软绵绵的，一点力气也没有，一动也不能动，想动也动不了。

现在你感觉到外界的声音由大变小，由近变远，外界的声音越来越小，越来越远。现在你感觉到，两眼很累，两眼皮很沉重，不想睁眼。现在你感觉到两眼发酸，两眼犯困，想睡，想睡就睡，一边睡，你的潜意识一边接收我的信息。现在听我数数，从一数到三，你就会静静地睡去。一……全身上下全都放松，一动也不想动，一动也不能动，两眼很累，两眼犯困。二……两眼越来越困，大脑一阵一阵的模糊，越来越模糊；三！现在大脑不能思考问题了，你可以静静地睡，深深地睡……好，你睡得很好，静静地睡你感到大脑很宁静，心情很平静。浑身上下一动也不想动，一动也不能动，你可以静静地睡，深深地睡。

好，你睡得很好。静静地睡，你感到心情很平静，大脑很宁静；静静地睡，浑身上下很舒适；静静地睡，整个身体从上到下、从内到外全都放松；静静地睡，全身心都放松；放松后，感觉到身体的疲劳逐渐消失，放松后，感觉到大脑的疲劳逐渐消失。好，你现在感觉到体力在逐渐恢复，精力在逐渐恢复。好，你恢复得很好；精力、体力全都恢复；你可以深深地睡，深深地睡……

好，你睡得很好，经过休息，精力体力全都恢复正常。过一会儿，我会把你轻轻地叫醒，醒来之后你感觉到神清气爽，精力充沛，学习效率很高。现在听我数数，从三数到一，你就会慢慢地清醒过来轻轻地睁开眼睛。三……全身上下开始恢复知觉。二……大脑慢慢地清醒过来。一！轻轻地睁开眼睛。

轻轻地动一动手指，动一动手，然后搓一搓手，搓一搓脸，从下往上，从中间向两边，再往下，三次。好，回到现实中！

可以懒散片刻。

催眠要注意的问题：

要处理好不良反应。在做催眠、放松时，偶尔有个别同学出现不良反应，如恐怖、怪相、气短、哭闹等。

导致不良反应可能的原因有：早期事件的影响（童年事件或创伤），神经类型，神经症患者，时间与场所（晚上比白天多）。

解决途径：1）心理分析；2）行为治疗（变成可操作的情景，左手按膝盖出现可怕情景，右手按膝盖出现喜欢的情景，练熟之后，当出现可怕情景按右手中指）；3）暗示消除；4）调换坐位和场景。

4.交流总结性复习遇到的问题

二人一伍，根据自己和对方的总结性复习的资料，介绍经验、提出问题，相互讨论，提供建议。

最后，各组在团体中提出问题进行讨论，训练师给予指导。

（四）第四次 提高学习效率

1.动机与努力目标

问：有无不努力的？有无学习效率低的？心里很着急，但不知学什么，学着这科想着那科，看到别人在认真地学习就催促自己快点学，甚至责怪自己怎么学不进去。

要解决这些现象，需澄清以下问题：

1.动机与效率之间的关系

倒U曲线。不同任务难度，动机需要的水平不同。从事高难度的学习或考试，较低的动机才能真正学进去或考出好的成绩。中考或高考属于难度较大的任务，把动机水平调低些才合适。

启发：要以平常心应对高考。

2.休闲与发展

课间如何安排？

课间休息在进行内部记忆。

休闲可以发展自己的兴趣，与长远发展有关。

3.计划与学习效率

在了解自己的前提下，制定学习计划。制定计划的基本原则是：经过努力能完成，多数时候完成计划后感到一阵轻松、愉快。如果没有计划则不知道该干什么，玩又不甘心，学又学不进去。如果计划过少，多余的时间不知道干什么，会限制自己潜能的开发；如果计划过大，总是欠账，会产生很大的压力，降低学习效率。

2.培土理论

如果有条件最好做现实操作，否则，只能讲解。

假设10分钟可运一车土，10分钟可培一车土。如果两人比赛土堆的高度，给60分钟的时间。有两种策略，一是每一车土都培，可常保持最佳高度。二是前几车不培，最后一车用10分钟培。

用公式表示：

$$（10+10）×3=60分（每车都培，运3车培3车）$$

$$5×10+10=60分钟（前4车不培，最后1车培）$$

前一种策略开始领先，后一种策略最后领先。土堆的高度相当于考试成绩，培土把功夫用在考试上，而运土则用在学习上（深加工而不是表面策略）。

花费精力准备考试相当于培土，花费精力用于学习或总结性复习上相当于运土。

因此，不要每次小考都花费最大的精力去应付（需要解决老师、家长的观念、自己的应对措施）。

3.人生目的

人生的目的——幸福。

怎样才能幸福？走上社会既要有专业知识也要有综合素质。综合素质的培养与休闲有关。在中学阶段是培养自我认知、自我调节能力的关键期。如果适当安排休闲时间，主动休闲会提高综合素质。否则，既不能学好功课（上课不认真听，看小说，玩游戏），又耽误了发展综合素质的时间，会影响到将来的幸福。与其低效率地耗费时间，不如主动安排休闲活动。换句话说，把休闲纳入学习计划中（安排自己感兴趣的活动）。

需要澄清的观点：休闲是否就是浪费时间？有罪恶感？

回想或设想一下，在限制玩电子产品的条件下，你会用什么休闲方式？（让同学回答），肯定是在从事感兴趣的活动，这些活动是发自生命本能的，是生命中重要的东西，是发展中重要的东西，是在丰富自己的综合素质。相当"培土理论"中的"运土"。有人认为现在应该先考大学，考上好大学再去发展。不对！自我认知、自我管理、树立远大理想在中学阶段是关键期。如果处理不好休闲问题，到大学后很难适应环境，难以进入学习状态，严重的可能无节制地上网、玩游戏、打牌、逃课、混日子，没有明确的人生目标。即使没有如此极端，也会严重影响个人长远的发展。

据研究，大学生有明确目标的只占10%，还有三分之一的学生想考高分。

我们这种辅导不只是解决中学生的高考问题，更重要的意义是与大学接轨，与人的长远发展密切联系。这是家长及中学教师较少了解的。

4.减少作业量

所谓"减少作业量"是针对学习状态不好，学习效率低，耗时间，既完不成任务，又没时间玩的同学提出的。否则，不必减少。

做一合适的计划：经努力能完成，而且完成后感到轻松。

具体的计划：

将作业分为有必要做的和可做可不做的。必做的包括如果不做会影响第二天的学习；上交的。依自己的水平减少那些可做可不做的。（过难、过易、白浪费时间，读英语例外）。

高考估分，400分以下，应做代表基本知识的题，500分左右做中等难度的题，550分以上可做较高难度的题，650分左右的多做难题。上交的也有可做可不做的，应该会采取措施。

5.放松引入催眠

具体操作过程及引导语：

坐在椅子上，双脚自然踏地，双手放松，搭在腿上，身体要正，含胸拔背，百会朝天。可以坐得离椅背近一些，开始不要靠背，放松后顺其自然，可以靠背，也可以微微前倾。

好，心情静一静，轻轻地闭上眼睛，开始做深呼吸，吸气要均匀缓慢，呼气也要均匀缓慢。想象吸气沉入小腹，呼气从小腹向上托出，并配合收腹。吸气要吸足，呼气要呼净，吸气呼气都要均匀缓慢，以不憋气为准。

好，现在随着我的口令想象，头皮放松，想象随着头皮的放松，头皮下的血液在流动，随着血液的流动，血液中携带的营养滋养着你的每一根头发，你感觉头发很蓬松，很舒适，头皮很放松。

好，现在开始放松你的面部，你感觉到面部的每一块肌肉，每一条韧带，每一根神经全都放松。面部放松后，你感觉面部很舒展、很舒适。

好，现在开始放松你的颈部，颈部的骨骼、肌肉、韧带全都放松。

现在你的头皮，面部，颈部全都放松，你的整个头部全都放松。体会一下，随着头部的放松，大脑也放松。大脑放松，感觉大脑像被清水洗过一样，湿润、光滑、清洁、清净、清爽。大脑放松后，感觉大脑很清净、很舒适、很宁静，大脑变得无忧无虑。体会一下，大脑放松，大脑很宁静，心情很平静。好，现在体会一下你整个大脑全都放松，放松得无忧无虑。

好，现在开始放松你的双肩，放松你的两臂，放松双手，你现在体会一下，伴随着双手的放松，手心微微地发热，微微地冒汗。现在开始放松你的手指，你感觉手指放松后，手指很舒适，手指放松得一动也不想动。好，放松得很好。

好，现在开始放松你的躯干部、背部、腰部、胸部、腹部，全都放松。好，随着躯干部的放松，想象随着吸气将空气中的氧气吸入体内，养分在体内随着血液流遍全身，养分滋养着你身体的每一个部位，身体的每一个部位都感觉很舒展，很舒适，很放松。现在开始想象随着呼气，把体内的废气、浊气、病气、焦虑情绪全都排出体外。体内感觉很清爽，很轻松，很舒适，体会一下这种清爽、舒适、轻松的感觉。内脏放松，所有的内脏全都放松，内脏之间的功能很和谐，很舒适。

好，现在开始放松你的下肢，双腿放松，双脚放松。现在想象随着双脚的放松，脚心微微地发热，脚心微微地冒汗，现在开始放松你的脚趾，脚趾放松后，脚趾感觉很舒适，脚趾一动也不想动，放松得一动也不能动。

好，现在感觉全身上下都很放松，现在随着我的口令想象，想象全身上下从头到脚全都放松，松……松……松……好！现在你整个身体全都放松。放松后，你感觉到整个身体懒洋洋的，放松得一动也不想动。整个身体放松，放松得软绵绵的，一点力气也没有，一动也不能动，想动也动不了。

现在你感觉到外界的声音由大变小，由近变远，外界的声音越来越小，越来越远。现在你感觉到，两眼很累，两眼皮很沉重，不想睁眼。现在你感觉到两眼发酸，两眼犯困，想睡，想睡就睡，一边睡，你的潜意识一边接收我的信息。现在听我数数，从一数到三，你就会静静地睡去。一……全身上下全都放松，一动也不想动，一动也不能动，两眼很累，两眼犯困。二……两眼越来越困，大脑一阵一阵的模糊，越来越模糊；三！现在大脑不能思考问题了，你可以静静地睡，深深地睡……好，你睡得很好，静静地睡你感到大脑很宁静，心情很平静。浑身上下一动也不想动，一动也不能动，你可以静静地睡，深深地睡。

好，你睡得很好。一边睡，你的潜意识一边接收我的信息，从此以后你更容易接受我的催眠，在意识层面很容易接受我的观念，很容易学会相应的技巧。当你听到我的响指声，你的潜意识会自动地将这些信息储存起来，不需要意识的努力，这些信息会自动地支配你的学习和行动。"啪"储存起来！"啪"储存起来！好，你可以深深地睡，深深地睡……

好，你睡得很好，经过休息，精力体力全都恢复正常。过一会儿，我会把你轻轻地叫醒，醒来之后你感觉到神清气爽，精力充沛，学习效率很高。现在听我数数，从三数到一，你就会慢慢地清醒过来轻轻地睁开眼睛。三……全身上下开始恢复知觉。二……大脑慢慢地清醒过来。一！轻轻地睁开眼睛。

轻轻地动一动手指，动一动手，然后搓一搓手，搓一搓脸，从下往上，从中间向两边，再往下，三次。好，回到现实中！可以懒散片刻。

6.制订高效率的计划

（1）保证睡眠时间。

（2）适当安排休息和休闲。

（3）有适量的体力活动（包括干家务活儿）。

（4）学习任务通过努力能完成。

（5）完成任务后感到轻松。

注意：每天完成计划后给自己奖赏。

（五）第五次 成功考试

1.答题技巧

（1）答卷的程序

浏览试卷：用2—3分钟的时间将试卷从头到尾浏览一遍。

填写信息：如姓名、考号等按要求填写齐全。

分配时间：按卷面分数和考试时间平均分配，留出检查时间15—20分钟。

答卷。

检查试卷。

交卷。

（2）答卷的过程

先小后大，先易后难，先具体后综合（一般情况下高考卷面就是这样设计的）。

优秀学生或优势科目要敢于判断（任直觉）抢速度，攻难题。

一般学生要抓住基本分数，不要纠缠难题。

客观题抢速度，主观题要注意卷面。

文字排列与卷面安排要看菜吃饭。

主观题不会答，可选边缘问题，可写公式。

主观题不确切，可用超脱的语言。如八七会议，可答：是一次重要会议，纠正了错误，肯定了正确，总结了经验，指明了方向，在历史上起到了重要的作用，具有伟大意义。

客观题：选择、判断、填空，没有百分之百的把握不答，最后没有百分之百的把握不改。说不准时可用铅笔答题或画标记，想起来可随时补上，或到最后再随机选择。千万不要将自己拿不准的答案写上，到最后不放心返回去修改。这时大脑已经疲劳，容易把对的改错，丢冤枉分。

选择、判断可用以下几种方法：

①直选法：选对的。

②比较法：阅读题目和选项后，经过比较再选择。

③排除法：排除不对的选项，剩下的就是对的。

④猜测法：不知道准确的答案，但可以根据规律去猜测。如英语的阅读理解填空，在没时间阅读的情况下，可根据前后的词性、语法来猜测或排除。

⑤随机法：在不知道对错的情况，只要不倒扣分就要选择，不要空项。

以上几种方法可结合运用，如先比较后再部分排除，然后猜测或随机选择。

用猜测法时注意：选不像的。

涂卡题，做完一种类型后即可涂卡，如语法题、词汇题等。这样即可从一种状态中解脱出来休息片刻，又可避免追尾式错误（也叫系统性错误）。如时间不够来不及做题，可直接涂卡。看前后各题，哪类答案少选哪个。

(3) 检查

答完之后检查是必须的。多数同学常用的方法是每道题重新做一遍，这种方法易受知觉整体性影响。正确的方法是：答完试卷检查两遍。

第一遍，检查有无丢题落题。有两种情况，一种是开始不会做留下的，另一种是漏做的，尤其是一题多问。如发现丢题用铅笔画上标记。

第二遍，检查思维方向是否正确。如，是否正确理解题意，有无偏离主题、所问非所答的现象；检查运用公式定理是否正确，论述推导有无偏差，有无笔误，包括写错代码、单位，算错数，写错字，标点符号应用不准确等。如果发现及时改正。交卷前检查信息，擦去标记。

2.答卷的心理调整

考前不能熬夜，也不能起早，作息时间与平时相同。入场前不能学同一学科或相似学科的内容（如9点考试数学，6点起床做3个小时的难题，非考砸不可），最好干点轻松的事，或浏览本学科第三轮复习总结的提纲。可稍微提前入场或到场，入场后平静地坐一会儿，可想一下复习时的情景。

填写信息要看准，填完后检查核对一遍。

浏览试卷时不要深究。

如发现卷子有质量问题及时报告老师，不要主观猜测。

开始答题前要仔细审题，一字一句地审，不能速读。遇到似曾相识的题目不可盲目乐观，很可能是心理陷阱，更要仔细审。要注意题目后面的解释和要求，审题不要怕花时间。

审题还要理解出题人的意图。比如，某校2004年高三第一学期月考，围绕原电池和电解池的原理，有的同学回答干电池也可以充电。老师说不要想得太多，其实这不是想得多少的问题，而是没有理解出题人的意图。

开始答卷时不要抢时间，大脑运行10—20分钟后才能完全进入状态。在未进入状态之前不要看其他同学的答卷进展，自己要有主意。

开始或前半部分遇到难题不要慌，跳过去往后答。虽然试卷的总体设计是由易到难的，但有时个人有弱项，也有时出题人故意设计"打棍子"的题目，目的是考查考生的心理素质。

时间分配只是为了进行宏观控制。具体到每一位同学，每一学科，每一道题，要依情况适当安排。

优势学科：简单题尽量节省时间，难度较大的题要答好，可多用些时间。

劣势学科：不要纠缠难题，抓住中、低难度的题，这些题可适当多用些时间。

①辨别题目的难度；

②直接判断（凭直觉）；

③分析，即根据题目搜索自己掌握的相关知识，是否为长项；

④试做，如果一开始就没有思路，应该先做有思路的其wb题目。如果开始较容易，后来越做越难，以至于分配的时间到了，还没有思路就应果断放弃。如果有清晰的思路，即使超时也要做完。

如果思路顺利，不必每题都看表。

检查时要注意一题多问是否漏项。

最后留出时间答不会的题。不得分是应该，得一分捡一分。高兴地走出考场。

不要和同学对答案。考完一科扔一科，顺利转入下一科。

3.回顾所学到的内容及方法

闭目放松，回顾所讲内容。

（六）第六次：放松心情

1.休闲的意义

回顾以前探讨过的内容，可以对休闲的益处做出以下归纳：

（1）休闲有利于素质培养，提高综合素质（休闲时干自己最喜欢的事情，学得快，不费劲，顺应生命自然发展的规律）。

（2）休闲有利于个人的长远发展（学会自我调节和自我监控，能够有效地安排生活和学习，避免到大学后的茫然和放纵。其实放纵的大学生并非自己的本意）。

（3）休闲有利于调整状态，提高学习效率，最终有利于高考（避免疲劳、厌烦，保持良好状态）。

提问：大家是否接受这些观点？有无疑问或困惑？

2.如何休闲

（1）把休闲纳入计划（被动拖延，或者借题发挥产生罪恶感）。

（2）选择合适的休闲方式（对于部分同学课间打球不适合。什么方式合适？可讨论）。

（3）分清状态与放纵。

3.放松催眠

导入催眠后，暗示放松、休息，然后将刚刚讲过的内容植入潜意识。具体操作如下：

坐在椅子上，双脚自然踏地，双手放松，搭在腿上，身体要正，含胸拔背，百会朝天。可以坐得离椅背近一些，开始不要靠背，放松后，顺其自然，可以靠背，也可以微微前倾。

好，心情静一静，轻轻地闭上眼睛，开始做深呼吸，吸气要均匀缓慢，呼气也要均匀缓慢。想象吸气沉入小腹，呼气从小腹向上托出，并配合收腹。吸气要吸足，呼气要呼净，吸气呼气都要均匀缓慢，以不憋气为准。

好，现在随着我的口令想象，头皮放松，想象随着头皮的放松，头皮下的血液在流动，随着血液的流动，血液中携带的营养滋养着你的每一根头发，你感觉头发很蓬松/很舒适，头皮很放松。

好，现在开始放松你的面部，你感觉到面部的每一块肌肉，每一条韧带，每一根神经全都放松。面部放松后，你感觉面部很舒展、很舒适。

好，现在开始放松你的颈部，颈部的骨骼、肌肉、韧带全都放松。

现在你的头皮，面部，颈部全都放松，你的整个头部全都放松。体会一下，随着头部的放松，大脑也放松。大脑放松，感觉大脑像被清水洗过一样，湿润、光滑、清洁、清净、清爽。大脑放松后，感觉大脑很清净、很舒适、很宁静，大脑变得无忧无虑。体会一下，大脑放松，大脑很宁静，心情很平静。好，现在体会一下你整个大脑全都放松，放松得无忧无虑。

好，现在开始放松你的双肩，放松你的两臂，放松双手，你现在体会一下，伴随着双手的放松，手心微微地发热，微微地冒汗。现在开始放松你的手指，你感觉手指放松后，手很舒适，手指放松得一动也不想动。好，放松得很好。

好，现在开始放松你的躯干部、背部、腰部、胸部、腹部，全都放松。好，随着躯干部的放松，想象随着吸气将空气中的氧气吸入体内，养分在体内随着血液流遍全身，养分滋养着你身体的每一个部位，身体的每一个部位都感觉很舒展、很舒适、很放松。现在开始想象随着呼气，把体内的废气、浊气、病气、焦虑情绪全都排出体外。体内感觉很清爽、很轻松、很舒适，体会一下这种清爽、舒适、轻松的感觉。内脏放松，所有的内脏全都放松，内脏之间的功能很和谐，很舒适。

好，现在开始放松你的下肢，双腿放松，双脚放松。现在想象随着双脚的放松，脚心微微地发热，脚心微微地冒汗，现在开始放松你的脚趾，脚趾放松后，脚趾感觉很舒适，脚趾一动也不想动，放松得一动也不能动。

好，现在感觉全身上下都很放松，现在随着我的口令想象，想象全身上下从头到脚全都放松，松……松……松……好！现在你整个身体全都放松。放松后，你感觉到整个身体懒洋洋的，放松得一动也不想动。整个身体放松，放松得软绵绵的，一点力气也没有，一动也不能动，想动也动不了。

现在你感觉到外界的声音由大变小，由近变远，外界的声音越来越小，越来越远。现在你感觉到，两眼很累，两眼皮很沉重，不想睁眼。现在你感觉到两眼发酸，两眼犯困，想睡，想睡就睡，一边睡，你的潜意识一边接收我的信息。现在听我数数，从一数到三，你就会静静地睡去。一……全身上下全都放松，一动也不想动，一动也不能动，两眼很累，两眼犯困。二……两眼越来越困，大脑一阵一阵的模糊，越来越模糊；三！现在大脑不能思考问题了，你可以静静地睡，深深地睡……好，你睡得很好，静静地睡你感到大脑很宁静，心情很平静。浑身上下一动也不想动，一动也不能动，你可以静静地睡，深深地睡。

好，你睡得很好。一边睡，你的潜意识一边接收我的信息，从此以后你更容易接受我的观念，学会休闲，把休闲看成提高学习效率的手段，把休闲当成生活中的一部分，纳入计划，能够选择适合自己的休闲方式。当你听到我的响指声，你的潜意识会自动地将这些信息储存起来，不需要意识的努力，这些信息会自动地支配你的学习和行动。"啪"储存起来！"啪"储存起来！好，你可以深深地睡，深深地睡……

好，你睡得很好，经过休息，精力体力全都恢复正常。过一会儿，我会把你轻轻地叫醒，醒来之后你感觉到神清气爽，精力充沛，学习效率很高。现在听我数数，从三数到一，你就会慢慢地清醒过来轻轻地睁开眼睛。三……全身上下开始恢复知觉。二……大脑慢慢地清醒过来。一！轻轻地睁开眼睛。

轻轻地动一动手指，动一动手，然后搓一搓手，搓一搓脸，从下往上，从中间向两边，再往下，三次。好，回到现实中！

可以懒散片刻。

4.快乐学习

（1）制订每天的学习计划（不一定写成文字，可心中有数）。

参考方法：先回顾当天的讲课内容，然后完成作业，再预习。

（2）安排各科最佳学习时间（统筹安排，优化顺序）。

（3）计划要有弹性。

（4）完成计划后给自己奖赏（形式可多种多样）。

（5）调整计划（计划不合适或情况发生变化时，应该对计划进行适当调整）。

（七）第七次：真实自我

1.调整计划

问各自的计划完成情况。分析完不成的原因。请完成者介绍自己的情况。

没能完成计划可能的原因：1.状态问题；2.意志问题；3.计划不合理。

2. 自我评价

由于进入青春期以后情绪的两极性极端化,导致自我评价的两极性。有时非常兴奋,成功的感受明显,觉得自己还行、不错、很好,甚至有点伟大。也有时自己感到灰心丧气,觉得自己这也失败,那也做不好,简直是个笨蛋。这种情绪的两极性导致对自己的评价不能前后统一,不能认识真实的自我。

如何对自己进行客观的评价呢?

春风得意、绊脚捡钱时不宜做自我评价,喝水塞牙、出门见鬼,也不要做自我评价,应该在头脑冷静心绪平稳的平常时候对自己做客观的评价。

3. 放松催眠

具体操作如下:

坐在椅子上,双脚自然踏地,双手放松,搭在腿上,身体要正,含胸拔背,百会朝天。可以坐得离椅背近一些,开始不要靠背,放松后顺其自然,可以靠背,也可以微微前倾。

好,心情静一静,轻轻地闭上眼睛,开始做深呼吸,吸气要均匀缓慢,呼气也要均匀缓慢。想象吸气沉入小腹,呼气从小腹向上托出,并配合收腹。吸气要吸足,呼气要呼净,吸气呼气都要均匀缓慢,以不憋气为准。

好,现在随着我的口令想象,头皮放松,想象随着头皮的放松,头皮下的血液在流动,随着血液的流动,血液中携带的营养滋养着你的每一根头发,你感觉头发很蓬松,很舒适,头皮很放松。

好,现在开始放松你的面部,你感觉到面部的每一块肌肉,每一条韧带,每一根神经全都放松。面部放松后,你感觉面部很舒展,很舒适。

好,现在开始放松你的颈部,颈部的骨骼、肌肉、韧带全都放松。

现在你的头皮、面部、颈部、全都放松,你的整个头部全都放松。体会一下,随着头部的放松,大脑也放松。大脑放松,感觉大脑像被清水洗过一样,湿润,光滑,清洁,清净,清爽。大脑放松后,感觉大脑很清净,很舒适,很宁静,大脑变得无忧无虑。体会一下,大脑放松,大脑很宁静,心情很平静。好,现在体会一下你整个大脑全都放松,放松得无忧无虑。

好,现在开始放松你的双肩,放松你的两臂,放松双手,你现在体会一下,伴随着双手的放松,手心微微地发热,微微地冒汗。现在开始放松你的手指,你感觉手指放松后,手指很舒适,手指放松得一动也不想动。好,放松得很好。

好,现在开始放松你的躯干部、背部、腰部、胸部、腹部全都放松。好,随着躯干部的放松,想象随着吸气将空气中的氧气吸入体内,养分在体内随着血液流遍全身,养分滋养着你身体的每一个部位,身体的每一个部位都感觉很舒展,很舒适,很放松。现在开始想象随着呼气,把体内的废气、浊气、病气、焦虑情绪全都排出体外。体内感觉很清爽，很轻松，很舒适，体会一下这种清爽、舒适、轻松的感觉。内脏放松，所有的内脏全都放松，内脏之间的功能很和谐，很舒适。

好，现在开始放松你的下肢，双腿放松，双脚放松。现在想象随着双脚的放松，脚心微微地发热，脚心微微地冒汗，现在开始放松你的脚趾，脚趾放松后，脚趾感觉很舒适，脚趾一动也不想动，放松得一动也不能动。

好，现在感觉全身上下都很放松，现在随着我的口令想象，想象全身上下从头到脚全都放松，松……，松……，松……好！现在你整个身体全都放松。放松后，你感觉到整个身体懒洋洋的，放松得一动也不想动。整个身体放松，放松得软绵绵的，一点力气也没有，一动也不能动，想动也动不了。

现在你感觉到外界的声音由大变小，由近变远，外界的声音越来越小，越来越远。现在你感觉到，两眼很累，两眼皮很沉重，不想睁眼。现在你感觉到两眼发酸，两眼犯困，想睡，想睡就睡，一边睡，你的潜意识一边接收我的信息。现在听我数数，从一数到三，你就会静静地睡去。一……全身上下全都放松，一动也不想动，一动也不能动，两眼很累，两眼犯困。二……两眼越来越困，大脑一阵一阵的模糊，越来越模糊；三！现在大脑不能思考问题了，你可以静静地睡，深深地睡……好，你睡得很好，静静地睡，你感到大脑很宁静，心情很平静。浑身上下一动也不想动，一动也不能动，你可以静静地睡，深深地睡。

好，你睡得很好。一边睡，你的潜意识一边接收我的信息，从此以后你更容易接受我的观念，学会自我评价，对自己有一个客观的估计，能够制订适合自己的学习计划，并根据实际情况调整计划，能够顺利完成计划。好，当你听到我的响指声，你的潜意识会自动地将这些信息储存起来，不需要意识的努力，这些信息会自动地支配你的学习和行动。"啪"储存起来！"啪"储存起来！好，你可以深深地睡，深深地睡……

好，你睡得很好，经过休息，精力体力全都恢复正常。过一会儿，我会把你轻轻地叫醒，醒来之后你感觉到神清气爽，精力充沛，学习效率很高。现在听我数数，从三数到一，你就会慢慢地清醒过来轻轻地睁开眼睛。三……全身上下开始恢复知觉。二……大脑慢慢地清醒过来。一！轻轻地睁开眼睛。

轻轻地动一动手指，动一动手，然后搓一搓手，搓一搓脸，从下往上，从中间向两边，再往下，三次。好，回到现实中！可以懒散片刻。

4. 培养意志

意志品质：

独立性、坚定性、果断性、自制力。学会克制自己的欲望。

构成意志力的稳定因素是意志品质。人们的意志品质有很大的差异，表现在以下四个方面：

(1) 独立性

意志品质的独立性是指在面对他人的压力时，不随波逐流，根据自己的认识与判断独立地采取决定执行决定。

独立性不同于武断。武断表现为置他人的意见于不顾，一意孤行。独立性是在分析和吸收合理意见的基础上采取行动。

与独立性相反的品质是受暗示性，容易受暗示的人表现为不加选择地接受别人的影响，他们的行动不是从自己的认识和信念出发，而是为别人的言行所左右，人云亦云没有主见。他们没有明确的行动方向，也缺乏坚定的信心与决心。

(2) 坚定性

坚定性表现为长时间的相信自己的决定的合理性，并坚持不懈为执行决定而努力。具有高度坚定性的人，有顽强的毅力，有充满必胜的信念，不怕困难，不怕挫折，善于总结经验教训，既不为无效的愿望所驱使，也不被预想的方法所束缚。为了达到目的，百折不挠，始终如一。

与坚定性相反的意志品质是动摇性、刚愎、执拗。动摇性是在遇到困难时怀疑预定的目的，不加分析的放弃对预定目的的追求。偶遇挫折便望而却步，做事容易见异思迁，虎头蛇尾。缺乏坚定性具有动摇性的人往往轻易选择、轻易放弃。对大事轻易选择的人或者轻易许诺的人必然会轻易放弃或者失信。

刚愎、执拗是对自己的行为不做理智的评价，不能客观地认识形势，尽管事实证明它的行为是错误的，或者形势已经发生变化，他仍然一成不变，自以为是。动摇性和刚愎、执拗表面上不同，实质上都是对待困难的错误态度，属于消极的意志品质。

(3) 果断性

果断性表现为善于迅速明辨是非，能及时坚决地采取决定和执行决定。果断不同于轻率，它是经过周密的思考以深思熟虑为前提，对自己的行为目的、方法以及可能的后果有深刻的认识，所以当事态发展到紧急关头时，能当机立断，及时行动，当条件不具备时又善于等待（既包括立即行动，又包括立即等待）。

鲁莽不是果断。鲁莽表现为草率从事，不计后果。

与果断性相反的意志品质是优柔寡断。优柔寡断者的显著特点是进行无休止的动机冲突。在采取决定是迟疑不决，三心二意，到了紧急关头，只好不假思索仓促决定，做出决定后又后悔，甚至开始行动之后还怀疑自己决定的正确性。优柔寡断是缺乏勇气、缺乏主见、意志薄弱的表现。优柔寡断和草率行事都是意志薄弱的表现，忍受不了抉择时的心理冲突而采取的逃避行为。

(4) 自制力

自制力是善于掌握和支配自己行动的能力，包括控制自己的行为和情绪等。

在意志行动中，与目标不一致欲望的诱惑，消极情绪（例如厌倦、懒惰、恐惧）等都会干扰人做出决定和执行决定。自制力强的人，能控制与目标不一致的思想情绪，排除外界诱因的干扰，迫使自己执行已经采取的具有充分根据的决定。有高度自治能力的人为了崇高的目的，不仅能够忍受各种痛苦和灾难，而必要时还能视死如归。自制力是意志的抑制功能，容易冲动、义气用事、知过不改等都是缺乏自制力的表现。

（八）第八次：成功人生

1. 什么是成功

成功＝事业有成＋个人幸福

2. 时代精神

努力、拼搏、向上、成功。有理想、有追求、有使命感，能够克服消极懒惰的情绪。

但这些是在学会放松，能够有效安排休闲时间的前提下才能实现的，否则努力拼搏则是蛮干，结果会事与愿违。休闲，绝不是无度的放纵，也不是浪费时间，而是生活中不可缺少的活动方式。休闲与个人的全面发展密切相关。不能把休闲与贪玩混为一谈，贪玩是放纵，不是休闲。

3. 放松催眠

具体操作如下：

坐在椅子上，双脚自然踏地，双手放松，搭在腿上，身体要正，含胸拔背，百会朝天。可以坐得离椅背近一些，开始不要靠背，放松后顺其自然，可以靠背，也可以微微前倾。

好，心情静一静，轻轻地闭上眼睛，开始做深呼吸，吸气要均匀缓慢，呼气也要均匀缓慢。想象吸气沉入小腹，呼气从小腹向上托出，并配合收腹。吸气要吸足，呼气要呼净，吸气呼气都要均匀缓慢，以不憋气为准。

好，现在随着我的口令想象，头皮放松，想象随着头皮的放松，头皮下的血液在流动，随着血液的流动，血液中携带的营养滋养着你的每一根头发，你感觉头发很蓬松，很舒适，头皮很放松。

好，现在开始放松你的面部，你感觉到面部的每一块肌肉，每一条韧带，每一根神经全都放松。面部放松后，你感觉面部很舒展，很舒适。

好，现在开始放松你的颈部，颈部的骨骼、肌肉、韧带全都放松。

现在你的头皮，面部，颈部全都放松，你的整个头部全都放松。体会一下，随着头部的放松，大脑也放松。大脑放松，感觉大脑像被清水洗过一样，湿润、光滑、清洁、清净、清爽。大脑放松后，感觉大脑很清净、很舒适、很宁静，大脑变得无忧无虑。体会一下，大脑放松，大脑很宁静，心情很平静。好，现在体会一下你整个大脑全都放松，放松得无忧无虑。

好，现在开始放松你的双肩，放松你的两臂，放松双手，你现在体会一下，伴随着双手的放松，手心微微地发热，微微地冒汗。现在开始放松你的手指，你感觉手指放松后，手指很舒适，手指放松得一动也不想动。好，放松得很好。

好，现在开始放松你的躯干部，背部，腰部，胸部，腹部全都放松。好，随着躯干部的放松，想象随着吸气将空气中的氧气吸入体内，养分在体内随着血液流遍全身，养分滋养着你身体的每一个部位，身体的每一个部位都感觉很舒展，很舒适，很放松。现在开始想象随着呼气，把体内的废气、浊气、病气、焦虑情绪全都排出体外。体内感觉很清爽，很轻松，很舒适，体会一下这种清爽、舒适、轻松的感觉。内脏放松，所有的内脏全都放松，内脏之间的功能很和谐、很舒适。

好，现在开始放松你的下肢，双腿放松，双脚放松。现在想象随着双脚的放松，脚心微微地发热，脚心微微地冒汗，现在开始放松你的脚趾，脚趾放松后，脚趾感觉很舒适，脚趾一动也不想动，放松得一动也不能动。

好，现在感觉全身上下都很放松，现在随着我的口令想象，想象全身上下从头到脚全都放松，松……松……松……好！现在你整个身体全都放松。放松后，你感觉到整个身体懒洋洋的，放松得一动也不想动。整个身体放松，放松得软绵绵的，一点力气也没有，一动也不能动，想动也动不了。

现在你感觉到外界的声音由大变小，由近变远，外界的声音越来越小，越来越远。现在你感觉到，两眼很累，两眼皮很沉重，不想睁眼。现在你感觉到两眼发酸，两眼犯困，想睡，想睡就睡，一边睡，你的潜意识一边接收我的信息。现在听我数数，从一数到三，你就会静静地睡去。一……全身上下全都放松，一动也不想动，一动也不能动，两眼很累，两眼犯困。二……两眼越来越困，大脑一阵一阵的模糊，越来越模糊；三！现在大脑不能思考问题了，你可以静静地睡，深深地睡……好，你睡得很好，静静地睡，你感到大脑很宁静，心情很平静。浑身上下一动也不想动，一动也不能动，你可以静静地睡，深深地睡。

好，你睡得很好。一边睡，你的潜意识一边接收我的信息，从此以后，你更容易接受我的观念。你养成了良好的意志品质，在保证自己身心健康的前提下，努力学习、拼搏身上，克服了自身的不足，经过不懈的努力获得成功。好，现在体验一下成功的感觉。好，当你听到我的响指声，你的潜意识会自动地将这些信息储存起来，不需要意识的努力，这些信息会自动地支配你的学习和行动。"啪"储存起来！"啪"储存起来！好，你可以深深地睡，深深地睡……

好，你睡得很好，经过休息，精力体力全都恢复正常。过一会儿我会把你轻轻地叫醒，醒来之后你感觉到神清气爽，精力充沛，学习效率很高。现在听我数数，从三数到一，你就会慢慢地清醒过来，轻轻地睁开眼睛。三……全身上下开始恢复知觉。二……大脑慢慢地清醒过来。一！轻轻地睁开眼睛。

轻轻地动一动手指，动一动手，然后搓一搓手，搓一搓脸，从下往上，从中间向两边，再往下，三次。好，回到现实中！

可以懒散片刻。

4.清点收获

学会看自己的成绩。过一段回顾一下自己的收获，包括知识的、技能的、思想的、成长的。能看到自己收获的人，才会积极地看待未来，才会主动地努力（高效率的），还要会欣赏他人的进步与收获（观察学习：榜样、替代强化）。

下面谈一谈参加心理训练班的收获，包括方法的改善、自我调节能力的提高、观念的更新（有新的认识）。

（九）第九次：持续发展

1.第二轮复习

在第一轮总结性复习的基础上，用大约15天时间再复习一遍并进行提纲挈领的整理。

要求：每天用40—60分钟时间，单科独进，先整体复习一遍，再进行压缩性总结，整理成小卡片，高考前三天完成。

2.成败与努力

成功是人人所希望的，但失败也是很难完全避免的。

你如何看待失败？一旦失败如何应对？

人的一生要经历很多沟沟坎坎，失败随时都可能发生。那么，我们要不要努力争取成功？如何处理努力与成败的关系？

儒家思想与道家思想。

儒家主张应该向上、努力、奋斗。修身、齐家、治国、平天下。能使人有所作为。但，不成功可能使人消极、颓废、堕落（孔乙己）。

道家主张无为，无为而治，有所为有所不为。生也有涯，知也无涯，何必以有涯探无涯。道家的思想有消极的一面，也有顺其自然的特点。

如何将儒家和道家的思想进行整合，吸取它们各自的长处为我们个人的发展所用？

遇事先"儒"后"道"。

真正有自信的人不把赌注压在某一次事件上（一篮子鸡蛋）。因为任何一个人都将经历很多事件和很多机会，在人一生的发展中，高考只是其中一个环节。过若干年后看高考，不像你们父辈认为的那样重要，而真正重要的是提高综合素质。

到现在大家应该悟出些什么？我们的活动虽然叫作"成绩提升"，但目的不是提升成绩，而在传递一种观念，目的是人的长远发展。如果一旦进入状态，成绩提升是一个自然的过程，而且能够坦然地对待一切结果。

到了这种境界，我们会不努力学习吗？会因为考试不理想而和自己过不去吗？

3.放松与催眠

具体操作如下：

坐在椅子上，双脚自然踏地，双手放松，搭在腿上，身体要正，含胸拔背，百会朝天。可以坐得离椅背近一些，开始不要靠背，放松后，顺其自然，可以靠背，也可以微微前倾。

好，心情静一静，轻轻地闭上眼睛，开始做深呼吸，吸气要均匀缓慢，呼气也要均匀缓慢。想象吸气沉入小腹，呼气从小腹向上托出，并配合收腹。吸气要吸足，呼气要呼净，吸气呼气都要均匀缓慢，以不憋气为准。

好，现在随着我的口令想象，头皮放松，想象随着头皮的放松，头皮下的血液在流动，随着血液的流动，血液中携带的营养滋养着你的每一根头发，你感觉头发很蓬松、很舒适，头皮很放松。

好，现在开始放松你的面部，你感觉到面部的每一块肌肉，每一条韧带，每一根神经全都放松。面部放松后，你感觉面部很舒展、很舒适。

好，现在开始放松你的颈部，颈部的骨骼、肌肉、韧带，全都放松。

现在你的头皮、面部、颈部全都放松，你的整个头部全都放松。体会一下，随着头部的放松，大脑也放松。大脑放松，感觉大脑像被清水洗过一样，湿润、光滑、清洁、清净、清爽。大脑放松后，感觉大脑很清净、很舒适、很宁静，大脑变得无忧无虑。体会一下，大脑放松，大脑很宁静，心情很平静。好，现在体会一下，你整个大脑全都放松，放松得无忧无虑。

好，现在开始放松你的双肩，放松你的两臂，放松双手，你现在体会一下，伴随着双手的放松，手心微微地发热，微微地冒汗。现在开始放松你的手指，你感觉手指放松后，手指很舒适，手指放松得一动也不想动。好，放松得很好。

好，现在开始放松你的躯干部、背部、腰部、胸部、腹部全都放松。好，随着躯干部的放松，想象随着吸气将空气中的氧气吸入体内，养分在体内随着血液流遍全身，养分滋养着你身体的每一个部位，身体的每一个部位都感觉很舒展、很舒适、很放松。现在开始想象随着呼气，把体内的废气、浊气、病气、焦虑情绪全都排出体外。体内感觉很清爽、很轻松、很舒适，体会一下这种清爽、舒适、轻松的感觉。内脏放松，所有的内脏全都放松，内脏之间的功能很和谐、很舒适。

好，现在开始放松你的下肢，双腿放松，双脚放松。现在想象随着双脚的放松，脚心微微地发热，脚心微微地冒汗，现在开始放松你的脚趾，脚趾放松后，脚趾感觉很舒适，脚趾一动也不想动，放松得一动也不能动。

好，现在感觉全身上下都很放松，现在随着我的口令想象，想象全身上下从头到脚全都放松，松……松……松……好！现在你整个身体全都放松。放松后，你感觉到整个身体懒洋洋的，放松得一动也不想动。整个身体放松，放松得软绵绵的，一点力气也没有，一动也不能动，想动也动不了。

现在你感觉到外界的声音由大变小，由近变远，外界的声音越来越小，越来越远。现在你感觉到，两眼很累，两眼皮很沉重，不想睁眼。现在你感觉到两眼发酸，两眼犯困，想睡，想睡就睡，一边睡，你的潜意识一边接收我的信息。现在听我数数，从一数到三，你就会静静地睡去。一……全身上下全都放松，一动也不想动，一动也不能动，两眼很累，两眼犯困。二……两眼越来越困，大脑一阵一阵的模糊，越来越模糊；三！现在大脑不能思考问题了，你可以静静地睡，深深地睡……好，你睡得很好，静静地睡，你感到大脑很宁静，心情很平静。浑身上下一动也不想动，一动也不能动，你可以静静地睡，深深地睡。

好，你睡得很好。一边睡，你的潜意识一边接收我的信息，从此以后，你更容易接受我的观念。你能够看到自己的进步，也学会了觉察他人的优点，并不断提升自己，树立了正确的成败观，勇敢地面对一切，能够妥当处理自己的成功与失败。好，当你听到我的响指声，你的潜意识会自动地将这些信息储存起来，不需要意识的努力，这些信息会自动地支配你的学习和行动。"啪"储存起来！"啪"储存起来！好，你可以深深地睡，深深地睡……

好，你睡得很好，经过休息，精力体力全都恢复正常。过一会儿我会把你轻轻地叫醒，醒来之后你感觉到神清气爽，精力充沛，学习效率很高。现在听我数数，从三数到一，你就会慢慢地清醒过来轻轻地睁开眼睛。三……全身上下开始恢复知觉。二……大脑慢慢地清醒过来。一！轻轻地睁开眼睛。

轻轻地动一动手指，动一动手，然后搓一搓手，搓一搓脸，从下往上，从中间向两边，再往下，三次。好，回到现实中！

可以懒散片刻。

4.关于嫉妒

分析嫉妒产生的原因，找到克服的方法。

5.文理结合

文理结合的发展趋势，综合素养的重要性。

6.作文

最后写作文，留出足够的时间，作文要写完整。

审题，写作文一定要审清题目，审题要站得高，要有一定的气魄和胆识，居高临下地审视题目。千万不要被题目覆盖被题目淹没（不知同学们是否体会得到，这种体会只能意会不能言传），在答题过程中，要从大量的材料中挑选精良的部分，而不能像挤牙膏一样一字一句地牵强附会。一旦出现被动，就毫不犹豫地重新站在更高的立场上以更大的气魄审视题目构思内容。不要担心由于审题耽误时间，写作文的时间是相对的。

除了必要的格式之外，要写出自己的风格，不必讨好阅卷人。

（十）第十次：回顾与展望

最后一次安排在考试前3—5天。

1.介绍考前注意事项

放假的安排，作息的调整，学习的方式。

2.生活的安排

考试期间的饮食和平时一样，注意营养搭配。进考场前两个小时避免吃利尿食物，如小米粥、西瓜、冬瓜等。

预防疾病，高考中考正值夏天，不要过分贪凉、不吃生冷食品。

家中备些常用药物，以便预防感冒、降暑。

一旦患病最好用常规药物及老药（以前曾经用过的药更加安全）。

3.再次强调考前晚上的复习

通过联想建立记忆链接：

考前的晚上，复习第二轮总结的提纲。复习之前，仔细观察一下环境，然后复习，结束时，闭上眼睛回忆一下刚才学习的过程，自我暗示储存起来。然后准备休息，上床睡觉。

考前是否可以突击复习？要根据自己的智力类型及生物节律安排：

智力强型可以适当突击，智力弱型不可效仿；生物节律高潮期可以，低潮期不可。

4、放松催眠

导入催眠后，回顾考试过程的答题技巧，暗示考试成功。

5.考试以后的生活

提醒填报志愿的事。高考志愿选择的重要性不亚于考试，选对专业才有发展前景。

考试结束后可以放飞自己，走亲访友、外出旅游、从事业余爱好等。

入大学的适应：应该掌握的生活技能；适应大学的学习方式；接受新的思想文化观念。

6.尾声

留下你的微笑。

告别仪式。

魏心个人体会

成绩与努力、方法、动机、状态密切相关。要想提升成绩，首先要调整好学习状态，其次是传授方法。具体的工作难度很高，可能出现的问题较多，需要训练师一一精准处置。

第十三章　学龄儿童及幼儿心理问题潜意识催眠干预

本章内容由"丽丽老师"撰写

❖ 本章导读

- ●对于小学低年级学生及幼儿的催眠导入方法与成人不同。

- ●简捷的干预技术对解决幼儿的许多心理问题效果很好，这些技术不但饱含临床经验，更有理论的支撑。

- ●敬告读者：技术与方法很有效。但只能用于克服儿童心理障碍，不能随意用来"开发某种潜能"。否则，干扰孩子的正常发育会得不偿失！

第一节 催眠在学习能力提升过程中的应用

有些孩子在学习过程中可能会遇到各种各样的困难和问题，比如注意力不集中、记不住上课内容、听课效率差、情绪控制能力差、丢三落四、粗心马虎、不自信、学习习惯不良、写作业拖拖拉拉等。孩子如果经常出现这些问题，大多不是孩子主观上的不重视、不上进或者故意调皮捣蛋，往往和孩子自身的学习能力有密切的关系，因此对这些孩子进行学习能力的专业训练是非常必要的。多年培训实践发现，在孩子学习能力训练的过程中，同步运用催眠的技术能得到事半功倍的效果。请看以下个案（以下案例皆使用化名）：

案例一 解决学习中的三大问题

学生：子涵，男，7岁，一年级

看上去，子涵是一个虎头虎脑的小男孩，不管是在学校还是在家里都是一副机灵调皮的样子。父母反映，孩子很聪明，学习新东西快，但上课时间稍长就表现为注意力不集中，接话插话，交头接耳，坐不住，小动作多，一会儿玩橡皮，一会儿玩凳子，不愿意在学校完成课堂作业，每次都带回家写，耽误时间。每天上学前父母都要多次交代"好好听课，集中注意力，不要乱动，记住完成课堂作业。"但收效甚微，以至于说得次数太多，孩子一听到父母的唠叨就有情绪，容易发脾气，进而影响亲子关系。

经过专业的诊断、观察和学习能力量表测量，确定为：感觉统合能力中度失调+听知觉能力比实际年龄小6个月+视知觉能力比实际年龄小一岁半。

与父母沟通后，确定达到以下三个目标：

课上注意力集中。

发言先举手。

在学校完成课堂作业。

第一个问题和第二个问题在课堂上一般会同步出现，联系比较紧密，合并同步解决。

在学习能力训练课上利用前5分钟和下课前的5分钟，运用催眠技术进行暗示和引导帮助孩子解决上述问题。

课上的前5分钟，请子涵坐在凳子上，双手交叠放在桌子上，闭上眼睛，全身放松，开始想象接下来的课你特别认真，非常专注，坐在凳子上，双手交叠手放好，老师让做什么就做什么，一会儿我们会做听知觉的训练项目，先做听写顺数，你会竖起耳朵认真听每一个数字，听完快速认真写下来。之后我们做听故事回答问题，老师在讲故事的过程中，你听得非常认真，并且能记住具体的故事情节和细节，能回答老师的提问。在这个过程中，管住嘴巴不说话，一直坐在凳子上，手放好，背挺直。之后开始做视知觉项目，你拿到练习题后，认真听老师讲解练习题的规则，并且认真完成练习，不和同伴说话，也不插话。好，想象一下，你整节课都非常专注，非常认真，并且能管住嘴巴不说话，想说话请举手，一直坐在凳子上。好，你想得非常好。现在老师数三个数，从三数到一，你就睁开眼睛，我们就开始正常上课了。三……二……一！请睁开眼睛，我们开始上课。

子涵睁开眼睛后，询问他是否可以按照老师的引导语进行想象，子涵表示可以。

在上课的过程中，孩子认真完成练习，努力控制自己的时候，老师要及时地表扬和肯定孩子的表现。

下课前的5分钟，再次强化孩子专注的上课状态，并引导并迁移到平时的学习和生活中。请子涵再次闭上眼睛，全身放松，双手交叠放在桌子上。想象自己刚才上课的状态非常认真，非常专注，非常棒，听写顺数的时候，竖起耳朵认真听，认真写，20组全都写对。听故事的时候也很认真，并答对了老师的提问。视知觉的项目写得也又快又好，整节课都非常专注，也能很好地控制自己，坐在凳子上，不玩笔，不玩橡皮，管住嘴巴不接话、不插话。好，继续想象，现在你在学校上课，课上你非常认真非常专注地听讲，就像刚才一样认真专注，在课堂上也能像刚才一样很好地控制自己，屁股坐在凳子上，不玩笔，不玩橡皮，管住嘴巴不接话不插话，想发言举手，得到老师的允许才说话。好，想象得非常好。好，老师从三数到一，你就睁开眼睛，我们就下课了。三……二……一！请睁开眼睛。

子涵这两次5分钟闭眼想象都是在浅度催眠过程中进行的，时间比较短，暗示的内容主要集中在要解决的具体问题上。

子涵的学习能力训练，一周上2节课，一个月8节课，每节课暗示的内容大致相同，也会根据具体上课内容以及家长反馈有微小的调整。比如，家长反馈，在英语课上注意力状态不佳，那么在迁移引导的过程中就要加上对英语课的暗示和强化；或上某个老师的课总是有情况，在催眠暗示中就加入对该老师课的调整；或某个上课环节不尽如人意，则对该环节进行引导和强化。

一个月之后，家长反馈，孩子在学校上课状态有进步，注意力更集中，课堂的纪律和自控能力同步提升。之后又进行了两个月的强化和巩固。一共24次，学校老师反映，孩子上课注意力状态和自控能力有较大的改善，目前能做到专注自己的学习也不影响其他小朋友，能控制好自己。

下一步解决第三个问题，让子涵能自觉主动在学校完成课堂作业。

为了更好地让子涵自觉主动完成课堂作业，在催眠过程中遵循先易后难的原则分科目进行了催眠暗示。优先选取子涵比较喜欢比较擅长的科目——数学。

课前5分钟，请子涵坐在凳子上，双手交叠手放好，闭上眼睛，全身放松，开始想象，数学课上，老师讲完课，留了3道课堂练习题，你听得非常认真，非常清楚老师留得哪3道数学题，老师要求做课堂练习的时候，子涵立刻自觉主动开始做练习，先写会写的，有不会写的题目也不着急，不生气，不发脾气，心情平静，动脑筋想一想，回忆一下课堂内容，看看能不能想到解题答案，如果实在想不出来就先空下来，一会儿有时间再请教老师。好，想象得非常好，数学课听得很认真，课堂练习及时完成，大部分课堂练习你都会做，也都能做对。好，你想象得非常好，数学老师也很喜欢你，觉得你努力完成课堂作业有进步。好，老师从三数到一，你就睁开眼睛，我们就下课了。三……二……一！好，请睁开眼睛，我们开始上课。

下课前的5分钟，请子涵再次闭上眼睛，全身放松，开始想象，你刚才上课非常专注，做练习也非常快，请你想象你当时的状态非常棒，好，请你想象现在是数学课，老师讲完课，留了3道课堂练习题，你听得非常认真，非常清楚老师留得哪3道数学题，老师要求做课堂练习的时候，你立刻自觉主动开始做练习，不抬头，不说话，不停笔，专心致志写练习，先写会写的，有不会写的题目也不着急，不生气，不发脾气，心情平静，动脑筋想一想，回忆一下课堂内容，看看能不能想到解题答案，如果实在想不出来就先空下来，一会儿有时间请教老师。好，想象得非常好，数学课听得很认真，课堂练习及时完成，大部分课堂练习你都会做，也都能做对。好，你想象得非常好，数学老师也很喜欢你，觉得你努力完成课堂作业有进步。好，老师从三数到一，你就睁开眼睛，我们就下课了。三……二……一！请睁开眼睛。

通过3周，共6次课引导暗示和强化，子涵可以在数学课上完成课堂练习了，对于孩子的进步，老师和家长及时给予了表扬和肯定，子涵非常开心，建立了自信心，更愿意完成数学课的课堂作业。之后选取英语科目进行催眠引导，用时1周，2次课之后，英语作业也比较顺利地可以在课堂完成。最后攻克子涵最薄弱的科目，语文的课堂作业，子涵不喜欢写字，在催眠暗示中，具体地分解了课堂作业，这周只写一行，下周写两行，再下周写组词，语文的课堂作业通过6次课的引导和暗示，也可以比较好地完成大部分课堂作业。通过14次课的暗示引导和强化，子涵逐渐地建立了自信，适应了自觉主动完成课堂作业这一任务。

在这个训练的过程中，大部分催眠暗示引导之后，孩子都会有正向的外在行为显现，状态越来越好，但偶尔也有反复，前2周可以比较好地控制自己，这一周又会出现插话行为，针对反复的情况，问一问孩子原因，这一周发生了什么事情，一些突发事件，人际关系问题会影响到训练的进程，这是非常正常的情况，接纳孩子的反复或者是原地踏步。整体来说，孩子在催眠暗示引导强化的过程中，一点一点在进步。与传统的训练课相比，加入催眠暗示引导之后，训练效果更明显，孩子进步速度更快。

案例二　学习如何控制情绪

学生：金鹏，男，9岁，三年级

金鹏是一个高高瘦瘦的男孩，戴着一副眼镜。父母反映，金鹏在学校整体表现还是不错的，成绩中等，但一遇到困难不是积极想办法解决而是着急，生气、发脾气，情绪控制能力比较差。比如，遇到不会写的题目，轻则大喊大叫抱怨"哎呀，这么难的题目，谁会做呀，老师怎么留这么难的题目呀，就是不想让我写，真讨厌"，重则摔笔，用拳头砸桌子，甚至撕掉卷子，不写了。或者金鹏觉得老师留得作业太多，就生气抗拒，留这么多作业反正也写不完，就不写了。为了调整金鹏的情绪，父母讲道理，安慰，甚至训斥，但结果都收效甚微。

了解了金鹏的情况后，在上学习能力训练课的时候，利用课上的前5分钟和下课前的5分钟，运用催眠技术进行暗示和引导帮助金鹏培养情绪控制能力。

课上的前5分钟，请金鹏坐在凳子上，双手交叠放在桌子上，闭上眼睛，全身放松，开始想象接下来的课你上得特别好，整节课情绪都非常稳定，遇到比较难的项目，比如做1—100的找数字，遇到找不到的数字也不着急，不生气，不发脾气，不大喊大叫，不抱怨，不放弃，而是耐心找数字，积极想办法寻找目标数字。好，非常好，想象你整节课情绪都很平稳、很愉悦。老师让做什么就做什么，遇到困难也不着急，不生气，积极想办法解决，努力后，仍然没有解决，也不要紧，老师也不会批评你。好，你想得非常好。老师从三数到一，你就睁开眼睛，我们就开始正常上课了。三……二……一！请睁开眼睛，我们开始上课。

上课的过程中，金鹏遇到困难项目不着急，不发脾气，努力控制情绪的时候，老师要及时表扬和肯定，及时给予正反馈。

下课前5分钟，请金鹏双手交叠放在桌子上，闭上眼睛，全身放松，开始想象今天你上课表现非常好，整节课情绪都非常稳定，愉悦。遇到困难也不着急，不生气，不发脾气，不大喊大叫，不抱怨，不放弃，而是耐心地积极想办法解决，好，想得非常好。请你继续想象，你当时是如何控制自己的情绪，使自己的情绪保持平稳，即使有点着急，也能很快恢复平静，好，体会一下，如何控制情绪。你想得非常好。请你记住当时的状态，在学校或家里遇到困难，遇到不会做的题目，也能保持情绪上的平稳，不着急，不生气，不发脾气，不大喊大叫，不抱怨，不放弃，积极想办法解决问题。即使有点着急，也能很快恢复平静，控制好情绪。好，现在老师数3个数，数到1，你就睁开眼睛，我们就下课了。三……二……一！请睁开眼睛。

每周上2次课，通过4次课的催眠调整，老师和家长反映，金鹏的情绪控制能力有提高，遇到困难、着急、发脾气的情况变少了，即使有情绪，也能比较快地调整过来。之后又通过4次课进行巩固和提升。

每次课的催眠引导内容，会根据孩子变化以及父母的反馈做一定的调整。比如，父母反映，金鹏遇到困难不着急，也不发脾气了，但是开始拖拉、磨蹭。这时就要加入"遇到困难，积极、快速、不磨蹭想办法解决问题"的暗示。

第一步，课上前5分钟在轻度催眠的状态下引导培养孩子的情绪控制能力。第二步，在学习能力训练过程中实践情绪控制能力。第三步，下课前5分钟在浅度催眠的状态下再次体会，强化，迁移情绪控制能力。这种操作方式，效率高，效果好，孩子在潜移默化中逐渐学会体会自己的情绪，控制自己的情绪，管理自己的情绪，帮助孩子减少痛苦，让孩子在积极健康的情绪中更好地学习和成长。

案例三　改掉丢三落四的毛病

学生：豆豆，男孩，8岁，二年级

豆豆胖嘟嘟的，笑起来脸上还有两个小酒窝，特别可爱。妈妈说，豆豆是个小话痨，和谁都自来熟，学习成绩也还行。但有个问题让妈妈感到头疼，就是丢三落四，经常丢水杯，丢红领巾，甚至丢课本，一年级数学书、英语书各丢了两次，语文书丢了三次。最夸张的是丢水杯，从上学到现在，妈妈已经给豆豆买了三十多个水杯了。每次必须及时提醒，一旦没有及时提醒，必定会丢东西。

了解了豆豆的情况之后，我给豆豆制订了心理干预的计划。第一步，养成及时收水杯的习惯。第二步，学会清点物品，及时收东西。

课上的前5分钟，请豆豆坐在凳子上，双手交叠放在桌子上，闭上眼睛，全身放松，开始想象你的水杯是蓝色的，你要用它来喝水，对你来说，水杯非常重要，要养成及时收好水杯的习惯。当听到老师说，"下课了"或者"放学了"，你就要及时拿起自己的水杯放在书包里。好，你想象得非常好，请你记住，当听到老师说，放学了，你就及时拿起自己的水杯放在书包里。好，你想象得非常好，现在老师从三数到一，你就睁开眼睛，我们就下课了。三……二……一！请睁开眼睛。

下课前的5分钟，请豆豆闭上眼睛，全身放松，开始想象你的水杯是蓝色的，你要用它来喝水，对你来说，水杯非常重要，要养成及时收好水杯的习惯。当听到老师说，下课了，你就要及时拿起自己的水杯放在书包里。好，你想象得非常好，请你记住，当听到老师说，"下课了"或者"放学了"，你就及时拿起自己的水杯放在书包里。好，你想象得非常好，现在老师从三数到一，你就睁开眼睛，我们就开始正常上课了。三……二……一！请睁开眼睛。

经过4节课，豆豆形成了听到"下课了"或者"放学了"，就及时收起水杯的条件反射，"下课了""放学了"，作为一个记忆线索，帮助豆豆提取出"收水杯"这个任务。遵循先易后难的培训原则，先让豆豆学会记住收一样东西，建立起收东西习惯后，逐渐让孩子学会清点物品，及时收全物品。

第一步目标完成，然后进行第二步，继续利用学习能力训练课的课前5分钟和下课前的5分钟进行训练。

课上的前5分钟，请豆豆坐在凳子上，双手交叠放在桌子上，闭上眼睛，全身放松，开始想象上学前你清点自己的物品，有水杯、书本、红领巾等，你数得非常认真，也非常清楚你带了几样物品，当听到老师说，"下课了"或者"放学了"，你就及时清点自己的物品，放在自己的书包里。你记得非常清楚，上学前有几样物品，放学后就能快速收好几样物品，一件都不会落下，全部及时收好，好，你想象得非常好，现在老师从三数到一，你就睁开眼睛，我们就开始正常上课了。三……二……一！请睁开眼睛。

下课前的5分钟，请豆豆闭上眼睛，全身放松，开始想象上学前你清点自己的物品，有水杯、书本、红领巾等，你数得非常认真，也非常清楚自己带了几样物品，当听到老师说，"下课了"或者"放学了"，你就及时清点自己的物品，放在自己的书包里。你记得非常清楚，上学前有几样物品，放学后就能快速收好几样物品，一件都不会落下，全部及时收好，好，你想象得非常好，现在老师从三数到一，你就睁开眼睛，我们就开始正常上课了。三……二……一！请睁开眼睛。

学会清点物品并及时收好物品，豆豆用了6次课的时间养成及时收东西的好习惯，改掉了经常丢三落四的毛病。培养习惯的过程中，豆豆有时会忘了上学前清点物品具体有几件，在催眠暗示中，让豆豆把数好的件数写在记事本上，记了几次之后，豆豆就能记住了，常规的东西一般变化不大。一段时候之后，豆豆不光能记住收自己的东西，有时还会提醒父母及时收东西。父母对豆豆的进步非常满意。

无论老师还是家长，看到孩子及时收东西要给予表扬和肯定。帮助孩子建立自信心，培养良好习惯。

案例四　克服畏难情绪勇敢举手

学生：静萱，女，7岁，二年级

静萱人如其名，是个文文静静的小姑娘，见人总低头，说话声音小，很听话。老师说，静萱上课从来不举手回答问题，点到名字，也能回答，但就是不主动举手。对此，父母很着急，都已经二年级了，想尽快帮她解决这个问题。

我耐心地和静萱沟通后得知，静萱怕回答错了，老师批评，也怕同学嘲笑，有时候也不知道自己怕什么，就是不敢举手，怕被老师点到名字，一说要当众回答问题，静萱就紧张。有时候也想回答问题，但不知道为什么就是不敢举手回答。

了解静萱情况的同时，我们也建立了良好的信任关系。之后在课上运用催眠暗示的方式帮助静萱克服不敢举手回答问题的畏难情绪。

课前5分钟，请静萱坐在凳子上，双手交叠放在桌子上，闭上眼睛开始想象，老师上课提问，你知道答案，你想举手回答（我握住她的手）好，现在老师给你传递勇气，你接收到了我传递给你的勇气，你勇敢地举起来手，老师点你的名字，请你回答，你大大方方站起来声音洪亮回答老师的提问，回答完毕，坐回位置。整个过程很顺利，很流畅，你不紧张，也不害怕，心情放松，感觉很好。即使答案不正确也不用紧张，不用担心，在所难免，谁都有可能回答错误，不用担心。好，你想得很好，心情很放松，很愉悦。你会慢慢学会举手回答问题的，不用担心。好，现在老师从三数到一，你就睁开眼睛，我们就开始正常上课了。三……二……一！请睁开眼睛。

在接下来的训练课上，我会刻意提一些比较简单的问题，用眼神鼓励静萱举手回答问题，一旦静萱勇敢地举手，无论答案是否正确，我都会表扬和肯定静萱勇敢举手的行为。

下课前的5分钟，请静萱闭上眼睛，全身放松开始想象，刚才上课听到老师的问题，你主动举手，大大方方站起来，声音洪亮地回答问题，回答完毕坐回凳子。整个过程很顺利，很流畅，你很棒，很勇敢，心情平静放松，情绪稳定，你做得很好。好，你想得很好，请你想象，在学校上课，课上老师提问，你知道答案，你想举手回答问题，（我摸着她的手）现在老师给你传递勇气，你接收到老师传递给你的勇气，这份勇气会一直伴随着你上学、上课，你勇敢地举起手，老师点到你的名字，你大大方方站起来声音洪亮地回答问题，回答完毕坐回自己的位置，整个过程很顺利，很顺畅，心情平静，放松，愉悦。即使答案不正确也不用紧张，不用担心，在所难免，谁都有可能回答错误，不用担心。好，你想得非常好，现在老师从三数到一，你就睁开眼睛，我们就开始正常上课了。三……二……一！请睁开眼睛。

前期和静萱建立了良好信任的关系，她非常喜欢我，非常信任我，在轻度催眠的过程中，帮助她克服不敢举手回答问题的畏难情绪，整个过程很顺利，用时3

周，共6次课，问题基本解决了。

静萱敢于举手回答问题后，整个人也有变化，更主动更开朗更自信了，比之前更喜欢上学，更愿意交朋友，学习成绩也有提升。这种现象在训练过程中比较常见，孩子在成长过程中，帮助他们克服某方面的困难，其他方面会同步有提升。父母对孩子的进步也非常满意。

案例五　催眠解决写作业的问题

学生：瑞涵，男，二年级，7岁

瑞涵浓眉大眼，国字脸，长得很结实。在学校不调皮，不捣乱，整体表现说得过去。在家爱看手机，爱玩游戏，还爱干家务。但就是不喜欢写作业，一写作业就磨磨蹭蹭，一会儿喝水，一会儿上厕所，1个小时的作业恨不得写2个小时，有时候还会丢一两样作业。为此父母没少跟他着急，嘴皮子都快磨破了，有时候甚至动手打他，挨打之后写作业能好一些，但很快又开始磨蹭。

写作业磨蹭→父母批评→闹情绪→耽误时间写得更晚→不爱写作业→写作业更磨蹭，陷入死循环。父母迫切地希望快速解决瑞涵写作业的问题。

通过进一步沟通，发现瑞涵在写作业方面存在以下问题。

1.记不全作业内容。

2.写作业没有条理。一会儿写数学，数学没写完，又写语文，或者家长让写什么就写什么。

3.缺乏主动性，经常需要提醒催促。

4.作业过多，除了学校留的作业，家长还额外布置了其他的作业。

5.自主活动时间太少。

6.在写作业的过程中，有时候妈妈陪，有时候爸爸陪，有时候爷爷奶奶来辅导，参与辅导作业的人员过多，要求不统一，无法养成良好的写作业习惯，且干扰过多。

瑞涵写作业磨蹭，有些原因是自身的问题，有些是家长做得不合适。想要帮助瑞涵解决写作业磨蹭拖拉的问题，家长要积极配合，有些方面还要做出调整和改变。与父母沟通后在写作业方面做了如下调整：

（1）在固定的地方用固定的桌椅写作业；

（2）写作业的时候环境要保持安静；

（3）减轻瑞涵写作业的负担，目前只写学校要求的作业；

（4）每天最少有20—30分钟的时间由瑞涵自由支配，瑞涵可以玩游戏，可以看电视等。

（5）每次写作业都由妈妈来辅导，用温柔而坚定的态度来陪伴。妈妈要控制情绪,尽量不发火,减少批评。写作业前先提要求,写作业后进行总结,过程中减少干扰。每次的总结要有对瑞涵的鼓励和肯定。

(6)写作业前要让瑞涵清楚自己都有什么作业,妈妈辅助制订写作业的计划,先写什么,再写什么,要清楚明确。

7. 不搞疲劳战,规定一个最晚时间,争取在规定时间前完成作业,过了规定时间写不完也不写了。

8. 引导瑞涵对待作业的观念,增强写作业的主动性。写作业是你自己的事情,你自己要对这件事情负责,自己的事情自己做,你积极认真地对待作业,作业就能更快地做完。就像吃饭一样,你好好吃饭,不挑食,身体就更强壮、更健康,好好写作业,就能掌握更多知识,变得更优秀。

在学习能力训练课上运用催眠的方式帮助孩子尽快建立良好的写作业习惯。具体操作如下。

课上的前5分钟,请瑞涵坐在凳子上,双手交叠放在桌子上,全身放松开始想象,作业是你的好朋友,你喜欢作业,作业喜欢你,写作业是你的事情,自己的事情自己做,你会认真对待作业,你会自觉主动地尽快写完作业。好,继续想象,老师留作业的时候,你认真听,认真记,不光记在本上,还记在脑子里,不管是哪位老师留的作业,你都会认真记,并且记清楚。回到家先洗手、喝水、上厕所,之后自觉主动地坐在课桌前,你不困不累不渴不饿,不想上厕所,精神状态很好,心情放松愉悦,想写作业,妈妈在一旁陪着你。你根据先易后难的原则整理需要写的作业,你计划先写英语,再写语文,最后写数学。好,你想得非常好,继续想象,做完准备工作后,你开始写作业,写作业的过程中,不抬头,不说话,不停笔,不离开椅子,不玩橡皮,不玩笔,专心致志写作业。好,你想象得很好,继续想象,你写完英语,写语文,之后写数学,有不会的就动脑筋想一想,还不会做,就先空下来,然后继续写,最后问妈妈。好,你写得很好,写得很认真。整个过程都很顺畅,你一直都在自觉主动写作业,不用提醒,不用催促。作业在规定时间写完了,你很开心也很有成就感,妈妈也为你能顺利完成作业感到愉悦。好,你想得很好。你和作业是好朋友,你喜欢作业,作业喜欢你。写作业是你自己的事情,自己的事情自己做。好,你想得很好,好,现在老师数三个数,从三数到一,你就睁开眼睛,我们就开始上课了。好,三……二……一!请睁开眼睛。

下课前5分钟,再进行一次关于写作业的催眠暗示。暗示内容与上课前5分钟,暗示的内容大致相同,一节课暗示2次,这样操作,效果会更好。经过1个月,共8次课之后,大部分时候瑞涵都可以做到自觉主动地写作业,写作业的效率也有提升。之后又通过8次课进行巩固和强化。

每次催眠暗示的内容会根据具体情况做调整。比如，妈妈反映，瑞涵写作业的前半小时坚持得挺好，后面就有点松懈懒散，那么在催眠过程中就加入对后半小时后的引导暗示，"瑞涵专心致志地写了半个小时的作业，有一点累，可以站起来，走一走，做20个下蹲，或者吃一点水果。精神状态恢复了，可以继续专心致志写作业。"妈妈还说，瑞涵听到楼下有小朋友玩就坐不住了，也想下去玩。那么在催眠暗示中就加入抗干扰的内容，"瑞涵在专心致志地写作业，写得非常好，外面小朋友玩耍的声音、开门声、鸟叫声、狗叫声，瑞涵都不受其影响，继续专心致志写作业。"瑞涵可以做到自觉主动记清楚作业了，巩固强化几次之后就可以去掉这部分的内容。

两个月后，瑞涵养成了自觉主动专心致志写作业的习惯，就不需要妈妈的刻意陪伴了。

写作业涉及到的内容很多。可以根据孩子的具体情况，催眠时间的长短，分步骤进行暗示。第一步，引导暗示孩子记住作业，记住数学作业、语文作业、英语作业等。第二步，暗示学会制订写作业计划。第三步，对写作业的具体过程分解进行暗示。第四步，学习检查作业。整个过程都要加入对写作业态度地引导和强化。

有些孩子是在写作业过程中只有一两个比较困难的点，那么针对困难的点进行催眠暗示就可以了。比如，写作业的过程中总是涂涂改改，有一点不完美的地方都要擦掉，写了擦，擦了改，一会儿把作业本擦破了，既不美观，又耽误时间。针对这个情况可以暗示孩子"你写作业的过程中很顺利，抓紧时间写，写得很好，即使有不完美的地方也难免，想好再写，写对就可以了。"

在写作业的过程中，针对孩子的情况，具体问题具体分析，按照催眠原理，灵活运用催眠技术更快地帮助孩子解决困难。

案例六 成功突破训练瓶颈

学生：清禾，女，7岁，二年级

清禾长着一双扑闪扑闪的大眼睛，好像会说话似的，是个积极上进的小姑娘。妈妈因为孩子阅读丢字、漏字、跳行，书写速度慢来寻求帮助，经过学习能力测评，发现清禾听知觉能力正常，视知觉能力偏弱，其中视觉广度比较窄，视觉记忆能力不佳，视觉空间判断不准。根据测评报告和孩子的情况判断，提升视知觉能力成为训练重点。

经过一段时间的训练，清禾的视觉记忆能力、视觉空间能力都有提升，视觉广度进步不明显。训练视觉广度主要的项目是找数字、划消、追踪等，清禾在这些训练项目上进步幅度非常小，速度提升慢，尤其是"找数字"这个项目，遇到找不到的数字就着急生气，进而产生畏难情绪，不愿意做这个项目，我鼓励她、表扬她，给她降低训练难度，但清禾还是有情绪，项目的训练进入瓶颈期。经过沟通，我决定在课上同步运用催眠的方式帮助她冲破训练的瓶颈期。

上课前的5分钟，我请清禾坐在凳子上，闭上眼睛，双手交叠放好，全身放松，开始想象，现在你拿到一张找数字1—49的训练，心情平静不紧张，不烦躁，愿意做这个练习，你开始做找数字这个练习，先找1，找完1找2，找完2找3，按顺序一个一个数字开始找，你找得非常好，找得很快，找不到也不着急，不生气，不泄气，不放弃，你按照从上到下的顺序，从左到右的顺序，从中间向四周的顺序开始找。你找得很认真，找得很专注，非常努力，即使找不到也没关系，你尽自己最大的努力就可以啦，好，继续想象，你找得很快，好，想象心情平静愉悦，找数字这个项目很快就做完了，找数字的速度有提升。好，你想得很好。现在老师数三个数，从三数到一，你就睁开眼睛，我们就开始上课了。好，三……二……一！请睁开眼睛。

学习能力训练课上，让清禾做找数字前，我告诉她，"你尽最大的努力找，找不到，找得不是特别快也没关系，老师也不会批评你，最重要得是尽自己最大地努力，不要有思想负担，老师相信你会越来越快的。"在做项目的过程中，清禾克制情绪努力找数字的时候，我会及时表扬她，帮助她建立克服困难的信心。项目做完，不管是做得快，还是整个过程情绪稳定，我都会发自内心地表扬和肯定她。

下课前5分钟，再次进行催眠引导强化训练效果。请清禾闭上眼睛，双手交叠放好，全身放松，开始想象，刚才上课你做找数字1—49的训练时，心情平静不紧张，不烦躁，你开始做找数字这个练习，先找1，找完1找2，找完2找3，按顺序一个一个数字开始找，你找得非常好，找得很快，找不到也不着急，不生气，不泄气，不放弃，不烦躁，好，你按照从上到下的顺序，从左到右的顺序，从中间向四周的顺序开始找。你找得很认真，找得很专注，非常努力，即使找不到也没关系，你尽自己最大的努力就可以啦，好，继续想象，你找得很快，找数字这个项目很快就做完了，找数字的速度有提升。好，此刻你的心情很平静很愉悦，好，你想得很好。现在老师数三个数，从三数到一，你就睁开眼睛，我们就开始下课了。好，三……二……一！好，请睁开眼睛。

5次课之后，清禾成功突破找数字的瓶颈，以找数字1—49为例，用时从8分钟左右提升至5分钟以内，能力有提升，自信心更足，清禾对自己的进步非常满意。

课前5分钟浅度催眠引导+学习能力训练+下课前5分钟浅度催眠强化，利用这种训练模式，除了可以解决以上问题外，我还帮助孩子解决了其他很多问题，比如，记忆单词、记忆古诗、记忆课文、记忆形近字、记忆路线、检查试卷、调整握笔姿势、错误姿势纠正、认识左右、调整作息时间、改善人际交往等。在帮助孩子解决问题的过程中，我深刻地体会到，孩子们在轻度催眠的状态下对老师的指令和暗示接受度高，对要求内化得更好。运用这种模式比单一的学习能力训练，效果更明显，进步更快，甚至可以解决一些学习能力训练无法解决的问题。帮助他们成功学习，自信成长。

第二节　催眠在幼儿生活习惯等方面的应用

0—3岁的孩子潜意识处于开放的状态，3—6岁的孩子自我意识萌芽并逐渐增强，意识和潜意识的界限不清晰，当孩子闭上眼睛的时候，直接就进入到潜意识中，催眠的过程中不用刻意做放松引导，孩子年龄小，注意力可持续时间非常短，所以催眠的引导语要简单、明确且能听得懂。经实践，我发现运用催眠的方式帮助幼儿解决问题，培养习惯，能收到立竿见影的效果，并且操作简单，效果持久。请看以下案例（以下案例皆使用化名）：

案例一　化解恐惧安然入睡

小晋，男，3岁半。

小晋是个活泼可爱的小男孩，又淘气又皮实，一般摔倒了立刻爬起来，不哭不闹。但有一次，家里光线比较暗，他没有注意到地上的沙子，跑得时候滑倒了，不偏不倚，脸正好磕到了桌子上，鼻子磕破了，鼻血一滴一滴流下来，流到身上和手上，他第一次看见自己流鼻血，顿时吓坏了，哇哇大哭起来，妈妈感受到了孩子前所未有的恐惧情绪，赶紧一边安慰他，没事儿，不用害怕，一边帮他止血，过了一会儿，鼻血不流了，他也不哭了。但是晚上睡觉的时候，睡不稳，总哼哼，半夜还哭了一会儿，晚上睡觉不稳，半夜哭闹这种情况持续了有一周不见缓解。

为此小晋妈妈很苦恼，找我寻求帮助。听完她的倾诉我分析，他晚上睡眠不好，是因为摔倒流鼻血这个刺激对他来说太大了，流血的恐惧从意识层面进入到潜意识，白天还好，到了晚上睡着后，意识被抑制，潜意识活跃，恐惧放大，他就总是睡不稳，哭闹。沟通后，我建议小晋妈妈运用催眠的方式帮助他修改这段经历，消除恐惧情绪。

小晋妈妈把孩子带到他滑倒的地方，把孩子抱在怀里，妈妈："妈妈和你做个游戏，你闭上眼睛，前几天，你在这跑来跑去，地上有沙子，你被滑倒了，但你什么事儿也没有，你快速站起来，继续开开心心地玩，好，你被滑倒了，但什么事儿也没有，你快速站起来，继续开开心心地玩。晚上不哭不闹，一觉睡到大天亮。好，睁开眼睛吧。"孩子睁开眼睛后，就去玩了。

当天晚上，孩子的哭闹减少，睡得更稳。之后连续做了三次催眠，孩子睡眠基本恢复。一周之后，睡到半夜又开始哭闹，但哭闹时间比较短，妈妈又给他做了三次潜意识修改的催眠（催眠内容同上），之后睡眠彻底恢复了，半夜不再哭闹。

孩子闭上眼睛后进入潜意识状态，在潜意识状态下，我帮他修改了"摔倒"这件事情，由"摔流血"修改为"什么事儿也没有"，结果变了，孩子恐惧情绪也就没有了。晚上自然也就能睡好了，如果出现反复很正常，多做几次强化引导就可以了。

案例二 表达爱的新方式

小东，男，3岁10个月

小东妈妈反映，小东最近晚上睡眠不好，总是哼哼唧唧，有时候会哭闹，频繁尿床，这种情况持续3个月左右了。我问小东妈妈，三个月前或者最近有没有发生什么事情，尤其是对于孩子来说比较重要的事情。小东妈妈思考片刻告诉我，三个月前发生了很多事情，主要有三件事。第一，家里老二出生了，家人对新生儿照顾得更多一些，尤其是妈妈，以前总是陪伴小东，现在更多的时候都在照顾老二，对小东有一些忽视。第二，三个月前送小东上幼儿园，小东上了一天就不愿意去了，送之前大哭大闹，又跳又叫，在幼儿园待了一个星期，适应不了生病了，之后没有再上幼儿园。第三，妈妈带着两个孩子回老家住了一段时间，老家对于小东而言是一个完全陌生的环境，离开了熟悉的环境，离开了熟悉的小伙伴，小东需要重新适应。从那时起，小东的睡眠就出现了问题，白天还好，晚上睡觉半夜就哭闹，频繁尿床。

综上所述，造成小东睡眠不良的因素比较多，其中主要原因是家里添了新成员，妈妈对小东的照顾减少，小东担心妈妈不爱自己。另外幼儿园适应不良和回老家这两件事很难分析清楚哪个对他影响更大，总体来说是因为生活发生了比较大的变化，小东无法及时适应导致的睡眠问题。

我建议小东的妈妈用催眠的方式帮助孩子解决睡眠问题。

我告诉小东妈妈，你抱着小东，让小东闭上眼睛，用你的手抚在他头顶或者后背，在他耳边轻轻说"妈妈永远永远爱你，小东好好睡，不哭不闹不尿床，一觉睡到大天亮。好，妈妈永远永远爱你，小东好好睡，不哭不闹不尿床，一觉睡到大天亮。"每天做一次，连续做一个月。

做完第一次催眠，当天晚上小东的睡眠就有改善，不哭不闹不尿床，一觉睡到大天亮。做了一个星期，其中只有一个晚上尿床了，其余时间睡眠都很好。1个月之后，小东的睡眠完全恢复了。

孩子年龄比较小，问题原因比较复杂，面对这种情况，单纯的说教效果不好，运用催眠的方式解决，操作简单，效果显著。

案例三　帮你养成好习惯

宝宝，男，4岁

宝宝活泼可爱，爱玩爱闹，整天蹦蹦跳跳，人见人爱。但有个坏习惯，他每次上床，上沙发会忘记脱鞋子，父母一提醒，他就立刻脱掉鞋子。父母说了很多遍，他总也记不住。我建议妈妈运用催眠的方式帮助孩子改掉这个坏习惯。

方法很简单，让宝宝闭上眼睛，妈妈摸着他的头或者后背，在他耳边温柔地说，"宝宝特别棒，每次上床上沙发前都会脱鞋子，每次上床上沙发前都会脱鞋子，好。"每天做一次，持续3周。

妈妈反馈，催眠效果很明显，第一次催眠暗示做完，宝宝上床上沙发前有三次记得脱鞋子，一个星期之后，基本能做到先脱鞋，再上床上沙发。3周之后，孩子养成了脱鞋上床上沙发的好习惯。

在孩子养成良好习惯的过程中，如果屡屡不成功，家长反复提醒和纠正时难免产生不良的情绪，批评训斥孩子，孩子越小对情绪的感受越敏锐，当孩子感受到家长着急愤怒的情绪时，孩子会产生对抗的情绪，甚至会引起叛逆，让娃儿往东偏往西，让娃打狗偏撵鸡，不仅不利于好习惯的养成，还会影响亲子关系。运用催眠暗示引导的方式就能很好地避免不良情绪的发生，让孩子在潜移默化的过程中养成良好的习惯。

案例四　贝贝学道歉

贝贝，男，5岁

贝贝长着一双大眼睛，长长的睫毛弯弯的，喜欢做游戏。通常小朋友在一起玩难免有矛盾，做得不合适的一方道歉说句"对不起"就过去了，没什么大不了的，但是贝贝从来不愿意道歉，宁可不玩游戏，不吃美食也坚决不道歉不说"对不起"，碰到比较较真的小朋友坚决要求他说"对不起"，贝贝会更加抵触，有时会大哭大闹，坚持硬刚到底。为此妈妈很伤脑筋，和他讲了很多道理，做错了就要道歉说"对不起"，说了"对不起"不代表你不好，不代表你是坏孩子，说了"对不起"你们还可以一起玩耍……能说得都说了，贝贝就是不道歉不说"对不起"，道歉说"对不起"三个字对贝贝来说太难了。

了解了贝贝的情况之后，我决定运用催眠的方式来帮助贝贝克服这个难题。课上我对贝贝说："来，老师和你做个游戏，请你闭上眼睛，贝贝是一个特别懂礼貌的好孩子，当你做得不对的时候，道歉说'对不起'。好，贝贝是一个特别懂礼貌的好孩子，当你做得不对的时候，道歉说'对不起'。好，睁开眼睛吧。"

妈妈反映贝贝当天上完课回家的路上不小心碰到妈妈，主动道歉说"对不起"。之后我们又做了三次催眠暗示，引导贝贝学习道歉说"对不起"，贝贝很快就学会了道歉，说"对不起"不再有畏难情绪，人际关系比之前更好了，朋友也更多了。

和4、5岁的孩子讲道理，一般情况下，孩子都能理解字面意思，就是在意识层面他知道应该怎么做，你问他"做错事情了应该怎么做"，他会回答"应该道歉"，意识层面知道了，理解了，但潜意识里不接受，孩子不会按照你期待的方式去做，这个时候运用催眠暗示帮他在潜意识里接受这件事情，意识和潜意识达成统一，反映到行为上自然就顺畅了。

案例中的贝贝就是这种情况，他知道做错了要道歉应该说"对不起"，但潜意识中，他不接受向别人道歉，不认同这件事情，觉得和别人道歉说明自己的很糟糕，是个坏孩子，在意识层面和他讲，犹如隔靴搔痒，他理解不了，接受不了。闭上眼睛，孩子进入潜意识，就能顺其自然地接受我们的暗示和引导。进而帮助孩子克服困难，更好地成长。

面对幼儿阶段的孩子，运用催眠的方式暗示引导孩子，帮助他们克服困难，解决问题需要注意，引导语要简单、明确且能听得懂。

魏心寄语

本章内容由"丽丽老师"撰写。"丽丽老师"是学生及家长对她的昵称，全名为李丽丽，她从心理专业毕业之后，曾先后在我国两个顶尖的学习能力训练、感觉统合训练机构做儿童训练，至今已有十几年的工作经历，并且是两个孩子的妈妈。有丰富的教学和养育孩子的经验，尤其热爱这项工作，把工作当成事业做，长期研究和观察儿童的成长与发展，努力学习相关的理论，在工作中不断依据理论开发新的儿童心理干预技术。《学龄儿童及幼儿心理问题潜意识催眠干预》就是她学习中国本土化催眠之后，结合工作实际开发的心理干预技术当中的一部分。这不但是中国本土化催眠技术的拓展，对于催眠师有应用价值，也对幼儿工作者、小学老师、孩子妈妈们有很大帮助。特此向读者推荐这些简捷、高效的实用技术。

鸣　谢

在拙著再版之际，首先由衷地感谢我的导师张伯源教授。在早年我跟随导师探讨理论，把催眠技术应用到实践中。在理论研究和实际应用中，逐渐完成了中国本土化催眠的理论体系和技术结构。相继为中国大学生、在职心理咨询师、教师、医务工作者进行培训。经过多次办班以及多年来的临床实践，使理论、技术不断的完善。所有这一切，都应该感谢我的导师。无论是搞科普，普及心理健康知识，还是做调查、研究，所有这一切的一切，让我认识到导师的高瞻远瞩，让我体验到张伯源教授作为心理咨询领域大家的深邃和博大，作为专业泰斗的美誉名不虚传。导师那种严谨求实的治学精神，敏锐见微的学术直觉，虚怀若谷的处事态度，勤勉耕耘的师德风范。在我的心上，在我的脑中留下深刻的印象。导师要求我，研究应用问题，研究本土化问题，使心理学这个舶来品，催眠这个舶来品，在中国能够落地生根。我自以为按照要求做了。但是，我也意识到还远远不够，而且永无止点，犹如一个攀登者，虽然不见山顶，但知道永远向上。这种理念，已经成为我专业道路上前进的灯塔。

在此，应该感谢北师大张吉连教授，他是我人生理念的启蒙导师。早年第一次见张吉连老师时，就为他的人生态度所折服，以后对我的专业成长提供了诸多的指导与帮助。在此，我特别感谢张吉连教授。应该感谢的还有：我国著名心理学专家中国科学院王极盛教授，北师大程正方教授、北京安定医院姜长青教授、澳门城市大学刘建新教授等。这些大咖在我的催眠研究与实践工作中提供了很多的指导与帮助，在此一并表示感谢。

这些年来，我一直在做理论研讨和咨询、催眠的实践工作，是因为众多的来访者、志愿者给我提供了实践的机会。同时，在我的学员中有来自各地的心理咨询师、教师、医务工作者、企业管理人员等。在培训中，这些学员的好学精神感召了我，我也愿意为他们倾囊相授。同时，在教学的过程中对我的理论的提升以及对案例的解析都有很大的促进作用。还有相关的组织机构，为中国本土化催眠在中国的普及推广做出了很大贡献，比如李建光老师、张静儿老师做了大量的组织、宣传、管理工作。还有前几届的学员，包括郑学海、张彤煜等，做了大量的催眠应用和普及工作。在此感谢所有关心、支持、帮助我的人们，并致以真诚的祝福。

魏　心
2021年12月
于北京未来科学城

参考文献

[1] 张伯源. 变态心理学［M］. 北京：北京大学出版社，2005.

[2] 张伯源. 医学心理学［M］. 北京：北京大学出版社，2010.

[3] 朱敬先. 健康心理学［M］. 北京：教育科学出版社，2002.

[4] 叶奕乾. 现代人格心理学［M］. 上海：上海教育出版社，2011.

[5] 彭聃龄. 普通心理学［M］. 北京：北京大学出版社，2001.

[6] 麦吉尔，史立福，黄大一. 催眠引导加深秘笈［M］. 安徽：安徽人民出版社，2010.

[7] 布鲁斯·戈德堡. 自我催眠 轻松摆脱一切困扰［M］. 北京：人民军医出版社，2008.

[8] 张亚. 催眠治疗实录［M］. 上海：上海教育出版社，2009.

[9] 邰启扬. 催眠术［M］. 北京：社会科学文献出版社，2005.

[10]［英］雅各布·恩普森. 睡眠与做梦［M］. 北京：生活·读书·新知三联书店，2005.

[11]［美］罗伯特·达恩顿. 催眠术［M］. 上海：华东师范大学出版社，2010.

[12]［美］H.W.戴文波特. 消化道生理学［M］. 北京：科学出版社，1976.

[13] 黄蘅玉. 催眠心理治疗［M］. 北京：科学技术文献出版社，1996.

[14] 张伯源，全渝英. 催眠治疗的理论与技术［M］. 北京：中国科学院心理所.

[15]［英］大卫·T.罗立. 催眠术与催眠疗法［M］. 北京：华夏出版社，1992.

[16] 张厚粲. 行为主义心理学［M］. 杭州：浙江教育出版社，2003.

[17] 沈德灿. 精神分析心理学［M］. 杭州：浙江教育出版社，2005.

［18］车文博. 人本主义心理学［M］. 杭州：浙江教育出版社，2003.

［19］沈渔邨. 精神病学［M］. 北京：人民卫生出版社，1980.

［20］许又新. 神经症［M］. 北京：人民卫生出版社，1993.

［21］［奥］弗洛伊德. 精神分析引论［M］. 北京：商务印书馆，1986.

［22］［美］卡伦·霍尔奈. 神经症与人的成长［M］. 上海：上海文艺出版社，1996.

［23］郑雪. 人格心理学［M］. 广州：暨南大学出版社，2007.

［24］［美］Jerry M.Burger. 人格心理学［M］. 北京：中国轻工业出版社，2012.

［25］L.A.珀文. 人格科学［M］. 上海：华东师范大学出版社，2001.

［26］谢文志. 针灸探微［M］. 重庆：科学技术文献出版社重庆分社，1987.

［27］北京中医医院，北京市中医学校. 实用中医学［M］. 北京：北京出版社，1975.

［28］石学敏. 石学敏实用针灸学［M］. 北京：中国中医药出版社，2009.

［29］杨道文. 图解人体经络实用手册［M］. 北京：九州出版社，2010.

［30］唐译. 图解道德经［M］. 山西：山西出版社，2011.

［31］魏心. 催眠本质含义辨析［J］. 渤海教育研究，2013，(3)：62.

［32］魏心. 催眠偏差分类及处理技术［J］. 渤海教育研究，2012，(2)：60.

［33］魏心，陈晓天. 论中国本土化催眠改写技术［J］. 渤海教育研究，2014，10，(3)：77-80.

［34］朱智贤主编. 心理学大辞典［M］. 北京：北京师范大学出版社.，1989.

［35］魏心. 高中生考试焦虑集体治疗探讨［J］. 中国心理卫生杂志，2000，14，(3)：191-192.

［36］魏心，于焕芝. 心理老师谈高三心理辅导［J］. 考试与招生，2010，11：59-61.

［37］高丽，杜华. 痤疮的治疗进展［C］. 2013全国中西医结合皮肤性病学术年会论文汇编，上海，2013.

［38］任杰，代永霞，李歌，李振鲁. 氨基酮戊酸光动力疗法与红蓝光治疗中重度痤疮疗效观察［J］. 临床皮肤科杂志，2015，(1)：45-47.

［39］梅锦荣. 神经心理学［M］. 北京：中国人民大学出版社，2011.

［40］北京中医院. 实用中医学［M］. 北京：北京出版社，1975.

［41］陈皮. 睡眠的革命［M］. 北京：经济管理出版社，2008.

［42］［英］雅各布·恩普森. 睡眠与做梦［M］. 北京：生活·读书·新知三联书店，2005.

［43］谢文志．针灸探微［M］．重庆：科学技术文献出版社，1987．

［44］邵郊．生理心理学［M］．北京：人民教育出版社，1987．

［45］魏心．幼师学生交流恐惧集体治疗研究［J］．中国心理卫生杂志，2000，14，(5)：311-312．